工艺安全与事故预防丛书

工艺安全管理与事故预防

Process Safety Management and Accident Prevention

栗镇宇　编著

中国石化出版社

内 容 提 要

本书以美国职业安全健康局(OSHA)所颁布的工艺安全管理系统(PSM)为线索，结合具体的事故案例和作者在多家跨国公司的实践经验，详细阐述了预防工艺安全事故的管理要求和良好实践。通过阅读本书，读者可以系统地了解如何建立工艺安全管理系统，以及如何通过适当的管理来预防工艺安全事故。

本书具有很强的前沿性、实用性和系统性，可供工厂厂长、生产负责人、技术负责人、安全部门负责人、安全工程师、工艺工程师、生产工程师、生产与维修主管以及政府安全生产监督管理人员阅读，也是高等院校化工、石化、炼油、医药和安全等专业大学生和研究生难得的参考书，有助于他们拓展视野和增加对工厂实际管理工作的认识。

图书在版编目(CIP)数据

工艺安全管理与事故预防/粟镇宇编著.
—北京:中国石化出版社,2007(2025.6重印)
(工艺安全与事故预防丛书)
ISBN 978-7-80229-299-4

Ⅰ.工… Ⅱ.粟… Ⅲ.工业生产-安全管理
Ⅳ.X931

中国版本图书馆CIP数据核字(2007)第045082号

中国石化出版社出版发行
地址:北京市东城区安定门外大街58号
邮编:100011 电话:(010)57512500
发行部电话:(010)57512575
http://www.sinopec-press.com
E-mail:press@sinopec.com.cn
北京科信印刷有限公司印刷
全国各地新华书店经销
*
787毫米×1092毫米 16开本 11印张 272千字
2007年5月第1版 2025年6月第8次印刷
定价:38.00元

序

镇宇是我所认识的从事安全工作的人中最具工作热情的一个，他在杜邦工作期间，我们常常就安全管理和技术问题聊得忘了吃午饭。早先，他跟我提起要写一本关于工艺安全管理的书，我总觉得那只是在繁忙的工作和生活中的奢望而已。然而，他却一直认为有责任和有必要这么做。

随着经济的发展，国内石油、化工、医药等工业的规模不断扩大，生产过程中大量使用新工艺、新材料和新技术。但是，这些变化也带来了更高的工艺安全风险。由于安全管理跟不上、工业规模的扩大，对新工艺、新材料、新技术的认识不足，致使工艺安全事故时有发生。

在美国、加拿大和欧洲等国家和地区，工艺安全管理已经是成熟的安全管理体系了。改革开放让我们有机会学习、实践包括工艺安全管理在内的先进管理经验。镇宇把自己多年来在BP、Air Products 、杜邦和ERM等跨国企业工作过程中所获得的知识和经验与国内的同仁分享，是一件值得赞赏的事情。

仔细阅读完书稿，发现这本书很好地阐述了工艺安全管理的概念和相关实践。每章开篇的典型工艺安全事故案例介绍与分析把原本很枯燥乏味的OSHA工艺安全管理体系很好地呈现给了读者。

希望这本书能够出现在国内企业安全从业人员、生产技术和生产管理人员的办公桌上，并有助于预防石油、石化、化工和制药等行业的严重工艺安全事故。

孙　洪

前　言

自20世纪70年代以来，在欧、美工业发达地区和国家，发生了不少重大的工艺安全事故，政府、公众和工业界开始反思应该如何防范这些灾难性的事故，并开展了许多有益的研究工作。80年代开始，工艺安全在西方国家逐渐发展成为了一门独立的学科。

我国的工业起步较晚，目前，工艺安全还不是专门学科。随着工业的发展，特别是工艺装置的大型化和采用更复杂的技术，我们将不可避免地面临西方工业发达国家曾经面临过的问题。换言之，我们也需要掌握预防灾难性事故的管理方法和相关的解决问题的工具。

本书以美国颁布的工艺安全管理系统（OSHA PSM）为线索，详细阐述了其中各个管理要素的要求和相关的实践经验。OSHA PSM是美国的法规，它并不适用于任何我国境内的企业，因此，本书中所有提出的要求和实践原则都只是建议性的。本书的目的是向读者系统地说明如何从管理角度出发，来实现流程工厂的工艺安全。之所以选择OSHA PSM的管理要素作为本书的线索，一个重要的原因是，它具有权威性，而且既然是以一种法规的形式存在，说明它具有必要性和普遍适用性。

本书共有十七章。第一章对工艺安全管理系统进行了简单的说明；第二章至第十五章分别阐述了工艺安全管理系统的14个要素；第十六章说明了投资项目工艺安全审查的基本要求；第十七章阐述了本质安全的概念及其应用策略，这是一个特殊的章节，之所以将它保留在这里，主要是因为本质安全的策略与工艺系统风险控制有着密不可分的关系。为了增加读者的感性认识，在具体说明每个管理要素之前，尽量引用了与该要素相关的工艺安全事故案例。

读者可以参考本书的内容，并结合本公司或工厂的实际情况，改进和完善现有的工艺安全管理系统。或许您的工厂已经在执行工艺安全管理系统的某些要素，如果是这样，希望本书的内容可以帮助您掌握那些目前还没有落实的要素，或者帮助您使目前正在执行的管理要素变得更加系统化。

本书中所提到的实践经验是作者在数家大型跨国石化和化工公司从业经验的总结。在实现工艺安全的过程中，大多数跨国公司的基本做法都非常相似，但具体执行细节各有区别，因此，如果您公司的做法在细节上与本书所言存在某些差异，这并不一定会妨碍实现工艺安全的目标，只要基本的出发点是正确的，完全可能实现“殊途同归”。

每个公司都有自己特殊的企业文化和管理理念，国内的许多公司在安全管理上也有不少可取的地方，因此，作者希望通过本书抛砖引玉，引发大家一起思考如何更好地实现流程工厂的工艺安全，避免灾难性的工艺安全事故。

孙洪先生和袁东林先生审阅了本书稿，提出了不少好的意见和建议，孙洪先生还为本书撰写了序，此外，在本书编写过程中，王勇博士、尤学著博士和徐新良先生也给予了不同程度的支持，特此对他们表示感谢！鉴于作者水平的局限，不足和错误之处在所难免，望读者谅解，并提出宝贵的改进意见。

目录

第一章 工艺安全管理简介

工艺安全事故初期的基本特征是泄漏(物料泄漏或能量释放)，它们的后果往往是灾难性的。为了防止灾难性的工艺安全事故，有必要建立和贯彻有效的工艺安全管理系统。

1 引言

目前，在我国工艺安全还不是专门学科。当人们谈及工业领域的“安全”时，指的是一个非常广泛的概念，不但涵盖职业安全，也包含了工艺安全、产品安全和运输安全等等。

自20世纪70年代以来，在欧、美工业发达地区或国家，发生了不少重大的工艺安全事故，政府、公众和工业界开始反思该如何防范类似的事故，并开展了许多有益的工作，从80年代开始，工艺安全逐渐发展成为了一门独立的学科。

本章，我们先来了解一下震惊世界的印度博帕尔(Bhopal)化学品泄漏事故，然后讨论工艺安全的概念和工艺安全管理相关法规产生的历史沿革。

2 事故案例(博帕尔化学品泄漏事故)

1984年12月3日发生在印度博帕尔的甲基异氰酸酯(methyl isocyanate，以下简称MIC)泄漏事故，是迄今为止最严重的工业安全事故。

MIC是一种毒性很强的化学品，在事故过程中，从一个储罐泄漏了约25t MIC，造成大量人员和牲畜死亡，具体的死亡人数难以统计。有报道指出，当地80万人口中有约20万人暴露于有毒气体中，并且在事故发生后的两天内，约有5000人死亡，最终总的死亡人数可能有2万人，另外有6万余人需要接受长期治疗(印度政府在1991年公布的一份报告称，本次事故导致了3800多人死亡和11000余人残疾)。

2.1 事故背景

事故工厂隶属于联合碳化公司(Union Carbide Corporation)在印度的一家合资公司，即联合碳化印度有限公司，联合碳化占该公司50.9%的股份。当时，联合碳化公司是财富500强企业之一，也是仅次于杜邦(DuPonu)和道化学(Dow Chemical)的世界第三大化学公司(本次事故后，联合碳化公司被拆分，其中部分被道化学兼并)。

事故工厂始建于1969年，从1980年起生产杀虫剂西维因(SEVIN)。MIC是生产该杀虫剂的一种中间产品，它是一种挥发性的、有毒和易燃的物质，相对分子质量为57.05，室温时为无色液体；沸点39.1℃，20℃时对水的相对密度为0.96，蒸气压为6.4kPa；能与水发生放热反应。美国职业安全健康局(OSHA)规定的8h允许暴露极限浓度是0.047mg/m^3。

工厂投产初期，联合碳化总部委派了一名有良好安全意识和操作经验的雇员担任厂长，并且实现了50万人工时无误工事故的优良安全纪录。

由于政治等各种原因，1980年公司决定由一名印度本地员工接替厂长职务。新厂长有很好的财务背景，但是对于安全和生产知之甚少。从1982年起，由于干旱等原因，印度国内市场对于该工厂的产品需求减少，1983 年工厂的销售额下降了 23%。在本次事故发生之前，由于市场需求疲软，工厂停产了 6 个月。期间，工厂管理层采取了一系列措施来节约成本，诸如：

(1) 缩短员工的培训时间。最初的人事政策，要求聘请受过高等教育并获得学位者担任操作员，并为他们提供长达 6 个月的脱产培训。为了节约成本，工厂放弃了这一政策，将操作人员的培训时间由 6 个月减少至 15 天。

(2) 减少员工数量。原本每个班组有 1 名班组主管、3 名领班、12 名操作工和 2 名维修工，后来减至 1 名领班和 6 名操作工，不再设班组主管。

(3) 尽量聘请廉价的承包商(尽管他们缺乏经验)和采用便宜的建造材料。

(4) 减少对工艺设备的维护与维修(包括对关键安全设施的维护)。

(5) 停用冷冻系统。发生事故的 MIC 储罐本来有一套冷冻系统，其设计意图是使 MIC 的储存温度保持在 0℃左右；为了节约成本，工厂停用了该冷冻系统。

联合碳化公司曾派出一个专家小组对该工厂进行安全审计。在审计报告中提出了一系列需要改进的地方，例如阀门泄漏、过滤器清洗时未事先使用盲板隔离、压力计故障和喷淋水系统故障等等。在本次事故发生前，这些审计报告中提出的改进措施都没有落实。

2.2 事故经过

如图 1-1 所示，在事故发生的当天下午，维修人员尝试清洗工艺管道上的过滤器。在用水反向冲洗过滤器之前，正常的作业程序要求关闭工艺管道上的阀门，并在“隔离法兰”处安装盲板。在开始这些工作之前，维修人员需要申请并获得作业许可证。

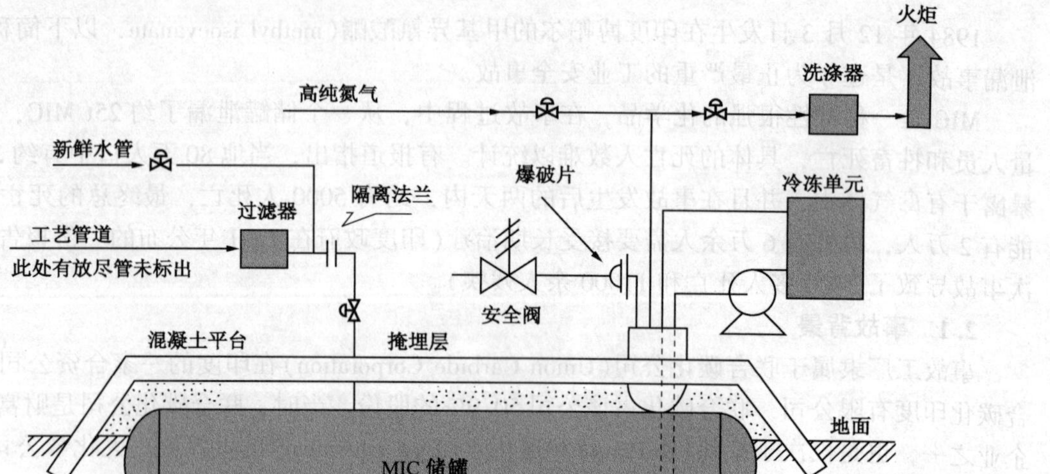

图 1-1 博帕尔(Bhopal)MIC 储存系统的工艺流程简图

事实上，在本次维修作业前，维修人员没有申请作业许可证、没有通知操作人员、也没有安装盲板以实现隔离。他们认为，只要关闭工艺管道上的阀门就可以对过滤器进行清洗。不幸的是，由于腐蚀，储罐进料管上的阀门发生内部泄漏，在维修人员反冲洗过滤器的过程中，冲洗水经过该阀门进入了 MIC 储罐。

水进入储罐后，与其中的 MIC 发生放热反应，储罐内的温度和压力升高。由于缺乏维护与维修，相关的温度和压力仪表未正常工作，控制室内的操作人员没有及时觉察到储罐工况的异常变化。

由于工厂在事故发生前停用了冷冻系统，储罐内 MIC 的实际温度约为 15~20℃（即当地的环境温度），远远高于设计时所期望的 0℃，在较高温度下，MIC 与水的反应更加剧烈。

在设计工艺系统时，考虑了少量 MIC 放空的情形。按照设计意图，它会先通过洗涤器洗涤，然后经火炬燃烧后进入大气，从而最大限度地减少对周围环境的影响。但当事故发生时，火炬系统正处于维修当中，没有发挥应有的作用。

上述冷冻系统、洗涤器和火炬都是关键的安全设施，但当事故发生时，它们都处于非正常工作状态：工厂停掉了冷却系统和洗涤器，火炬系统则正好处于维修状态。

12 月 3 日凌晨 00 时 15 分，储罐内压力迅速升高，有人在工艺区内发现了泄漏出的 MIC。于是，一名操作人员前往现场查看，他听到储罐内发出隆隆声，并感受到来自储罐的辐射热，他立即尝试启动洗涤器，但没有成功。

凌晨 00 时 45 分，储罐超压、安全阀起跳，随即大量 MIC 泄漏到周围环境中。在 2h 内，约 25t MIC 进入大气中，工厂下风向 8km 内的区域都暴露在泄漏的化学品中，短时间内造成周围居民大量伤亡。事故发生后，应急反应系统没有有效运转，当地医院不知道泄漏的是什么气体，对泄漏气体可能造成的后果及急救措施也毫不了解。

2.3 造成事故严重后果的因素

博帕尔事故是法律、技术、组织及人为错误各方面综合作用的结果。直接的原因是水进入储罐内与 MIC 发生化学反应；安全设施的失效和缺乏有效的应急反应，是未能减轻事故后果的重要原因。以下归纳了导致本次事故严重后果的一些因素：

（1）工厂位置不合适。工厂建造在城市近郊，离火车站只有 1km，距工厂 3km 范围内有两家医院。当地政府曾要求将该工厂搬迁到离市区 25km 处的一个工业区，但是搬迁一直没有得到落实。

（2）未按本质安全的原则进行工厂设计。根据“本质安全”的原则，宜尽量采用无毒或毒性小的化学品替代毒性大的化学品，MIC 是该工厂生产工艺过程中的中间产物，在工厂设计阶段，可以考虑其他工艺路线以避免产生如此毒性的中间产物；当时，已有两家类似的工厂采用了其他替代的工艺路线，从而成功地避免了在工艺生产过程中产生 MIC。

（3）未按本质安全的原则进行工厂操作。按照“本质安全”的原则，在满足工艺基本要求的前提下，应该尽量减少工艺系统内危险化学品的存储量。事故工厂有三个 MIC 储罐，每个储罐的储存量约为 $57m^3$，有专家质疑储存如此大量危险物料的必要性。

按照操作要求，事故储罐中 MIC 液位不得超过 60%（在美国西弗吉尼亚类似的工厂要求不超过 50%），在事故发生时，实际液位是 87%。

此外，工艺要求对储罐内的 MIC 进行冷冻储存，联合碳化的操作手册也规定，当温度超过 11℃时，就应该报警；而在博帕尔工厂，停掉了冷冻系统之后，报警温度被设定在 20℃，实际的操作温度基本上在 15℃左右。

（4）安全设施失效。按照原来的设计意图，当发生较小泄漏时，泄漏的气体先经过洗涤器吸收，少量未被洗涤吸收的气体进入火炬，在进入大气之前被焚烧掉。洗涤器能够处理温度为 35℃、流量为 90kg/h 的 MIC 蒸气，在事故发生时，MIC 的排放量大约是设计处理流量的 200 倍；而且火炬正处于维修状况，与工艺系统分开了。另一项安全设施是喷淋水系统，在 3 日凌晨 1 时，操作人员启动了喷淋水，但是最高只能喷到离地面 15m 处，而泄漏的 MIC 蒸气达到了离地面 50m 的高度。

（5）应急反应低效率。在该工厂，少量的泄漏早已司空见惯，而且储罐上的压力计早先已经出现故障，操作人员不再相信它们的结果。事故发生之初，工厂操作人员忽视了所发生的泄漏，在发现泄漏 2h 后才拉响警报。MIC 的泄漏持续了约 45~60min，在这期间，居住在工厂周围的许多人，因为眼睛和喉咙受到刺激从睡梦中惊醒，并很快丧失了生命。

（6）管理层缺乏安全意识。工厂的管理层为了节约成本，不惜以牺牲安全为代价，这是导致一系列不安全条件和不安全行为的重要原因。

2.4 事故启示

（1）管理层对于安全的认可是实现工厂安全的根本前提。管理层的认可不仅利于落实日常的安全管理，也是建设企业安全文化的重要推动力。就实现安全无事故的目标而言，如果没有管理层的承诺，再好的管理系统和技术能力都没有现实的意义。

（2）管理层对于安全的认可解决了“应该去做”的问题，紧接着的问题是“如何去做”。为了防止灾难性的事故，工厂需要做好管理与技术两个方面的工作：一是需要建立科学的安全管理系统；二是管理人员、工程师及操作和维修人员需要具备必要的技术能力。

（3）仅就工艺安全而言，我们可以从本次事故吸取以下教训：

① 需要对危害较大的工艺系统进行系统的工艺危害分析。辨别工艺系统可能出现的偏离正常工况的情形，找出相关的原因与后果，并提出消除或控制危害的改进措施，从而提高系统的安全性能。

② 建立和切实执行工艺系统的变更管理制度，严肃对待工艺系统和操作/维修程序的变更。工艺系统的重要安全设施（如本案例中的冷冻系统和火炬）之所以存在，都是为了实现一定的工艺意图，不能随意取消或绕过它们；如果确实需要这样做，应事先按照变更管理程序的要求，对新的做法进行必要的危害分析，并依据分析结果落实必要的安全措施。

③ 加强对操作人员和维修人员（包括承包商）的培训和管理。帮助员工和承包商了解工艺系统中存在的危害、相关的控制措施以及工厂的各项安全管理制度（如作业许可证制度）。

④ 加强对事故和未遂事故的根源分析。在本次灾难性事故发生之前，博帕尔工厂就发生过多次小规模的 MIC 泄漏事故，工人们都有过眼睛不适的经历（MIC 损伤眼睛、肺部和神经系统等）。但是，这些前兆并没有引起工厂管理层的足够重视。经验表明，后果轻微的事故和未遂事故是重大事故的前兆，需要重视工厂所发生的哪怕是不起眼的小事故，仔细分析和消除它们的根源。

⑤ 重视职业安全的同时，更需要高度重视工艺安全。职业安全和工艺安全都是工厂总体安全的重要组成部分，但两者又有区别：职业安全事故往往是伤害一个人或几个人；而工艺安全事故的后果通常会严重得多，它不仅仅是伤害几个人而已，有可能严重损坏工艺系统本身、造成大量人员伤亡、使整个公司倒闭、甚至给周围公众或环境带来灾难性的后果，博帕尔事故就是一个典型的例子。

3 工艺安全（Process Safety）

最近几十年来，技术革新给化工和石化等行业带来巨大的变化：新产品不断涌现、控制手段更加先进、装置规模日趋扩大。但是，随之而来的是：涉及化学品的品种更多且储存量更大、应用的工艺技术更加复杂、操作条件更加苛刻、工艺系统的危害更多。例如，广泛采用易燃和有毒的化学品、工艺过程涉及高温和高压、反应大量放热等等。

随着技术进步，愈来愈复杂的工艺系统对安全提出了更高的要求。很多专家甚至认为，从某种意义上讲，安全方面的高要求已经成为化工和石化行业发展的一个瓶颈。工艺系统越复杂，化工工程师就需要掌握越多的安全知识，以确保工艺系统的设计和操作满足基本的安全要求。

(1) 工艺安全的一个基本出发点是预防工艺物料(或能量)泄漏。虽然化工和石化行业发生的各类事故通常表现为着火、爆炸或有毒物暴露等不同的形式，但都可以归咎于物料的泄漏或能量的释放(也可以视为一种泄漏形式)。

工艺系统一旦出现泄漏，就有可能导致灾难性的工艺安全事故。化学品泄漏或能量释放可能发生于正在运行的工艺装置、储存原料或产品的区域、长途输送管道、铁路和公路装运化学品的槽车以及化学品水运船舶等等。

以涉及易燃物料的工艺系统为例，如果仅仅是泄漏且物料在泄漏出来后很快形成蒸气并扩散开去，危害相对较小；较多的情形是，泄漏出来的物料蒸发，并且形成蒸气云，蒸气云体积增大并蔓延，接触到着火源后发生着火或爆炸。可燃物着火燃烧时，烘烤临近的设备或管道，导致它们破裂；爆炸也可以造成周围设备或管道破裂；这样以来，就出现了更多的泄漏，形成更大范围的着火或数量更多的爆炸。

泄漏→蒸气云→(着火源)→着火或爆炸→更多泄漏……→更多着火或爆炸

反之，如果工艺物料按照原本的设计意图，以预想的状态(温度、压力和相态等等)停留在设备或管道内，整个工艺系统就处于安全的状态。

(2) 工艺安全的目的是在设计、建造、操作和维修工厂工艺设备和设施过程中，运用工程知识、原理与经验，消除或减少与工艺过程相关的危害。

“工艺过程相关的危害”源自两个方面，一是工艺介质本身的危害，二是工艺过程(对介质的储存、处理和加工)所赋予的危害。例如，氯气有毒属于这种介质本身的危害；将氯气储存在容器内并保持一定的压力，这些氯气就具备了一定的能量，“具有能量”是对这些氯气加压这一工艺过程所带来的危害。因此，工艺安全既关心工艺过程中涉及的各类化学品，又关心如何储存、处理和加工这些化学品。

(3) 工艺安全有别于传统的“安全”概念。传统的“安全”主要是指使用各类个人防护用品和建立相应的规章制度来保护作业人员，防止发生人员伤害事故。“工艺安全”所倡导的事故预防方法有别于以上传统的做法，它强调采用系统的方法对工艺危害进行辨识，根据工厂不同生命周期或阶段(研发、设计、投产前和生产过程中)的特点，采取不同的方式辨别存在的危害、评估危害可能导致的事故的频率及后果，并以此为基础，设法消除危害以避免事故，或减轻危害可能导致的事故后果。工艺安全重视应用以往设计的经验教训，强调严格执行相关的设计标准和规范。工艺安全管理的理念和危害控制技术可以应用于各种流程工业，例如化工、石化、炼油、海上采油、制药及冶金等等。

(4) 工艺安全的侧重点是工艺系统或设施本身。工艺安全也关注可能导致事故的人为因素，但相对而言，职业安全关注更多的是人的行为，工艺安全则较关心工艺系统或设施本身是否存在技术上的缺陷或安全操作的隐患。除了关心操作人员及工厂周围人员的安全外，工艺安全也重视泄漏事故对环境的破坏和对工厂设施的损坏。

(5) 工艺安全已是一门独立的学科。虽然工艺系统的安全在工艺系统产生的那一刻就客观存在了，但是直到20世纪90年代，工艺安全才开始成为一门独立的学科。

20世纪60年代以来，工艺系统变得越来越复杂、操作条件愈加恶劣(如高压与高温等)，在欧洲和美国发生了一系列重大的工艺安全事故，工业界开始逐渐意识到，需要应用系统的方法和技术来预防工艺安全事故。其后，在欧、美等地，政府部门陆续颁布了相关的工艺安全管理法规。

自20世纪80年代以来，工艺安全管理及技术获得了长足发展。人们相继开发了不少预防工艺安全事故的方法和工具，例如危险性与可操作性研究（HAZOP）、故障树分析（FTA）等分析方法。同时，也建立了一些后果模拟的计算模型，如火球辐射模型、有毒蒸气扩散模型、两相流泄放模型等等。目前，有一部分欧、美化工及能源公司设有专职的工艺安全专业人员，他们负责为本公司的设计人员和生产人员提供工艺安全技术与管理方面的专业支持。

1985年，美国化学工程师协会（the American Institute of Chemical Engineers，AIChE）设立了化工工艺安全中心（the Center for Chemical Process Safety，CCPS），主要从事化工、石化及工艺加工行业的安全技术发展与传播，以帮助企业预防重大工艺安全事故。

4 工艺安全管理及相关法规简介

4.1 工艺安全管理

工艺安全管理的主要目的是预防危险化学品（或能量）的意外泄漏，特别是防止它们泄漏到员工或其他人员活动的区域，使相关人员遭受伤害。完善的工艺安全管理系统不但能帮助减少人员伤害，也能避免重大的财产损失。此外，它还通过消除或减少工艺系统中存在的操作隐患，提高工艺设备的可靠性，减少不必要的停车，提升产品的品质，而且可以提高生产效率、降低生产成本和延长工艺设备的使用寿命。

工艺安全管理的主要对象是处理、使用、加工或储存危险化学品的工厂或设施。它强调运用系统的管理手段，识别、理解、消除和控制工艺危害，在设计上确保工艺系统具备可以接受的安全性，并使工艺设施在建成后按照设计意图安全地运转。

工艺安全管理关心工艺系统的“变化”。许多工艺安全事故是由于工艺系统的“变化”所导致的，如液位偏高、流量过大、车辆撞破工艺管道等等，这种“变化”可能是自发的，也可能是外部作用的结果。如果上述“变化”处于设计预期的范围内，就不会发生事故；反之，当这些“变化”使系统的操作工况超出设计的安全范围，就很可能导致操作问题或事故。这些“变化”可能发生在工艺、设备或人员等诸方面，而且在工厂生命周期中，不可避免会发生这些“变化”，重要的是要将这些“变化”纳入适当的管理中。

4.2 工艺安全管理法规的发展沿革

1974年，在英国Flixborough的一家化工厂，工厂维修人员用一条临时管道替代6个串级反应器中的第5级反应器，结果该临时管道破裂，泄漏了约50t可燃物。可燃物形成的蒸气云发生爆炸，造成28人死亡及周围社区重大的财产损失（请参考本书第四章对该事故的详细描述）。

在以往，安全管理的重点是职业安全管理，主要是防止在作业过程中，工人遭受机械伤害或由于跌落等原因所导致的伤害。本次事故使化工行业的管理者和工程师们意识到，对新工厂的设计以及发生变更的工艺系统进行危害分析至关重要，人们需要在设计阶段做更多的工作，来消除工艺系统中潜在的危害，而不是仅仅关注职业安全相关的危害。基于此认识，工艺危害分析（Process Hazard Review）逐渐成为工程设计的一个重要环节。

1975年，荷兰毕克（Beek）的一套石油裂解装置在投产前发生泄漏，导致了一起严重的蒸气云爆炸事故，造成14人死亡。1977年，在意大利的塞维索（Seveso）工厂，因为阀门泄漏，导致大范围的有毒蒸气泄漏。这些事故直接催生了第一部针对工艺安全的政府法规，即

1982 年欧洲颁布的“Seveso I 指令”。该指令以意大利发生事故的工厂命名，主要包含了社会公众的知情权和对应急反应相关的要求，为欧盟各成员国所遵守。

1984 年，发生在印度博帕尔的灾难性事故夺去了成千上万人的生命。“明天博帕尔灾难还会不会再发生?”和“该如何防止博帕尔事故重演?”成为流程工业学术界的热门议题。鉴于本次事故美国化学工程师协会在 1985 年成立了专门的化工工艺安全中心(CCPS)，该中心为化工、石化等行业提供工艺安全技术和管理的全面支持，以防范重大的工艺安全事故。相应地，在加拿大，成立了重大工业事故协调委员会(MIACC)，它的使命是减少工业事故发生的频率和减轻事故的后果。此外，“Seveso I 指令”也经历过修订，1996 年形成了“Seveso II 指令”，它吸取了博帕尔事故的教训，更加强调对重大危害的控制和建立工艺安全管理系统的必要性。1988 年，美国化学协会(the American Chemistry Council，ACC) 颁布了“责任关怀”(Responsible Care®)，其中包含了工艺安全相关的规定，并要求其成员企业遵守这些规定。

1989 年，在美国休斯顿发生了一起重大的反应器爆炸事故，导致 23 人死亡。1990 年，在美国得克萨斯州又发生了一起污水罐爆炸事故，造成 17 人死亡。这些事故或多或少加速了工艺安全相关的立法。1992 年 2 月 24 日，美国职业安全健康局(Occupational Safety and Health Administration，OSHA) 颁布了危险化学品工艺安全管理系统的相关要求(29CFR1910. 119：Process Safety Management of Highly Hazardous Chemicals，PSM)，并于 1992 年 5 月 26 日正式生效。随后，美国环保局(EPA)颁布的“净化空气法案之灾难性泄漏预防”于 1999 年生效，在 OSHA 工艺安全管理系统相关要求的基础上，补充了对风险评价和应急预案的要求。

韩国参考美国 OSHA 颁布的工艺安全管理系统的相关要求，也于 1996 年颁布了该国的工艺安全管理系统要求，即 KOSHA PSM。

在我国，中国石油天然气集团公司参考美国石油学会标准 API RP750 编写了相关的标准 SY/T 6230—1997，即《石油天然气加工工艺危害管理》，该标准主要应用于石油天然气加工设施，于 1997 年 8 月 25 日颁布，并于 1998 年 3 月 1 日起执行。

5 OSHA 颁布的工艺安全管理系统简介

5.1 适用范围

OSHA 颁布的工艺安全管理系统相关的法规(29CFR1910. 119)，主要是为了帮助企业防止有毒、易燃、易爆和易反应的化学品出现灾难性泄漏，以及减轻上述物质不幸发生泄漏时的后果。

部分典型事故与工艺安全相关的立法见表 1-1。

表 1-1 部分典型事故与工艺安全相关的立法

年 份	事故及地点	工艺安全相关立法
1974	Flixborough(英国) 化学品泄漏，蒸气云爆炸	
1975	Beek(荷兰) 蒸气泄漏，蒸气云爆炸	
1977	Seveso(意大利) 阀门破裂，有毒物泄漏	
1982		Seveso I 指令(欧洲)
1985	Bhopal(印度) 有毒物泄漏	
1988		Responsible Care® 责任关怀(美国)
1989	Texas(美国) 反应器物料泄漏，蒸气云爆炸	

续表

年　份	事故及地点	工艺安全相关立法
1990	Texas(美国)　污水罐投入运行时发生爆炸	
1992		OSHA PSM(美国)
1996		Seveso Ⅱ 指令(欧洲)　KOSHA PSM(韩国)
1997		石油天然气加工工艺危害管理(中国)
1999		EPA 净化空气法案(Clean Air Act)：风险管理规定(Risk Management Program)(美国)

OSHA 规定的 PSM(以下简称 PSM)主要应用于加工工业。在 PSM 法规中附录了一个危险化学品列表，它包含 130 余种有毒或具有反应性的化学品，对每种化学品规定了一个数量标准。当工厂处理的危险化学品数量达到或超出所列表中的数量标准时，或者处理的易燃液体或易燃固体的数量等于或大于 4535.9kg 时，工厂就需要遵守 PSM 规定。

PSM 法规不适用于下列工艺设施：

(1) 零售设施；

(2) 油井、气井；

(3) 无人操作设施。

OSHA 对应该遵守 PSM 规定的“工艺”也进行了定义：“工艺”是指使用、储存、加工、处理或者在工厂范围内转移危险化学品，也可以是上述活动的综合。

5.2　工艺安全管理系统(PSM)基本要素

美国职业安全健康局(OSHA)、美国化学工程师协会之化工工艺安全中心(CCPS)和美国化学协会(ACC)各自为工艺安全管理系统定义了一系列组成要素。他们所提出的组成要素虽然有所不同，但是出发点和目标都是类似的，有些要素也相互雷同。本书将重点围绕 OSHA 工艺安全管理系统(PSM)的诸要素讨论如何防止工艺安全事故和减轻事故的后果。

OSHA 颁布的工艺安全管理系统(PSM)共包含 14 个基本要素，详见表 1-2。它们是：

表 1-2　PSM 诸要素在工厂生命周期不同阶段的适用情况

	研发/项目前期	工程设计	施工与投产	工厂运行	工厂关闭
工艺安全信息	X①	X	X	X	X
工艺危害分析	X	X		X	
变更管理	X	X	X	X	
投产前安全检查			X	X	
操作程序		X	X	X	X
培训			X	X	X
机械完整性		X	X	X	X
动火作业许可证			X	X	X
承包商		X	X	X	X
应急预案与应急反应				X	X
事故调查				X	X
商业机密	X	X	X	X	
符合性审计				X	
员工参与	X	X	X	X	X

① 有“X”项表示适用。

(1) 工艺安全信息(Process Safety Information)：工厂应该有书面的工艺安全信息资料，诸如危险化学品的危害信息、工艺技术和工艺设备相关的信息。

(2) 工艺危害分析(Process Hazard Analysis)：工厂需要对工艺系统开展工艺危害分析，并且至少每隔五年重新确认上一次工艺危害分析的有效性。

(3) 变更管理(Management of Change)：工厂需要建立必要的程序来管理工艺设施或操作程序的变更，防范变更产生潜在危害和导致工艺安全事故。

(4) 投产前安全检查(Pre-Startup Safety Review)：对于新建项目或工艺系统的重大变更，在系统投入运行之前，需要进行必要的安全检查，确保装置或设施的安全投产和可持续运行。

(5) 操作程序(Operating Procedures)：工厂应该有书面的操作程序，并且操作人员应该容易获得这些程序。操作程序应该说明工艺系统中存在的危害、安全和健康注意事项、安全操作范围、安全保护系统及其功能等等。

(6) 培训(Training)：工厂应该为员工提供基本的工艺知识培训和相关操作程序的培训。

(7) 机械完整性(Mechanical Integrity)：工厂需要建立机械完整性有关的书面程序并加以落实，以确保工艺设备(特别是安全保护装置和关键仪表控制系统)的完整性与可靠性。

(8) 动火作业许可证(Hot Work Permit)：在工艺区域内动火作业时，需要遵守动火作业许可证制度。

(9) 承包商(Contractors)：承包商和工厂都应沟通协调并采取必要的管理措施，以实现承包商在工厂作业期间的安全生产。

(10) 应急预案与应急反应(Emergency Planning and Response)：工厂需要根据工艺系统的特点，编制适当的应急预案，并开展必要的培训和演练，以提升员工的应急反应意识和能力。

(11) 事故调查(Incident Investigation)：工厂应该对事故或未遂事故进行调查，找出事故的原因，并提出和落实相应的改进措施，防止发生类似的事故。

(12) 商业机密(Trade Secrets)：工厂需要确保相关人员可以获得执行工艺安全工作所需要的信息和资料。

(13) 符合性审计(Compliance Audits)：这个要素是为了评估"我们到底做得有多好"，以便通过持续改进，不断完善工艺安全管理系统。通常，工厂至少每3年需要进行一次符合性审计。

(14) 员工参与(Employee Participation)：工厂应该有书面的计划，规定员工或员工代表如何参与工艺安全管理系统各个要素的工作。

为了实现安全生产，工厂需要在整个生命周期中，落实执行工艺安全管理系统，表1-2列出了工厂生命周期中不同阶段所涉及的工艺安全管理系统的要素。工艺安全事故往往是多个上述管理要素缺失的结果，因此，不能将上述诸要素孤立看待，它们共同构成了控制危害和防范工艺安全事故的一套完整的管理系统。

第二章 工艺安全信息

工艺安全信息产生于工厂生命周期的各个阶段，是识别与控制危害的依据，也是落实工艺安全管理系统其他要素的基础。而且，工艺安全信息对于工厂的重要意义远远超出了工艺安全管理的范畴。

1 引言

工艺系统的危害通常来自两个方面：所涉及的化学品本身的危害和工艺处理过程(工艺技术和工艺设备)所带来的危害。工艺安全信息是那些关于化学品、工艺技术和工艺设备的完整、准确的书面信息资料，可以帮助我们理解工厂的工艺系统如何运行，以及为什么要以这样的方式运行。它是开展工艺危害分析的依据，也是落实工艺安全管理系统其他要素的基础。例如，开展以下工作都需要参考相关的工艺安全信息：

(1) 进行工艺系统的危害分析；

(2) 审查对工艺系统的变更；

(3) 编制操作程序和培训操作人员的材料；

(4) 执行投产前安全检查；

(5) 测试相关设备以实现工艺设备的机械完整性；

(6) 编写应急预案；

(7) 开展事故调查；

(8) 帮助承包商认识工艺过程中潜在的危害。

本章，我们先讨论一起因没有有效使用工艺安全信息而导致的爆炸事故，然后了解 PSM 对于工艺安全信息这一要素的要求，并进一步说明工厂需要编制的工艺安全信息资料以及管理过程中普遍存在的问题与对策。

2 事故案例(羟胺蒸馏装置爆炸事故)

图 2-1　羟胺爆炸导致建筑物坍塌
（来源：CSB 事故调查报告）

2.1 事故简介

1999 年 2 月 19 日，C 公司位于美国宾夕法尼亚州的一套羟胺(Hydroxylamine)装置发生爆炸，造成 5 人死亡，包括 4 名 C 公司的员工及 1 名临近工厂的管理人员，并有多人受伤。生产装置遭受严重破坏(请参考图2-1)，爆炸还损坏了临近工业园区中的建筑物。

事故发生时，C 公司的员工正在对羟胺和硫酸钾(K_2SO_4)的混合物进行蒸馏操作，这也是该公司第一次商业化投产这类工艺装置。在蒸馏过程中，可能是由于羟胺浓度和温度过高，工艺设备或管道内的羟胺剧烈分解，导致了本次爆炸事故。

2.2 涉及事故的化学品——羟胺

羟胺(NH_2OH)是氨的氧化产物，通常以水溶液或盐的形式存在。表2-1中列出了它的基本物性数据。

表2-1 羟胺的基本物性参数

参数	数值	参数	数值
相对分子质量	33.03	爆炸温度/℃	265
熔点/℃	34	密度/(kg/m³)	1.227
沸点/℃	110	蒸汽压(47.2℃)/kPa	1.33

羟胺其他特性如下：

(1) 无色或白色、遇热不稳定的吸湿性针状晶体；

(2) 易溶于液氨、水和甲醇，可溶于酸；

(3) 暴露于明火、火焰或氧化剂时，可能着火；

(4) 大面积暴露于空气中可能自燃；

(5) 在空气中加热，温度超过70℃时，会发生爆炸；

(6) 与硫酸铜、金属和氧化物(如氯气)接触时能被点燃。

羟胺主要应用于半导体行业，用作集成电路的清洁剂，也用于制造墨水、油漆和照片显影剂等等。在全球只有少数公司生产羟胺，如果C公司不发生这次爆炸事故，它将会是第一家商业生产这类产品的美国公司。

2.3 发生事故的工艺系统

C公司从1997年开始在实验室开发羟胺的生产工艺,并于1998年上半年建立了10加仑(37.8L)的中试装置。1998年7月开始租用面积约1860m^{2}的生产设施(本次事故所在地)扩大生产。

羟氨生产流程包含四个基本单元：反应、过滤、减压蒸馏和离子交换纯化。其中的减压蒸馏是为了将上游来的浓度30%(质量分数)的羟胺溶液和硫酸钾分离，并获得浓度50%(质量分数)的羟胺溶液。减压蒸馏系统包括进料罐、蒸馏塔、加热器、冷凝器、冷冻器、真空泵、初馏分罐和产品罐（详见图2-2）。

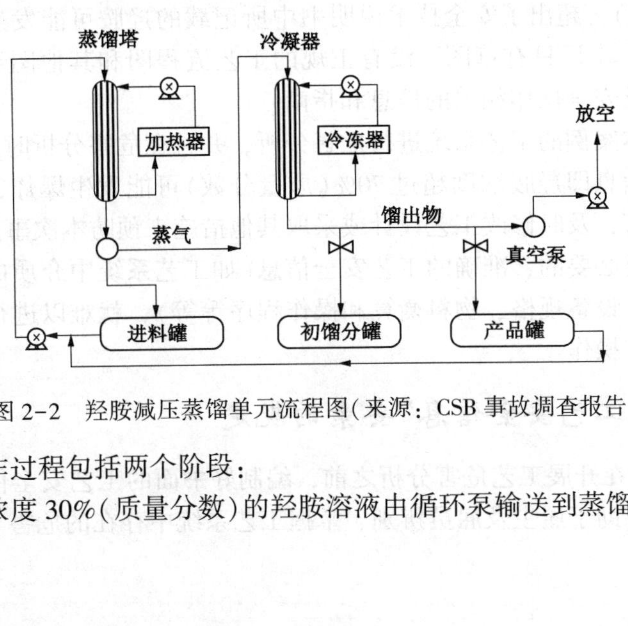

图2-2 羟胺减压蒸馏单元流程图(来源：CSB事故调查报告)

减压蒸馏的操作过程包括两个阶段：

(1) 进料罐中浓度30%(质量分数)的羟胺溶液由循环泵输送到蒸馏塔顶部(进料罐内的

物料是浆料，其中的固相物质主要是硫酸钾），用49℃热水加热蒸馏；蒸气经冷凝器用冷冻水冷凝。最初的馏分中主要是水和羟胺，被送往初馏分罐。当初馏分罐内的羟胺浓度达到10%（质量分数）时，将馏出物切换到产品罐，并持续蒸馏；当进料罐内液相中羟胺浓度到达80%~90%（质量分数）时，结束第一阶段蒸馏。用30%（质量分数）的羟胺溶液清洗进料罐后，进料罐停用。

（2）对产品罐中收集到的浓度为45%（质量分数）的羟胺进一步蒸馏：用泵将产品罐中的物料送入蒸馏塔，用60℃热水加热蒸馏，分离掉溶液中的部分水分后，馏出物直接进入产品罐。当产品罐内羟胺浓度为50%（质量分数）时，蒸馏过程就完成了。

2.4　事故经过

1999年2月19日，操作人员更换了蒸馏塔的进料管后，在当天早上启动蒸馏系统，当时进料罐内液相中的羟胺浓度为57%（质量分数）。此后罐内浓度持续增加，19时15分前后，进料罐内羟胺的浓度达到了86%（质量分数）。操作人员凭肉眼观察来控制结晶，于19时45分停用加料罐，然后用30%（质量分数）羟胺溶液冲洗进料罐内形成的羟胺晶体；在20时14分，突然发生了爆炸。

2.5　事故原因

在浓度较高时，羟胺晶体及溶液可能发生爆炸性的分解，热源或污染杂质会促进分解。在本案例中，从蒸馏塔回到进料罐内的物料中，羟胺浓度较高（因为大部分的水被蒸发掉了）；而且，在工艺过程中存在某些促进分解的因素，如蒸馏时的过度加热、无意间混入工艺系统的杂质、循环泵输送时的摩擦等等。当羟胺浓度较高时，这些因素可以导致进料罐和进料管道内的羟胺分解，乃至发生爆炸。

从管理角度分析，本次事故是多个工艺安全管理要素缺失的结果。例如，未进行工艺危害分析、未编制适当的操作程序以及员工缺乏必要的培训等等。此外，没有合理应用工艺安全信息是导致本次事故的一个重要因素。

C公司的管理人员明白，当工艺过程中的羟胺浓度超过80%（质量分数）时，会析出羟胺晶体，羟胺晶体不稳定并有潜在的爆炸性。公司的材料安全技术说明书（MSDS）中有相关的说明"当水被蒸发，羟胺浓度超过70%（质量分数）时，可能发生着火和爆炸"。但是这一重要信息并没有充分反映到工艺设计和操作程序当中，在实际的工艺生产过程中，羟胺浓度达到85%（质量分数），超出了安全技术说明书中所记载的羟胺可能发生爆炸的浓度即70%（质量分数）。而且，工厂只有草图，没有正规的工艺流程图和其他图纸；操作程序也只包含初步的信息，缺乏安全操作相关的信息和指南。

反之，如果对本案例的工艺系统进行危害分析，并且在危害分析时充分利用材料安全技术说明书中已知的信息即羟胺浓度超过70%（质量分数）可能发生爆炸，就可以及时发现工艺过程中存在的危害，及时修改工艺设计或采取其他措施来预防本次事故。

总之，如果缺乏必要的、准确的工艺安全信息（如工艺系统中介质的物性参数、工艺介质的化学反应特性、设备规格、物料衡算和操作程序等等），就难以进行工艺系统的安全设计和实现安全的生产操作。

3　PSM对"工艺安全信息"要素的规定

OSHA要求雇主在开展工艺危害分析之前，编制好书面的工艺安全信息。在编写这些书面材料的过程中，有助于雇主及雇员辨别、掌握工艺系统中存在的危害。工艺安全信息应该包括工厂储存、使用和生产的化学品的危害、工艺技术以及工艺设备相关的信息。

(1) 与工厂储存、使用和生产的化学品的危害相关的信息至少包括：

① 毒性；

② 允许暴露极限浓度；

③ 物性数据；

④ 反应特性；

⑤ 腐蚀性数据；

⑥ 热稳定性及化学稳定性，以及与其他物质混合时的不良后果。

(2) 工艺技术相关的信息至少包括❶：

① 方块流程图或简单工艺流程图；

② 工艺流程的化学反应背景资料；

③ 设计的最大物料储存量；

④ 工艺参数的安全操作范围(温度、压力、流量和组分等等)；

⑤ 偏离正常工况后果的评估(包括对员工安全和健康的影响)。

(3) 工艺设备相关的信息至少包括：

① 建造材质；

② 带控制点的管道仪表流程图；

③ 电气设备危险等级区域划分图；

④ 泄压系统的设计及设计基础；

⑤ 通风系统的设计；

⑥ 设计所依据的设计标准或规范；

⑦ 物料平衡表与能量平衡表；

⑧ 安全系统(如联锁、监测和抑止系统等)。

4 "工艺安全信息"要素相关实践

4.1 工艺安全信息的重要性

(1) 工艺安全信息是对工艺系统的准确描述，也是开展工艺安全管理工作的基础。依据书面的工艺安全信息开展工艺危害分析，可以帮助我们识别和掌握工艺系统中存在的各种危害，并采取必要的措施消除发现的危害或减轻它们可能导致的事故的后果。此外，我们还需要参考工艺安全信息编写操作程序，培训操作人员，开展机械完整性相关的检验和测试，执行工艺系统的变更以及编制应急预案等等。

(2) 工艺安全信息是对工艺系统设计规格的记录。假如工厂在建设之初就经历过系统的工艺危害分析，我们就设想在设计条件下所进行的生产操作是安全的，之所以发生事故，主要是工艺系统超出了正常的操作范围，偏离了原本的设计意图。工艺安全信息可以帮助我们了解工艺系统的设计意图以及偏离正常工况可能导致的后果及其对策，它有助于我们确保生产和维修等活动符合设计意图，从而有效地防范工艺安全事故。

(3) 工艺安全信息是工艺系统改造、扩建的重要设计依据以及变更管理的基础。任何工厂的扩建都是在原有基础上进行的，如果没有已有工艺系统的信息资料，新的扩建设计就缺

❶如果工厂没有这些信息资料，可以在工艺危害分析时进行编制，以满足工艺危害分析的需要。

乏必要的基础。此外，出于各种理由，工厂的工艺系统和设施总是在不断经历改造或变更，据统计，80%的工艺安全事故的根源都可以追溯到"不适当的变更"，完整和准确的工艺安全信息是有效完成变更的基础，它们对于变更过程中的事故预防有特别重要的意义。

（4）工艺安全信息也是积累工厂设计、操作、维护和维修实践经验的载体。有些公司忽视文件和文档的作用，只把注意力放在具体的现场生产活动上，工作任务完成后不愿意再花更多的时间总结和记录，结果往往是虽然装置投入运行了很多年，技术水平的提高和积累仍非常有限。其中的原因并不复杂，试设想，一名工程师进入一套工艺装置工作，他在工作中不断刻苦地学习、研究，包括测试各种工艺条件来优化工艺系统；3~5年后，当他离开这套工艺装置时，如果没有留下相关的信息资料，新接替他的工程师可能又要重复他的老路，重复同样的测试、重复同样的失败或成功的经验；如果人员更迭频繁，即使建厂投产了许多年，工厂的技术水平还是会停留在较低的水平，难以实现工艺上的创新。大多数跨国化工和石化公司都非常注重技术信息的总结、记录和存档，平时看起来很小的技术上的改进都有详尽的记录，日积月累，经过若干年后就可能从"量变"到"质变"，完成对整套工艺技术的整体革新，这一点非常值得我们学习。无论从安全角度还是从技术积累和创新的角度看，编制工艺安全信息资料都有非常重要的意义。

（5）工艺安全信息还是工厂遵守安全相关法律、法规的证据。例如，在工艺安全危害分析完成后，工厂会编制和保存分析报告，除了将该报告用于指导设计、落实生产和培训员工外，也是工厂努力做好安全工作、遵守相关法规的证据。

4.2 与化学品相关的信息

工厂需要书面保存其生产、储存或使用的化学品（包括原料、中间产品和成品）相关的信息资料，通常包括：

（1）毒性资料　对健康的短期或永久的影响；

（2）允许暴露的极限浓度；

（3）物性数据　如沸点、蒸气压、密度、溶解度、闪点和爆炸极限；

（4）反应特性　如分解反应、聚合反应或与水之间的反应；

（5）腐蚀性数据　腐蚀性以及与施工材质的不相容性；

（6）热稳定性与化学稳定性　如受热是否分解、暴露于空气或被撞击时是否稳定；

（7）与其他物质混合的后果　与其他化学品之间的相容性，混合后是否相互反应。

对工艺系统进行危害分析时，需要了解工艺系统所涉及的化学品的特性。上述化学品相关的信息有助于正确评估着火或爆炸的特征、反应的危害、对工艺设备的腐蚀以及对人体健康的影响。

化学品的标签和材料安全技术说明书（MSDS）是获取化学品相关信息非常重要的途径，通常在化学品的包装和容器上都有标签，如果需要获得更多更详细的信息，可以参考MSDS，在使用任何化学品之前，最好事先阅读MSDS，以便了解它存在的危害及正确的处理方法。

OSHA规定MSDS必须包括一些必要的内容，但是仍允许供应商按照自己的情况编制MSDS。依据国际标准ISO 11014—1，目前我国已编制了关于MSDS编写的规定"GB 16483—2000：化学品安全技术说明书编写规定"。它要求MSDS包含下列16项内容：

（1）化学品及企业标识；（2）成分/组成信息；（3）危险性概述；（4）急救措施；（5）消防措施；（6）泄漏应急处理；（7）操作处置与储存；（8）接触控制/个体防护；（9）理化

特性；（10）稳定性和反应性；（11）毒理学资料；（12）生态学资料；（13）废弃处置；（14）运输信息；（15）法规信息；（16）其他信息。

MSDS是了解化学品特性的最好的文件之一。制造商有义务提供自己所生产的化学品的MSDS，工厂可以从制造商那里免费获得此文件。

对于涉及化学品品种较多的工厂，宜建立MSDS文件管理系统，其主要目的是确保所有的化学品都有相应的最新版本的MSDS，并且在使用时可以方便地获得所需要的MSDS。由于MSDS都是制造商编制的，其中不乏一些模棱两可的叙述，如果MSDS中缺乏必要的信息，工厂可以通过权威书刊或其他生产相同产品的制造商获得这些缺少的信息。

化学品的相关信息中需要包含它们的反应特性，以便在实际生产过程中避免不必要的反应。为了防止生产过程中误将不相容的化学品混合，可以将工厂范围内涉及的化学品编制成化学品相互反应的矩阵表，需要时，可以通过查阅此矩阵表了解某种化学品与其他化学品之间的相容性。

4.3 与工艺技术相关的信息

工厂需要有书面的与工艺技术相关的信息，它们是对工艺系统进行危害分析、编制操作程序和编写培训材料的重要参考资料。通常包括：工艺流程及相关化学反应的说明文件；工艺流程图(方块流程图或简单工艺流程图)；设计确定的工艺物料(原料、中间产品和最终产品等)的最大储存量；主要参数(温度、压力、液位、流量和组分等)的安全操作范围；非正常工况的后果评估(包括对员工安全和健康的影响)。

与工艺技术相关的这些信息通常包含在技术手册、操作手册、培训材料或其他类似的文件中。

（1）工艺流程及相关化学反应的说明文件　该文件是对工艺过程的简单描述，主要阐述工艺流程中的基本反应和所包含的单元操作。化学反应控制是实现工艺安全的重要环节，工厂的书面文件应该说明哪些反应可能发生以及哪些工艺条件的改变可能对反应造成影响，诸如：

① 可能发生的化学反应及其基本原理；

② 反应原料和产物的基本特性(是否生成危险的产物)；

③ 反应热(放热反应还是吸热反应)；

④ 可能导致反应失控的条件；

⑤ 有哪些副反应，可能存在哪些危害；

⑥ 影响反应进程的因素(如反应动力学特征)。

（2）工艺流程图(PFD)　能够帮助我们快速了解工艺系统是如何工作的。不像带控制点的管道仪表流程图(P&ID)那么复杂，它用较少的篇幅对整个工艺流程进行高度概括性的说明。例如，通过工艺流程图，我们可以了解：

① 工艺系统中的主要设备和主要的单元操作；

② 单元操作之间的相互关系；

③ 工艺物料的基本路线：进料、出料和内部循环的路径；

④ 主要的工艺控制点；

⑤ 主要的公用工程(如冷却水、氮气和压缩空气等等)。

刚接触一个新工艺系统的员工和承包商的员工，可以利用工艺流程图快速了解工艺系统，这一点对于复杂的工艺系统尤其有用。工厂的操作人员和维修人员可以利用工艺流程图开展初步的危害分析、培训操作人员、编写操作程序、审查工艺变更以及帮助承包商的员工认识工艺过程中存在的危害。

(3) 设计确定的工艺物料(原料、中间产品和最终产品等)的最大储存量　工艺安全管理制度完善的公司一般都建立了本公司可以接受的风险标准(Risk Criteria)，在设计工艺系统时(包括对工艺系统进行风险评价时)，应该确保所设计的工厂满足上述风险标准的要求。在风险标准中，包括后果和频率两个指标，其中后果是假想事故发生时预期的最糟糕的结果。对于任何工艺过程，倘若实际工艺物料的使用或储存数量超出设计允许的最大储量，一旦发生事故，导致的后果就可能超出设计时的预期，使得风险突破公司设定的风险标准。例如，液体储罐储存的液体物料过量时，一旦发生物料泄漏，由于泄漏物料量增大，受影响的区域面积和人群数量都会相应增加，事故造成的后果就可能超出当初设计时的预期。鉴于此，工厂需要及时跟踪使用和储存物料的储存量，使它们不超出允许的范围。有很多的方法可以帮助我们掌握工厂内的物料储存量，例如：

① 可以编制一份全厂物料储存量总表；也可以将物料的储存量反映在工艺描述、操作程序或工艺流程图等相关文件或图纸中。

② 对于储存工艺物料的容器，可以使用微软 Excel 文件编写容器内物料量与液位的对应关系计算表。操作人员可以根据液位快速估算出容器内当前的物料量，这种计算表还有助于防止往容器内进料时发生溢流。

值得一提的是，在工厂描述工艺物料的存储量时，最好使用统一的单位制(通常使用 SI 国际单位制)，以便于操作人员参考，也有助于防范因计量单位错误而导致安全事故。

(4) 主要参数(温度、压力、液位、流量和组分等)的安全操作范围　工艺参数超出正常操作范围后，可能导致灾难性的危险化学品泄漏或者能量意外释放。工厂应该有书面的文件说明正常操作时的温度、压力、液位、流量及其他重要工艺参数的范围，例如，化学品储罐的最高和最低液位、反应器进料的投料比例等等。

通常，对于那些影响安全的工艺参数，在工艺系统设计时需要考虑必要的报警和联锁保护措施，并且在操作程序中说明这些参数的操作范围，也可以编制“关键参数安全操作范围一览表”，便于操作人员参考。

(5) 非正常工况的后果评估资料　它们也是重要的工艺安全信息，通常是在工艺危害分析过程中形成的。在运用危险性与可操作性研究(HAZOP)等方法进行工艺系统危害分析时，其中一项重要的任务是分析非正常工况的原因及其可能导致的后果，并在必要时提出消除或控制危害的措施。因此，非正常工况的后果评估资料可以为实际生产提供指南，例如在操作程序中，除了包含主要操作参数的操作范围外，还可以根据非正常工况的后果评估资料，说明工艺参数超出安全操作范围的后果和相应的纠正措施或步骤。

4.4　与工艺设备相关的信息

工厂需要保存足够详细的书面工艺设备资料，以便今后的工艺设备设计、操作、维护、检验、测试和维修等工作符合安全要求。这些资料应该包括足够多的信息，以满足开展工艺危害分析、编制操作程序和维修程序、编写培训材料、维护设备、履行变更管理和进行事故调查等的要求。

与工艺设备相关的信息通常包括：建造材质；带控制点的管道仪表流程图(P&ID)；电气设备危险等级区域划分图；泄压系统的设计及设计基础；通风系统的设计；设计所依据的标准与规范；物料平衡表与能量平衡表；安全系统(如联锁、监测和抑止系统等)。

除上述外还包括平面布置图和设备布置图，它们表达各系统和设备之间的空间位置关系和相互之间的距离。

(1) 建造材质

设备、管道、阀门或仪表与不相容的工艺介质接触时，可能发生腐蚀，甚至造成危险物料泄漏或能量意外释放。工厂应该有书面文件记录工艺设备或管道的施工材质。对于工艺设备，其建造材质通常可以包括在设备规格文件中、设备清单中、P&ID 图中，或者其他相关的文件中。对于管道、阀门和仪表，它们的建造材质可以反映在管道规格文件中、阀门规格文件中、仪表规格文件中、P&ID 图中、管线表中、阀门列表中、仪表列表中，或者其他相关的文件中。

(2) 带控制点的管道仪表流程图(P&ID)

它是流程工厂非常重要的图纸文件，包含设备、管道、阀门、仪表、自控和安全保护系统的具体细节。控制危害的工程措施大部分都可以从 P&ID 图上找出来，例如自动调节阀的故障位置(故障开或故障关)、关键安全仪表系统(如关键联锁和事故停车)和泄压装置(如安全阀、爆破片等)的安装位置等等。因此，P&ID 图也是应用危险性与可操作性研究(HAZOP)方法开展工艺危害分析时所使用的主要图纸文件。

由于 P&ID 图是表达工厂工艺系统的最重要的文件之一，是实现进一步详细设计和日常生产操作的基础。工厂应该确保 P&ID 图与实际存在的工艺系统始终保持一致，特别是在对工艺系统进行变更时，应及时更新 P&ID 图。反之，如果工艺系统改变时没有及时更新 P&ID 图，它的内容不再反映装置的实际情况，应用它来指导生产和其他活动(如工艺系统改造)，就可能酿成严重的后果。

同一公司或同一家工厂的 P&ID 图最好采用统一的图例，并且有图例说明，以便于使用者识别设备、仪表和管道，增加易读性和易用性。

(3)电气设备危险等级区域划分图 (Electrical Classification)

工厂需要明确哪些区域存在爆炸性气体、爆炸性粉尘和易燃液体，以便设计、安装在该区域的电气设备达到相应的等级，防止它们成为引燃蒸气、粉尘或易燃液体的着火源。通常，工厂需要编制电气设备危险等级区域划分图，说明工厂中不同区域和不同高程处的电气设备设计危险等级要求。目前，我国的国家标准 GB 50058—92“爆炸和火灾危险环境电力装置设计规范”是编制危险区域划分图可参考的重要依据。

(4) 泄压系统的设计及设计基础

泄压系统是为了防止工艺设备、容器或管道超压损坏和灾难性的危险化学品泄漏或能量释放。对于所有的泄压装置，都需要有书面的设计文件，这些文件可以分成两类，一是与泄压装置本身相关的信息，一是泄压装置上、下游相连管道的信息。泄压装置的规格文件及其所附带的设计计算书通常包含泄压装置本身相关的信息，如工艺介质的特性、计算泄压装置时选取的假想条件、释放量、孔板的尺寸、泄压装置的设定压力值等等。泄压装置上、下游相连管道的信息主要包括上、下游相连的设备、阀门(有时以三维图表达)和相关的压降计算。

(5) 通风系统的设计

为了将建筑物内的设备、容器或管道泄漏出的易燃、有毒气体或蒸气及时排出室外，降低它们在建筑物内的浓度，避免形成有毒空间、易燃空间或窒息空间，以减轻泄漏所造成的不良后果。工厂需要为那些放置工艺设备、分析仪器或可能发生工艺介质泄漏的建筑物(如控制室和分析化验室)设计、安装足够的通风系统。相应地，工厂需要保存通风系统的书面文件，说明通风系统的设计基础(如建筑物的空间大小和换气率)、报警与联锁、以及非连续运转通风设备的自动启动条件等等。

(6) 设计所依据的标准与规范

工厂应该有书面材料说明工艺系统和设备设计时所依据的设计标准和规范。例如：压力容器、储罐、管道、消防和泄压装置等依据的设计标准。所采用的标准可能因投资者的性质而异，凡是在我国境内的项目都需要遵守我国的强制标准。某些外资项目有时候还需要满足母公司所在国家的标准，如美商投资项目可能要求满足 ANSI、ASME、API 和 NFPA 等标准与规范。

(7) 物料平衡表与能量平衡表

它们包括工艺设备的物料平衡与能量平衡数据，通常以表格或流程图的形式直观地反映出工艺系统中各股物料的组成和操作条件(温度、压力与流量等)。物料平衡是工艺设计的基础，它和能量平衡一起是设备设计的基础。物料平衡与能量平衡可以帮助工厂操作人员掌握工艺生产条件以及对工艺设备的要求，也是开展工艺优化的基础，且有助于改进工艺安全。例如，通过物料平衡表可以了解管道内的流速，以便分析流速是否超出安全许可的范围；还可以了解设备的设计能力及其中的物料滞留量，据此分析或模拟偏离正常工况时的后果。又如，通过能量平衡可以了解反应器内的温度和放热反应的情况，并采取必要的措施防止反应器温度过高和超压。

(8) 安全系统(如联锁、监测和抑止系统等)

工厂需要有书面文件说明预防危险化学品泄漏的设备、泄漏监测与报警设备以及减轻泄漏后果的设备。以下是一些常见的安全系统相关资料举例：

① 管道与设备的切断与隔离：盲板、双阀、阀门锁和铅封。相关文件应说明阀门和盲板的目的、阀门和盲板的位置、操作时对阀门和盲板的影响。

② 手动或自动置换系统和惰性气体覆盖系统。相关文件应说明置换和惰性气体覆盖的目的、置换系统和惰性气体覆盖系统的使用条件、何时及如何进行手动操作等。

③ 安全联锁系统。相关文件应说明安全联锁系统的名称、位号、联锁的目的、联锁起作用的条件、激活联锁的设定值、启动工艺系统时临时绕开联锁的条件以及对 PLC 或 DCS 的要求。

④ 紧急停车系统包括紧急停车按钮、本地或遥控切断阀等等。相关文件应说明紧急停车按钮的位置、现场紧急切断阀的位置、何时及如何使用紧急停车系统、紧急停车系统的响应方式等。

⑤ 泄漏和火灾监测系统包括有毒气体监测系统、可燃气体监测系统及着火监测系统。相关文件应说明监测的区域、监测点的位置、报警设定值和对监测结果的响应方式(如声光报警、系统停车或自动开启消防系统等)。

⑥ 被动防火系统包括防火墙、防火堤、泵区的围堰及工艺系统的防火覆盖物等等。相关文件应说明这些被动防火系统的位置、防火墙的耐火时间和防火堤内的容积。

⑦ 紧急处理系统包括洗涤系统、火炬、蒸汽帘等。相关文件应说明这些紧急处理系统的位置、高度、方向、尺寸大小、最大辐射热、何时及如何使用它们、自动激活的条件以及发生泄漏时操作人员需要如何采取措施防范个人伤害。

⑧ 消防和灭火系统包括喷淋系统、消火栓、消防水炮、雨淋系统、泡沫系统、用于灭

火的惰性气体或蒸汽。相关文件应说明这些消防设施的位置、覆盖的区域、如何手动开启这些系统、消火栓和消防水炮的消防水流量。

⑨ 应急公用工程及备用系统。相关文件应说明应急公用工程及备用系统的目的、备用系统的位置、自动备用系统的启动条件以及何时如何使用手动系统。

⑩ 其他安全系统包括阻火器、接地等。相关文件应说明这些系统的目的、尺寸、设计基础以及需要控制的危害。

4.5 获取工艺安全信息的途径

工厂可以通过多种途径获得所需的工艺安全信息，例如：

(1) 从制造商或供应商处获得材料安全技术说明书(MSDS)，这是化学品制造商或供应商的基本义务。

(2) 从项目工艺技术包的提供商或工程项目总承包商处可以获得基础的工艺技术信息；也可以从公司的总部或相当的机构获得工艺技术的相关信息。

(3) 从设计单位(或工程公司)获得详细的工艺系统信息，包括各个专业的详细图纸、文件和计算书等等。

(4) 从设备供应商处获取主要设备的资料，包括设备手册或图纸，其中应该有操作指南、维修指南和故障处理等相关的信息。

(5) 对于大型的公司，还可以从总公司相关部门，如安全健康环保(SHE)部门和工程部门获得各种工艺安全的信息，如公司的安全标准和工程设计标准。

(6) 假如工厂已经投入运行，但没有适当的工艺安全信息资料，则可以在开展工艺危害分析的时候进行编制。例如，当公司收购一家新的化工或石化工厂，被收购的工厂可能没有必要的工艺安全信息资料。为了全面了解系统是否存在安全隐患，并采取适当的和有效的改进措施，在完成收购后，通常公司会对新收购的工艺装置进行工艺危害分析，在此之前，可以根据现有的工艺装置或设施编制相应的工艺安全信息资料，并在接下来的工艺危害分析中修正和完善这些资料。

4.6 工艺安全信息管理中常见的问题及对策

工艺安全信息管理涉及如何编制、使用和控制工艺安全相关的信息，工厂中存在较普遍的问题有：缺乏必要的工艺安全信息；在变更工艺系统时没有及时更新工艺安全信息；用户使用旧版本的工艺安全信息资料，包括图纸或文件；使用者(如操作人员和维修人员)不容易获得工作所需要的工艺安全信息资料。

(1) 缺乏必要的工艺安全信息。本章已经讨论过工艺安全信息的重要性，它们是落实工艺安全管理的基础。如果工厂缺乏必要的、准确的工艺安全信息资料，需要根据现有的工艺系统或设施，及时进行编制。在编制之前，宜先制订一个编制计划，列出需要编制的项目、时间和负责人，必要时可以委托承包商(如设计单位)完成部分编制工作。

(2) 未及时更新工艺安全信息。在工厂的整个生命周期中，总是在经历各种改变，某些改变需要修订现有的工艺安全信息资料，如工艺管道仪表流程图、工厂平面布置图等等。在一些工厂，在改变了工艺系统或设施时，没有及时更新原有的图纸和文件，导致图纸及文件与现场的工艺系统或设施不再匹配。这是一种非常不利的做法，因为多数情况下，操作和维修人员是根据图纸确定生产方案、拟定维修计划、改进工艺系统的设计和编制应急预案等等，图纸与现场设施不一致不仅会影响这些工作，也很容易导致工艺安全事故。例如，为某个反应器增加了一条管道却没有及时反映在 P&ID 图上，某天，根据维修的需要，操作人员依照图纸将反应器与其他系统隔离时，就可能遗漏新增加的这条管道，甚至酿成严重的事故。因此，如果工厂的图纸或文件与现场设施不吻合，就需要及时对它们进行修订，并建立有效的变更管理制度，确保工艺系统或设施发生变更时，相关的工艺安全信息资料及时获得更新(请参考本书第四章“变更管理”了解更多关于变更管理的要求)。

(3) 使用旧版本的图纸或文件。在工厂中，操作人员、维修人员和专业工程师使用旧版本工艺安全信息资料的现象时有发生，例如，操作人员使用旧版的工艺流程图讨论问题和指导生产。使用旧版本图纸或文件开展工作不但影响工作效率，也容易导致工艺安全事故。为了避免发生这种情况，工厂需要建立文件作废制度。有些工厂由专人管理、分发新版的图纸和文件，并在分发新版资料的同时回收旧版本；只保留有限数量的旧版本图纸和文件，并且在显眼处加盖“作废”章，其他则统一销毁掉；这是值得借鉴的方法。目前电子版本的信息资料越来越流行，虽然便于修订，但同样可能存在文件未及时更新或用户继续使用旧版本的问题。为了解决这些问题，工厂需要考虑及时更新保存在电脑上的工艺安全信息资料。例如，可以将最新版本的信息资料保存在电脑上指定的目录下，授权专人负责更新该目录下的资料并及时将更新的情况通知相关的用户；其他人可以享受下载和使用这些信息资料的权限，但不能对这些资料加以修改，这是值得借鉴的管理电子版本信息资料的办法。

(4) 使用者不容易获得工作所需要的工艺安全信息资料。出现这种情形通常是由于两方面的原因，一是信息资料的管理系统存在问题，运行效率低；一是出于信息保密的考虑。对于第一种情况，可以通过编制一个包含所有工艺安全信息的文件清单，说明文件原件和拷贝件的存放地点，这样可以提高索取和存放的效率；对于第二种情况，我们将在本书第十三章中讨论。

第三章 工艺危害分析

工艺危害分析是工艺安全管理系统的核心要素，它强调运用系统的方法对危害进行辨识，并采取必要的措施消除和减少危害，或减轻危害可能导致的事故后果。

1 引言

工艺危害分析(Process Hazard Analysis，PHA)是工艺安全管理的核心要素，它是有组织的、系统的对工艺装置或设施进行危害辨识，为消除和减少工艺过程中的危害、减轻事故后果提供必要的决策依据。

工艺危害分析关注设备、仪表、公用工程、人为因素及外部因素对于工艺过程的影响，着重分析着火、爆炸、有毒物泄漏和危险化学品泄漏的原因及后果。

对工艺系统进行危害分析是件很耗费时间的工作，但是意义很重大。工厂需要根据自身工艺的特点选择适当的危害分析方法。对于化工和石化工厂，目前最普遍采用的危害分析方法是危险性与可操作性研究(HAZOP)，同时辅助采用安全检查清单法弥补 HAZOP 方法的某些不足。

本章先介绍发生在澳大利亚长滩(Longford)天然气工厂的爆炸事故，然后简要介绍工艺危害分析和工艺风险分析的方法。

2 事故案例(长滩天然气工厂爆炸事故)

2.1 事故概述

长滩位于澳大利亚墨尔本以东 180km 处，在维多利亚省境内。E 公司在此地经营着三个天然气工厂(GP1 厂、GP2 厂和 GP3 厂)及一个原油稳定厂。

1998 年 9 月 25 日(星期五)12 时 25 分，GP1 厂发生了一系列爆炸并引发大火，消防人员用了 31h 才将火扑灭，事故导致 2 人死亡和 8 人受伤。受本次事故的影响，天然气工厂 GP2、GP3 以及原油稳定厂停产了两周，巴斯海峡(Bass Strait)相关的气井也被迫停产。事故发生后，中断了维多利亚炼油厂的原油供应，也切断了墨尔本地区和维多利亚大部分地区的家庭、医院、酒店和其他工业用户的天然气供应，直到 10 月 14 日才开始恢复供气(此期间澳大利亚正处于天然气需求旺盛的冬季)。

这是澳大利亚历史上最严重的工业事故之一，事故所导致的经济损失约合人民币 50 多亿元，特别是事故造成了重大的社会影响，为此澳大利亚皇家委员会(Royal Commission)组成专门的事故调查组对事故进行了彻底调查。

2.2 背景资料

E 公司天然气工厂的原料气来自巴斯海峡的气井，气井产出的混合物中含有液态烃、水、硫化氢、乙烷、丙烷、丁烷和其他重组分，水和硫化氢在进入天然气工厂之前已经除去，天然气工厂主要是分离乙烷、丙烷、丁烷和其他重组分，并向墨尔本地区供应天然气，这是墨尔本地区主要的天然气来源。

天然气厂 GP1 建于 1969 年，利用吸收油在吸收塔中吸收掉原料天然气中的乙烷、丙烷、丁烷和其他重组分，然后销售天然气。在 1976 年和 1983 年分别建设了另外两间工厂 GP2 和 GP3。这两间新工厂用深冷工艺来处理原料气，采用膨胀、分离和再压缩等工艺过程除掉各种重组分，不再使用吸收和蒸馏的方式。

请参考图 3-1GP1 工厂使用的吸收油是一种类似于航天煤油的轻质油，在吸收工段，它从吸收塔顶进入，与进料原料气逆流接触，在高压低温的条件下吸收原料气中的重组分和部分甲烷，成为饱和油。饱和油离开吸收塔，经过闪蒸罐和一系列换热器，进入脱乙烷塔和蒸馏塔，在低压和高温下脱除溶解在其中的甲烷、乙烷、丙烷、丁烷和其他重组分，此时饱和油重新变成吸收油，经过加热炉和一系列换热器后又回到吸收塔顶。回收的甲烷去销售管道，包含乙烷、丙烷、丁烷和其他重组分的混合物则前往深加工工段。

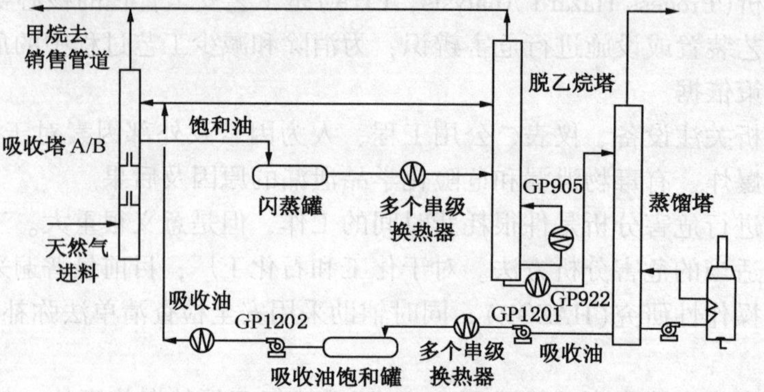

图 3-1　GP1 天然气工厂主要工艺流程示意图

GP1 工厂的工艺过程包含一系列换热器，饱和油(冷)与吸收油(热)两股物料经过这一系列换热器完成热交换。正常情况下，饱和油(冷)进入第一个换热器时的温度大约在零下 30℃，换热器 GP905(即脱乙烷塔塔底再沸器)的进出温度分别为 60℃和 100℃，加热饱和油的吸收油先经过换热器 GP922，然后经过 GP905，它进出 GP905 的温度分别为 230℃和 120℃。在换热时，饱和油(冷)走管程，吸收油(热)走壳程。正常情况下，换热器 GP905 是在热态工况下工作，设计没有考虑在低于环境温度下工作的要求。请参考图 3-2。

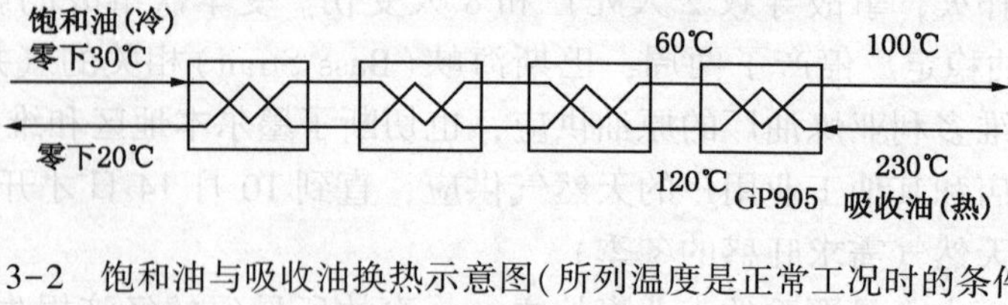

图 3-2　饱和油与吸收油换热示意图(所列温度是正常工况时的条件)

2.3　爆炸事故经过

在发生事故的前一个晚上，从巴斯海峡往长滩天然气加工厂 GP1 的原料气进料速率加大，原料气中富含液态重质烃，加上原料气中的可凝气成分增加，吸收塔 B 中的凝液增多，液位过高。造成吸收塔 B 凝液液位增高的另一个原因，是用于控制液位的调节阀 TRC3B 在 10 多天前已经损坏，该调节阀用来提高塔底的温度，从而降低塔底液位。夜班操作人员打开了 TRC3B 的旁通阀，以控制塔底的液位，但是效果不很理想。由于缺乏必要的沟通，接班班组的操作人员关闭了该旁通阀，导致情况进一步恶化。

9月25日8时19分，脱乙烷塔与饱和油蒸馏塔出现故障，吸收油泵GP1201和GP1202停止运转，没有热的吸收油再流经换热器GP922和GP905，8时29分，操作人员尝试重新启动吸收油泵，但未成功。在此期间，冷的物料仍然继续流经换热器GP922和GP905(先是冷的饱和油，后是来自吸收塔的经过闪蒸的凝液)，使得GP922和GP905的温度降低至零下48℃，低温导致换热器GP922的壳体法兰泄漏。为了诊断工艺故障和便于维修人员紧固换热器GP922的螺栓以阻漏，10时30分，操作人员停止了GP1工厂的进料，但是没有释放系统的压力。

上午12时左右，操作人员在现场发现换热器GP905和GP922及与之相连的管道表面结霜，于是决定重新启动吸收油泵来暖换热器(此时，管程零下48℃的低温已导致了换热器GP905的焊缝脆裂)。在12时17分，当第一台吸收油泵启动后，温度为230℃的热吸收油进入了GP205的壳程，此时该换热器的管程温度为零下48℃。12时25分，温度突然骤升形成的热冲击使换热器GP905解体，数分钟内泄漏了约10t工艺物料，形成了易燃的蒸气云。

几分钟后，快速扩散的蒸气云被170m外的加热炉点燃，燃回到GP905所在的位置，并引起一系列后续爆炸。工厂内一处包含12t储存物的储存处着火，使火势增强，大火蔓延到一个主要的管道桥架，约10min后，桥架上的许多管道被烧裂，管道内的物料又使火势加强。在随后的1.5h内，随着管道陆续被烧裂，出现了三起大的泄漏，有一处管道破裂后形成了火焰高达100m的大火球。更糟糕的是，很难在事故现场隔离其他可燃物，大火燃烧了两天后才被扑灭。

事故导致2人死亡和8人受伤，受害人都是在GP905附近排除换热器GP922故障的工作人员，他们被最初的爆炸所伤害。GP2和GP3两个工厂也因本次事故而停产，它们和GP1厂有85处连接点，花费了数日才完全隔离这些连接点，使GP2厂和GP3厂重新投产。

2.4 导致事故的主要因素

事故发生后，皇家委员会的调查找出了一系列导致本次事故的因素。

(1) 工厂的工艺系统设计存在缺点：

① 工艺设备的材质选择和加工制造没有考虑低温工况的要求，也没有考虑温度骤升的影响。

② 吸收塔的液位控制设计不恰当。

③ 紧急停车系统的设计不合理。

④ 工艺系统缺乏足够的隔离措施，发生爆炸和着火时，没有自动切断装置可以隔离其他可燃物料；尽管可以进行手动隔离，但是没有相关的操作程序指导操作人员该如何在紧急情况下执行隔离操作。

(2) 操作人员缺乏必要的培训。工艺装置的操作人员没有接受足够的培训，也缺乏有效的操作程序来指导他们应对紧急的情况。

(3) 过多的报警。为了完成生产任务，GP1工厂在“报警模式”下坚持生产。操作人员每天平均需要处理约400起报警，使得他们对报警变得不再敏感，只是有选择性地对待那些他们认为重要的报警，对其他报警通常不做任何响应就确认取消(本案例中吸收塔凝液液位报警就被操作人员归于不重要的范畴)。

(4) 工厂现场没有工艺工程师提供技术支持。工程师都在墨尔本市内办公，当操作人员发现再沸器 GP905 及相连管道结霜这一异常情况时，没有人意识到问题的严重性，也没有人告诫他们要避免造成低温设备的温度骤升。

(5) 交接班时沟通不充分。在班组接班时，前一班组没有向接班的班组提供装置运行状况的详细情况，帮助他们掌握装置当前的运行状态。在本案例中，晚班的操作人员没有向白班操作人员交待清楚吸收塔内凝液液位高的情况，结果白班操作人员关掉了调节阀 TRC3B 的旁通阀，使得凝液的液位恶化。

(6) 没有为工艺装置进行工艺危害分析。尽管 E 公司运用 HAZOP(危险性与可操作性研究)方法完成了新建的 GP2 厂和 GP3 厂的危害分析，也一直计划对 GP1 厂进行类似的工作，但是久拖未落实。假如对 GP1 厂的工艺装置进行危害分析，就可能发现中断吸收油时会导致设备低温的冷脆危害以及紧急切断系统的不足，操作人员和生产主管也可以通过参与危害分析加深对这些危害的认知，并在操作中留意它，果真如此，完全有可能避免本次事故。

(7) 安全审计质量不高。尽管在事故发生前的一年内对工厂进行过一次全面的安全审计，但没有发现任何可能导致本次事故的危害，特别是，居然没有发现该工厂从未应用 HAZOP方法对工艺装置进行过危害分析。

(8) 汇报程序导致关键信息遗漏。操作人员将操作记录报告给主管，主管再报告给工厂管理层。操作记录中原本应该包括工艺故障等情况，而实际上它们并不写在报告中。在 1998 年的 8 月 28 日，曾发生过类似本次事故的情况，没有导致严重后果，操作人员未报告该事件，因此工厂未能从中吸取教训。

(9) 强调职业安全但忽视工艺安全。在化工厂，事故可以分成两类，一类是高发生率但后果较轻的事故，如跌落、滑倒摔伤等事故，通常称之为职业安全事故(衡量它的主要指标一般是误工伤害的天数)，另一类是发生率较低但后果非常严重的事故，即工艺安全事故，包括爆炸和火灾等灾难性的事故。在事故工厂中，管理层高度强调减少职业安全事故，工厂的事故报告主要是针对作业伤害，不包括工艺故障事件和未遂事故的报告，也不对它们进行调查；尽管工厂实现了 300 万人工时的无误工伤害记录，但对于职业安全的过度强调，虽然明显减少了作业伤害事故，但却忽视了对工艺故障可能导致的重大工艺安全事故的预防。

2.5 小结

造成本次事故的原因是多方面的，多个工艺安全管理要素的执行都存在缺失，例如培训、事故调查、符合性审计等等，特别是没有采用 HAZOP 方法对工艺装置进行危害分析，使得工厂错过了预防本次事故的机会。针对本次事故，安德鲁对事故的原因进行了非常细致的分析，图 3-3 为他对本次事故中各种错综复杂的原因的分析汇总。

3 PSM 对“工艺危害分析”要素的规定

美国职业安全健康局(OSHA)在它颁布的工艺安全管理规定(29CFR1910. 119)中，要求涉及危险化学品的工艺装置或者包含有超过 10000 磅(4535. 9kg)易燃物的工艺装置，都需要在工艺装置建设期间进行一次危害分析，辨别、评估和控制工艺系统相关的危害，所选择的分析方法要与工艺系统的复杂性相匹配。并且，至少每隔 5 年需要对以前完成的工艺危害分析重新进行确认或更新。PSM 推荐采用下列危害分析方法：

(1)“如果…，会怎么样?”提问法 (what-if)；

(2) 安全检查清单(checklist)；

(3)“如果…，会怎么样?”提问法结合安全检查清单；

(4) 危险性与可操作性研究(HAZOP);

(5) 故障模式与后果分析(FMEA);

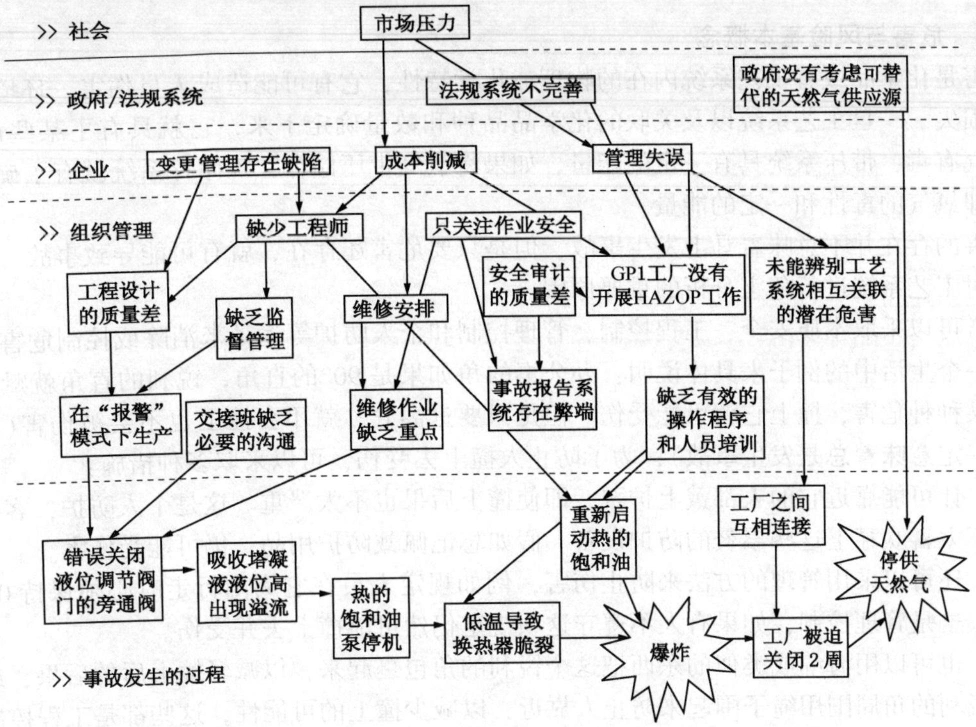

图 3-3 Andrew Hopkins 编制的长滩爆炸事故原因图表

(6) 故障树分析(FTA)(此方法也广泛用于定量风险评价);

(7) 或者等效的其他方法。

OSHA 要求,无论采用什么样的分析方法,工艺危害分析都应该涵盖以下内容:

(1) 工艺系统的危害;

(2) 对以往发生的可能导致严重后果的事件的审查;

(3) 控制危害的工程手段和行政手段;

(4) 控制危害的工程手段和行政手段失效时的后果;

(5) 现场设施(Facility Siting);

(6) 人为因素(Human Factors);

(7) 定量后果分析(根据实际情况决定是否必要)。

OSHA 认为工艺危害分析最好是由一个小组共同完成,小组成员有工程和工艺生产的经验、掌握工艺系统相关知识以及工艺危害分析的方法。

OSHA 要求雇主建立必要的制度,以落实危害分析小组提出的改进意见、确保改进工作在某个时间段内完成,并做好相关的文件记录工作。雇主需要书面记录完成的改进工作、编制完成改进意见的时间表、尽快完成改进工作并告知受影响的员工(包括操作、维修和其他员工)。

在工厂的整个生命周期中,雇主应该保存工艺危害分析报告、对前一次工艺危害分析的有效性进行确认的报告,以及执行危害分析报告中提出的改进意见的记录,并在 OSHA 要求时提交这些文件供审查。

4 “工艺危害分析”要素相关实践

4.1 危害与风险基本概念

危害是化学品或者工艺系统内在的物理或化学特性，它有可能造成人员伤害、环境破坏或财产损失。一旦工艺系统以及关联的化学品品种和数量确定下来，它就具有了某些危害。例如氯气有毒，带压系统具有一定的能量，如果将氯气带压储存，该储存系统就有了确定的危害，即氯气的毒性和一定的能量。

危害的存在并不意味着马上发生事故，但是只要危害还存在，就有可能导致事故，这也是需要对工艺系统进行危害分析的重要原因。

通常可以采取本质安全、工程控制、管理控制和个人防护等途径来消除或控制危害。让我们举一个生活中的例子来具体说明：办公桌的角如果是90°的直角，锐利的直角就赋予了办公桌某种种危害，撞上它就可能受伤。但是只要远离它，就不会撞上也不会被伤害(危害存在不一定意味着总是发生事故)；为了防止人撞上去受伤，可以采取多种措施：

(1) 让可能靠近它的人都戴上护腰，即使撞上后果也不太严重。这是个人防护，客观上人们并不太喜欢穿上这些累赘的防护设备。假如忘记佩戴防护用品，仍可能受伤害。

(2) 还可以采用管理的方法来防止伤害，例如规定人员在它周围行走时必须保持0.5m的距离。这是管理控制，如果有人不遵守这项规定仍然可能撞上去并受伤。

(3) 也可以用海绵或类似的东西把这个锐利的角包裹起来，以减轻撞上后的后果，或者在这个锐利的角周围用绳子围起来防止人靠近，以减少撞上的可能性，这些都是工程控制危害的措施。如果海绵脱落，或者围栏的绳子被人拆除了，人仍有机会撞上去并受伤。

(4) 无论采取以上(1)、(2)或(3)的哪种危害控制方式，危害仍然存在(办公桌的角依然是锐利的)，当这些措施失效后，人仍然可能撞上锐利的角并受伤。预防人员撞伤的最彻底的办法是把办公桌搬走或者把锐利的角改变成弧形，这样就不必担心人撞上去受伤了。这是本质安全的策略，即预防事故的最理想的途径是消除危害。

实际工作中，可能综合采用上述四类措施，并且最好是按照本质安全、工程控制、管理控制和个人防护的先后顺序来进行。本书第十七章详细介绍了本质安全的相关策略。

我们偶尔会听到有人说“这套工艺装置很危险”。这句话其实包含两层意思，一是这套工艺装置存在某些危害，二是这些危害很可能导致事故且后果严重。如果把中文的“危险”拆分开，就可以得到两个概念，即危害与风险。危害是化学品或工艺系统本身的特征属性，而风险表达了危害起作用导致事故的可能性和后果的严重程度，是对事故的量化描述，它是事故发生频率和预期的后果的函数：

$$风险 = f(N, C) \tag{3-1}$$

式中 N——事故发生的频率；

C——预期的事故后果。

无论是日常生活的活动(如驾车)还是工厂的生产活动(如工艺装置的运行)都存在某种程度的风险。只要存在危害，从理论上讲，运行任何工艺装置都存在某种程度的风险，但是并不会因为风险的存在就放弃建设或运营化工或石化工厂，原因是我们可以通过控制危害来降低风险，使它低于某个我们可以接受的标准。每家公司都可以制定本公司的风险标准，使得本公司所有工艺装置或设施的设计都满足该标准的要求。

常见的表达风险标准的方法是编制一个风险矩阵，表 3-1 是一个典型风险标准矩阵。不同的公司所确定的可以接受的最低风险标准不同，风险矩阵的具体形式可能存在差异，但本质上没有根本差别。对于风险矩阵中的后果项，有些公司从四个方面来衡量后果的严重程度：人员伤害、环境破坏、财产损失和舆论影响。

表 3-1　典型风险矩阵(适用于工厂的生产阶段)

频率(可能性)	后果(严重性)				
	非常严重：多人死亡，赔偿或补救措施耗费 2000 万至 1 亿美元；或环境影响超过 10 年才能恢复	严重：1 人死亡，赔偿或补救措施耗费 1000 万至 2000 万美元；或环境影响需要 5~10 年才能恢复	中等：数人重伤，赔偿或补救措施耗费 100 至 1000 万美元；或环境影响需要 1~5 年恢复	较小：重伤，赔偿或补救措施耗费 2 万至 100 万美元；或环境影响在短期内能够恢复	轻微：轻伤，赔偿或补救措施耗费 2 万美元
太多：每年超过 1 起事故	不可接受	不可接受	不可接受	不可接受	不可接受
中等：每 10 年发生 1 至 10 起事故	不可接受	不可接受	不可接受	不可接受	过渡区
少量：每 100 年发生 1 至 10 起事故	不可接受	不可接受	不可接受	过渡区	过渡区
可能：每 1000 年发生 1 至 10 起事故	不可接受	不可接受	过渡区	过渡区	可以接受
基本不可能：每 10000 年发生 1 至 10 起事故	不可接受	过渡区	过渡区	过渡区	可以接受
不太可能：每 100000 年发生 1 至 10 起事故	过渡区	过渡区	可以接受	可以接受	可以接受
不可能：每 1000000 年发生 1 至 10 起事故	过渡区	可以接受	可以接受	可以接受	可以接受

风险矩阵可以作为工艺系统设计的指南，所设计的工艺系统的风险需要满足风险标准的要求。在进行危害分析时，需要参考风险矩阵，以确定当前设计或现有设施的安全保障措施是否足够、是否需要采取改进措施来降低风险。

4.2　危害分析的基本过程

工艺危害分析(Process Hazard Analysis)是一种正式的、有组织的工作过程。在此过程中，危害分析小组对工艺系统的危害加以辨识与分析、并书面记录所识别的危害及控制它们的意见或建议。

在开展危害分析时，分析小组首先假设工艺系统可能出现的异常情形，并定性地估计危害导致事故的后果和频率，然后根据表 3-1 所示的风险矩阵(或类似的风险矩阵)，确定所假设的情形落在矩阵中的哪一格内。如果某种异常情形对应的风险落在“不可接受”的方格内，说明必须采取改进措施来降低风险；如果落在“过渡区”的方格内，说明当前的风险基本上是可以接受，但宜尽量采取某些改进措施来降低风险；如果落在“可接受”的方格内，说明当前的风险是可以接受的，不需要进一步采取任何改进措施来降低风险。

危害分析的主要目的是辨别系统中存在的危害。在工艺危害分析过程中，分析小组通常采用定性的方法进行危害辨识，因此对于同样的系统，不同的分析小组得出的结论在形式上有时候会有些许差异，但只要能够找出系统的主要危害，并不会影响危害分析工作的质量。

在开展危害分析过程中，当分析小组的成员认为某种情形的风险很大且难以定性判定时，可以进一步采取定量分析的方法，即对该情形的后果和频率分别进行定量的分析，然后根据定量分析的结果和公司的风险标准(风险矩阵)进行比较。定量分析可以是后果分析和频率分析，或者二者兼顾。这种兼顾事故的后果和频率两个方面所进行的定量分析，实际上是通常所说的风险评价。可见，危害分析和风险评价是密切相关的，风险评价可以看作是危害分析的延伸。

图 3-4 是危害分析及风险评价的流程简图，它描述了“危害分析与风险评价”的基本过程。在进行危害分析时，首先需要了解相关的工艺过程，选择恰当的危害分析方法，找出工艺系统中存在的危害。设想危害可能导致的事故，即所谓的“假想事故”；选择某个“假想事故”，定性或定量分析可能的后果和发生概率，将结果与风险矩阵进行比较，如果后果太严重，则采取必要的措施减轻后果(通常可以采取本质安全的策略减轻后果)；倘若是发生频率太高，则需要采取避免事故的措施(一般可以通过增加保护层来避免事故)。按照同样的方法可以对工厂范围内的其他各种“假想事故”进行分析。如果定性或定量确定的风险符合公司的风险标准，说明当前的系统是可以接受的，就不必采取更多的措施。

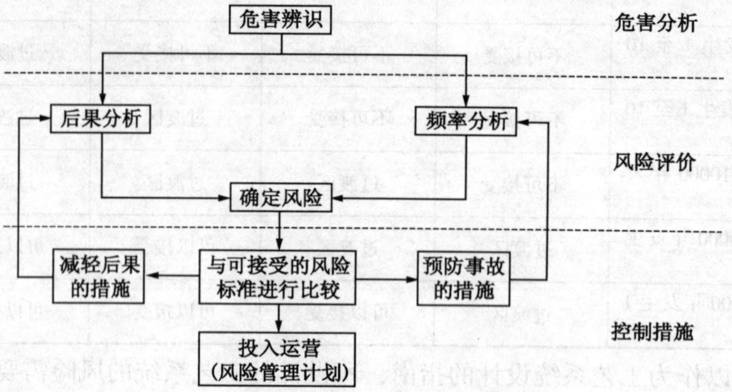

图 3-4　危害分析与风险评价流程简图

4.3　常见的工艺危害分析方法

工艺危害分析方法较多，它们各有其优缺点。OSHA 在它颁布的 PSM 中规定了一些危害分析方法，即：

① “如果……会怎么样?”提问法（what-if）；

② 安全检查清单（checklist）；

③ “如果……会怎么样?”提问法/安全检查清单（what-if/checklist）；

④ 危险性与可操作性研究(HAZOP)；

⑤ 故障模式与后果分析(FMEA)；

⑥ 故障树分析(FTA)——此方法也广泛用于定量风险评价；

⑦ 等效的其他方法。

工艺危害分析方法的选择受到多种因素的影响，例如工艺系统的规模和复杂程度、操作人员是否有相关的生产操作经验及对工艺系统的掌握程度、工艺系统已经投产的时间和变更的情况(变更是否频繁)等等。对于同一套工艺系统，可以同时采用两种或两种以上的危害分析方法，例如对于石化和化工的工艺装置，最普遍的做法是采用 HAZOP 方法与安全检查清单法相互结合来开展危害分析。下面简单介绍几种危害分析的方法。

(1) “如果……会怎么样”提问法

这种方法主要是通过一系列“如果……会怎么样?”的提问，找出与工艺过程相关的危害，是一种“头脑风暴”活动，通常需要由一个小组来执行。比较适合于相对简单的工艺系统，通常的做法是按照工艺过程的自然顺序，从原料至产品，针对每个工艺步骤逐个提问并回答，对设备故障和操作错误的情况进行具体的分析。

分析的实际效果取决于提问者的经验和知识，如果小组成员有丰富经验并了解相关的工艺生产过程，此方法非常有用；反之，完成的分析可能会不够全面和缺乏系统性。这种方法很灵活，但较难对工艺系统进行全面系统的分析。表 3-2 是一个简单的例子。

表 3-2 “如果……会怎么样?”提问法举例

序号	如果…会怎么样	后果/危害	改进措施
1	冷却水泵 P1210 故障停机	反应器 R201 没有冷却水，反应器内的温度升高，可能超压，甚至导致反应器破裂和物料泄漏	(1) 为冷却水系统增加一台备用冷却水泵
	冷却水泵 P1210 故障停机	反应器 R201 没有冷却水，反应器内的温度升高，可能超压，甚至导致反应器破裂和物料泄漏	(2) 为反应器 R201 增加高温报警和联锁(在温度超过 195℃时阀门 V201 自动开启往下游泄料)
2	反应器 R201 的冷却水盘管破裂	冷却水进入反应器 R201，可能短时间内产生大量的蒸汽，导致反应器超压破裂和物料泄漏	将反应器 R201 的冷却水盘管列入工厂的“关键设备清单”，以增加维护和检测的频率
……	……	……	……

(2) 安全检查清单

根据事先编制的检查清单，按照清单中列出的项目逐项对工艺设计或运行的工艺系统进行检查，确保清单中列出的项目都已经符合相关的要求，没有被遗漏或忽视。

安全检查清单是典型的定性危害分析方法，它是运用以往积累的经验和事故教训来提高工艺系统的安全性。可以由一个人或一个小组运用清单检查来完成工艺系统的危害分析，使用者事先不必接受专门的培训。

危害分析的实际效果在很大程度上取决于所选用的检查清单是否适当、检查清单本身的质量以及使用者的经验。

这种方法很灵活，但所辨别的往往是事故的单一原因，较难对工艺系统进行全面、深入的分析。但它可以作为其他危害分析方法的有益补充。例如，一些公司利用现场设施清单(Facilities Siting Checklist)、人为因素清单(Human Factors Checklist)和本质安全检查清单(Inherent Safety Checklist)配合 HAZOP 方法来完成工艺系统的危害分析。

(3) 故障模式与后果分析

这是一种定性的危害分析方法，它主要是面向系统的组成单元，分析工艺系统各个组成单元的故障模式及其原因，并记录可能导致的所有后果。这种方法适用于分析单个设备，以改进设备或工艺单元的设计，也广泛应用于系统的可靠性分析。所完成的分析报告通常包含工艺系统各组成单元的各种故障模式与后果的列表，直观易读。

这种方法的缺点是只关心系统的组成单元，不考虑人为错误和系统单元之间的相互影响，此外，这种方法较耗费时间且枯燥，使用者需要接受必要的培训，而且分析工作的质量好坏很大程度上取决于使用者的经验。

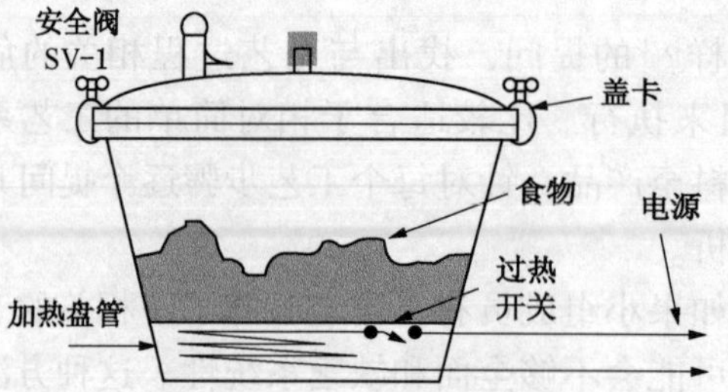

图 3-5　FMEA 实例(压力锅)

图 3-5 是一个压力锅，它和工艺过程中的某些反应器有非常相似的特征。可以采用 FMEA 方法对压力锅系统进行分析，将整个系统分成若干个单元，如安全阀、盖卡、锅体、加热盘管和锅盖上的限压阀等。表 3-3 是对安全阀 SV-1 进行的简单分析，可以采用同样的方法对其他组成单元进行分析。

(4) 危险性与可操作性研究(Hazard and Operability Study，HAZOP)

HAZOP 是 20 世纪 70 年代由帝国化学公司(ICI)发明的一种定性危害分析方法，也是针对工艺过程最系统、有效的危害分析方法之一。1974 年英国 Flixborough 爆炸事故以后，这种方法开始在西方的化工行业获得应用，后被炼油行业广泛采纳，原因是炼油行业涉及复杂的工艺过程并且存在发生严重工艺安全事故的可能性，不久后，食品和水处理行业也开始采用此方法，不同之处是，它们关注的是防止污染，而非爆炸和化学品泄漏。

表 3-3　压力锅安全阀 SV-1 的 FMEA 分析

单元编号	单元描述	故障模式	故障原因	故障后果	现有安全保障	改进措施
SV-1	安全阀	不需要泄压的时候起跳	弹簧断裂	附近的人被蒸汽灼伤；不能达到需要的压力，增加煲煮时间	出厂时的质量检查(有检查记录)	每年定期检查，必要时更换安全阀的弹簧
		需要泄压的时候不能按要求起跳(处于关闭状态)	腐蚀；制造缺陷；入口处被食物堵塞	超压导致压力锅破裂，可能对人造成严重伤害(过热开关和锅顶的压力塞已经提供了两道保护)	出厂时的质量检查(有检查记录)；安全阀入口有丝网防止食物堵塞安全阀的人口	每年定期检查，根据腐蚀情况及时更换安全阀；每次煲煮前确认食物是否合适在压力锅内煲煮并检查安全阀入口处是否堵塞
		正常情况下(不超压)泄漏	制造缺陷；腐蚀	附近的人被蒸汽灼伤；不能达到需要的压力，增加煲煮时间	出厂时的质量检查(有检查记录)	每年定期检查，根据腐蚀情况及时更换安全阀
其他单元	……	……	……	……	……	……

在进行工程设计时，主要是依靠各种标准、规范、设计指南以及设计人员的经验和知识来实现工艺系统的安全性与可靠性。上述标准、规范或设计指南主要反映的是“正常工况下”工艺系统需要满足的要求。由于设备故障、人为错误或外部影响等原因，工艺系统在运行过程中可能偏离正常工况，导致工艺安全事故。此外，在项目工期紧张的情况下，设计人员的压力很大，容易犯错误。为了避免工厂投产后发生工艺安全事故，或者花费更多的投资来弥补设计的缺陷，需要在工艺设计阶段就进行周全的考虑。HAZOP 方法正好可以帮助我们完善设计，提高所设计的工艺系统的安全性和可操作性。

利用 HAZOP 方法进行危害分析是有组织的头脑风暴，通常需要由一个包括不同专业人员所组成的分析小组来完成。分析小组在富有经验的组长的领导下，使用一系列的“参数”和“引导词”搭配，设想工艺过程偏离正常工况的各种情形，并分析造成这些非正常工况的原因、对应的后果及当前的安全保障措施，必要时提出消除或控制危害的改进措施。

常见的“参数”有：流量、压力、温度、液位、组分、流速、黏度、反应、人为因素等等。这里所谓的“参数”不同于工艺参数，是一个广义的概念。在运用 HAZOP 方法时，需要根据工艺系统的特点选择适当的参数。

“引导词”共有七个，它们是：没有(No)、过少的(Less)、过多的(More)、额外的(As Well As)、不完整的(Part of)、相反的(Reverse)和错误的(Other Than)。

参数和引导词互相搭配就可以获得对应的非正常工况，例如参数“流量”和引导词“没有”相互搭配，可以获得“没有流量”这种非正常的工况。应用 HAZOP 方法时，主要依据工艺管道仪表流程图(P&ID)展开分析，分析小组可以借助参数和引导词的帮助，对整个工艺系统进行全面、详尽的分析，辨别出几乎所有的潜在的危害。

HAZOP 方法可以应用于不同行业、不同规模和复杂程度各异的工艺系统，只要是包含工艺流程的系统，都可以采用 HAZOP 方法对系统进行危害分析，以提高系统的安全性和可操作性。例如，可以应用 HAZOP 方法对新建项目的工艺设计、现有工艺系统的变更以及当前正在运行的工艺装置进行系统的危害分析。当运用 HAZOP 方法对复杂的工艺系统进行分析时，分析小组在组长的组织下，需要事先将复杂的工艺系统划分成不同的部分，称为节点(Node)，然后针对每个节点进行具体的分析。

目前 HAZOP 已经是化工、石化、炼油、海上油气开采、制药等流程工业普遍应用的危害分析工具，大部分的西方石化、化工和医药企业都要求应用 HAZOP 方法对新建项目和运行工厂进行危害分析。

据佩里(Perry)化学工程手册，根据统计，在运用 HAZOP 方法进行危害分析的过程中，所提出的改进措施中有 40%是为了提升系统的安全，另外 60%是为了改善系统的可操作性或者为了便于维修。可见，使用这种方法不仅利于安全，也利于提升工艺系统的可靠性和可操作性。

HAZOP 方法的一个显著的优点是，对工艺系统的分析非常系统、全面，它可以涵盖几乎各种可能的异常工况。它还可以帮助操作人员加深对工艺系统的理解，完成的分析报告可以作为编制操作程序的指导文件，也是编写培训材料的有益参考。而且不需要使用特别的软件，可以采用微软 Excel 或 Word 等日常办公软件来记录分析的结论；事实上，只要有纸和笔就可以运用这种方法进行危害分析。

这种方法也有些不足之处，主要是非常耗费时间。其次是只适用于工艺系统或操作程序，不考虑工艺系统以外的方面，如安全距离和工厂内的交通等等，因此最好有安全检查清单法一起配合应用。此外，使用者的经验对于危害分析的质量影响非常显著，使用者需要接受正规的培训。

以下是一个应用 HAZOP 方法进行危害分析的简单的例子：请参考图 3-6，它是导热油储罐的简单流程图。泵 P-A 或 P-B 从储罐 V 抽取导热油并将其送往燃烧炉 F。在燃烧炉中，导热油被加热到约 300℃，然后进入下游的换热器组，将热传给工艺介质。完成换热后，导热油重新回到储罐 V，这时它的温度约为 150℃。

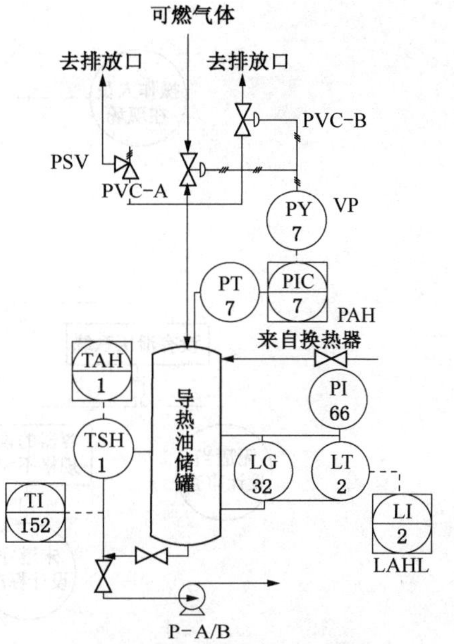

图 3-6　导热油储罐流程简图

储罐 V 是一个立式罐，直径 3.2m，高 6m，容积 $56m^3$；正常工作压力是 0.07MPa。在该储罐上有两个阀门 PVC-A 和 PVC-B，它们的作用是使储罐的操作压力尽可能接近正常工作压力。阀门 PVC-A 打开后可以将可燃气体导入该储罐，以防止储罐的压力偏低；阀门 PVC-B 打开后，可以将储罐内的蒸气排放至工厂的排放系统，以防储罐内压力偏高。除了以上压力调节阀门之外，该储罐还有一个安全阀 PSV，它的设定压力值是 0.25MPa，安全阀的出口连接至工厂的排放系统。

这个系统本身的设计存在某些不足的地方。限于篇幅，本例只就“压力”这一参数和“过多的”这个引导词对储罐 V 进行危害分析，对应的非正常工况是“储罐压力高”，具体的分析结果请参考表 3-4。

(5) 故障树分析（Fault Tree Analysis，FTA）

故障树分析方法是贝尔电话实验室的沃森（Watson）在 1961 年提出的一种分析方法，它采用布尔数学逻辑，按照逆推的方式，清晰地表达事故、设备故障、人为错误和环境因素等的相互关系。

可以采用这种方法分析单一工艺故障或多项工艺故障同时作用导致的事件（或事故）的可能性。

这种分析方法从一起顶事件（如具体的事故）开始着手，逐层逆向追溯造成顶事件的原因，直至追溯到管理上的缺陷或工厂界区范围以外的影响因素。分析的焦点是导致顶事件的工艺系统构件和上一级的事件（Event）。如果能够获得相关工艺系统构件的故障率数据，如安全阀未能正常起跳的故障率、调节阀的故障率等等，就可以定量计算出顶事件发生的概率。因此，除了用于定性分析外，故障树分析方法也广泛用于定量风险评价。

这种方法可以应用于工厂设计、风险评价和事故调查。通常由一个人完成，然后交给一个有经验的小组审查。使用者需要接受培训、有丰富的工程经验并积累了使用这种方法的实际经验。

故障树分析的结果是树状的图表，非常直观，容易理解和使用。图 3-7 是应用故障树

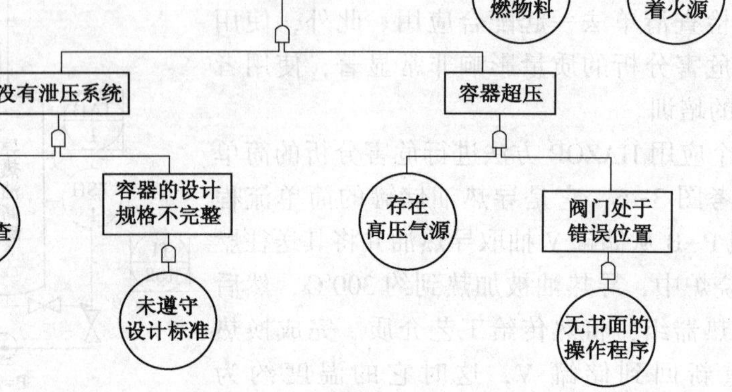

图 3-7　故障树分析举例

表 3-4　HAZOP 方法的危害分析举例

参数	引导词	背离情形	背离的原因	后果	S①	L②	R③	类别	安全保障	备注	改进措施编号	建议改进措施	优先级别	负责人
压力	过多的	导热油储罐 V 压力偏高	阀门 PVC-A 失效，可燃气体大量进入储罐	储罐 V 超压，并可能破裂，导致导热油和可燃气体灾难性的泄漏	1	4	4	安全	安全阀 PSV 泄压防止储罐超压	PVC-B 不能作为安全保障	1	将阀门 PVC-A 的故障模式设定成“故障关”	2	张三
											2	定期(每年或每次大修时)对安全阀 PSV 进行校验	2	李四
			水进入储罐(水可能来自维修时的冲洗水或水压试验后残留在相关管道内的水)	水蒸发使储罐 V 超压，并可能破裂，导致导热油和可燃气体灾难性的泄漏	1	2	2	安全	PVC-B 在储罐压力高时会自动打开泄压；安全阀 PSV 在储罐超压时起跳泄压	现有安全保障只能应付少量水进入储罐的情形	3	修订维修程序，在程序中提醒维修人员完成维修任务后将管道和换热器中的水排尽	1	李四
											4	修订相关的操作程序，要求操作人员在将管道或换热器投入运行前签字确认其中的水已经排尽	1	王五
											5	培训维修人员和操作人员，使他们了解水进入导热油系统的危害	1	杨六
			储罐 V 周围发生火灾，烘烤储罐	储罐超压，可能导致储罐爆炸和导热油及可燃气体泄漏	1	6	6	安全	储罐周围没有储存可燃物					
			空气进入储罐 V	空气与可燃气体在储罐内形成爆炸性混合物，发生爆炸导致储罐超压破裂和可燃气体泄漏	1	4	4	安全	储罐正常情况下带压操作，空气不易进入储罐		6	将调节储罐压力的可燃气体换成氮气	2	张三

① S 为严重性。
② L 为可能性。
③ R 为风险。

分析进行定性危害分析的一个简单举例。

(6) 原因-结果图表(Cause-Consequence Diagram)

采用图表列明某个“假想事故”的结果和原因的关系。这种方法较少使用，因为即使对于简单的系统，要列出假想事故的所有原因和结果都会形成一张很复杂的图表。通常，有相关经验的人员才使用此方法。

(7) 反应化学物质的审查(Reactive Chemical Reviews)

评估工艺系统中所涉及的化学品，了解它们在反应放热特性、对撞击的敏感性以及其他不稳定的特性，重点是与之相关的放热反应。

此类评估的目的是防范不可预见或难以控制的化学反应。从事评估的人员应该包括了解相关反应化学物质的工程师或研究人员、工艺安全工程师和生产工程师。

(8) 设施检查(facilities reviews)

有很多种设施安全检查方法可以用来发现和预防工艺安全问题。例如，新装置或改造项目开车前的安全检查、关键仪表的安全检查和危险化学品运输的安全评估检查等等。

这类方法和安全检查清单的做法类似，不同之处是它的对象更加具体，而且主要是针对已经投产或即将投产的工艺设施。

4.4 进行工艺危害分析的时机

工艺危害分析方法可以应用在研发、设计和工厂运营等各个阶段。

研发阶段　研发人员可以通过工艺危害分析了解所设想的工艺路线或试验装置的危害，以便及时采取必要的安全防护措施，防止在研发过程中发生事故。例如，化工工艺研发人员可以利用 HAZOP 方法，分析中试装置异常工况下的危害，并据此改进中试装置的设计。

设计阶段　在进行化工、石化、炼油、制药及其他工艺系统的设计时，设计人员可以根据工艺危害分析的结果改进设计，提升工艺系统的安全性。对于全新的工艺或者公司缺乏工艺相关的生产经验，许多公司会考虑对设计方案进行预危害分析，以便在设计的早期及时发现任何可能存在的重大的安全问题。在工艺系统的详细设计阶段，许多公司采用 HAZOP 方法，在完成的管道仪表流程图(P&ID)基础上对工艺设计进行系统、详尽的分析，消除详细设计中存在的危害，有时还辅助采用设施检查清单、人为因素清单及本质安全检查清单作为 HAZOP 方法的补充。个别公司在基础设计阶段和详细设计阶段先后运用 HAZOP 方法对设计进行分析。在设计阶段，如果已经应用 HAZOP 方法对工艺设计完成了分析，假如需要修改 P&ID 图，要对修改的部分重新运用 HAZOP 方法进行分析。

运行阶段　工厂投产后，经常需要对工艺系统进行变更，对于复杂的变更或者变更可能增加危害的情形，需要对发生变更的部分进行危害分析，HAZOP 是变更工艺系统时常用的危害分析方法之一。此外，据 OSHA PSM 的要求，工厂投产后，每隔五年需要重新对以往完成的工艺危害分析进行再确认❶，也有公司称之为“运行工厂的危害分析”。与设计阶段的危害分析相比较，除了采用 HAZOP 方法分析工艺系统外，运行工厂的危害分析还需要审阅过去几年的工艺变更、本工厂或类似工厂发生的事故和严重未遂事故，并运用设施检查清单

---

❶不少的跨国公司在此基础上制订了自己的标准。例如，有些公司的做法比 OSHA 规定的更加严格：对于危险性很大的工艺装置，每隔三年就采用 HAZOP 方法重新进行一次工艺危害分析；对于危险性较小的装置则每隔五年重新进行一次工艺危害分析；对于普通的装置或设施，虽然可以不遵守 PSM 相关的规定，为了安全起见，也每隔 10 年对它们进行一次工艺危害分析。

方法对工厂的设施进行分析评估。

4.5 改进措施及危害分析报告的应用

(1) 改进措施

根据假想事故的后果和频率以及现有的安全保障措施，危害分析小组需要决定是否应该提出改进措施。如果按照目的分类，改进措施可以是消除危害的措施或控制危害的措施，后者又分为减轻事故后果的措施或者减少事故发生频率的措施；如果按照形式分类，可以是本质安全措施、工程控制(如修改设计和增加安全装置)、行政控制(如操作程序和人员培训)和个人防护。

对于复杂的工艺系统，改进措施的数量可能很多，例如，对于炼油或者乙烯一类的大型石化项目，工艺危害分析过程中可能提出几百项改进措施。在这种情况下，需要为改进措施划分优先次序，确定哪些项目需要优先完成、哪些项目次之。通常针对较大危害的改进措施应该排在较优先的位置；一些公司还根据后果的差异，按照下列顺序划分改进措施的优先等级，其中人员保护相关的措施需要优先落实：

人员保护>环境保护>财产损失预防

对于工厂而言，完成了工艺危害分析并编制了相关的报告固然重要，但更重要的是落实危害分析过程中提出的改进措施。通常需要制订相应的落实计划，包括各项措施完成的时间和具体的责任人。

(2) 危害分析报告的应用

危害分析报告完成后，可以应用在设计、生产和人员培训等各个方面。以 HAZOP 分析报告为例：设计人员可以根据该报告中提出的与设计相关的改进措施，对现有的设计进行修改；在工艺系统开车前，可以利用该报告确认安全保障措施和改进措施是否已经妥善落实；在系统投入运行时，该报告可以作为编写操作程序和培训材料的参考资料；在系统投入运行五年后重新对危害分析的有效性进行确认时，也以该报告为基础。

在欧、美地区，工艺危害分析工作是法规所明确要求的，因此，工艺危害分析报告也是公司符合法规要求的书面证据。

4.6 工艺风险分析

工艺风险分析主要是应用工程和数学的方法估计假想事故的后果和频率，也称为风险评价。对于流程工业，往往在应用 HAZOP 方法进行危害分析时，由分析小组针对那些潜在风险较大的异常情况提出定量风险分析的要求。定量风险分析耗时且需要经费，因此主要是应用于那些潜在后果非常严重或者后果较严重且很可能发生的情形。

风险分析有助于加深对工艺系统风险的认知，以便选择适当的方式，尽可能经济地将工艺系统的风险控制在可以接受的水平，具体而言，它有下列好处：

① 加深对风险的认知，以便采取措施优先降低哪些较大的风险；

② 了解员工在工厂工作期间的风险；

③ 了解工艺系统或化学品运输对于社会公众的风险；

④ 为编制工艺安全事故的应急预案提供技术依据；

⑤ 评估降低风险的措施是否有效(即是否已经将风险降低到可以接受的水平)；

⑥ 为设计或实际生产提供技术依据。

4.7 衡量风险大小的方法

对风险进行定量分析时，可以采用不同的风险衡量方法来表达分析的结果，具体采用哪种方法来表述风险的大小，处决于风险分析的目的、深度及其他因素。以下介绍三种表述风险大小的方法：风险指数、个体风险和社会风险。

(1) 风险指数。采用一个独立的数据来描述风险的大小，它可以应用于对比不同情形的风险，也可以作为衡量工艺系统设计的风险目标。其中常用的一个风险指数是死亡事故率FAR(Fatal Accident Rate)。

FAR是指作业人员暴露于某种危害中，在10^8h内所对应的死亡人数。如果按照每人一辈子工作50年计算，每年工作2000h，FAR就是1000人工作一辈子所发生的死亡人数。FAR可以按照下列算式进行计算：

FAR=某段时间内的死亡人数×10^8/某段时间内所有人员的总的工作时间

例如，对于一个有5000人的工厂，每人每年工作2000h，在10年内发生了一起死亡事故，FAR的值是1；发生两起死亡事故，FAR的值就是2，依此类推。

不同的公司通常愿意承担不同程度的风险，他们在设计工艺系统时选用的可以接受的风险标准也可能不同，即可接受的FAR值因公司而异。在设计阶段，可以通过后果分析和频率分析来预测特定工艺系统的FAR值。表3-5列出的是美国相关协会公布的FAR值。

表3-5 FAR值举例

行　业	FAR值(平均)	日常活动	FAR值(平均)
化　工	3	乘坐火车	3
加工业	5	乘坐大型商用飞机	30
工程施工	30	驾驶小汽车	54
采矿/采石	31	驾驶摩托车	680

(2) 个体风险(individual risk)。它表达能够引起伤亡事故的单个事件的发生频率。进行分析时，先选定工厂某个区域，分析在该区域导致伤亡事故的各个个别事件的发生频率(不必考虑是否有人在该区域活动)，就可以获得该区域的个体风险。将该区域所有的个体风险相加，就能得到该地点总的个体风险。图3-8是某工厂区的个体风险的等风险线图(不是实际的案例，仅作为示意)。

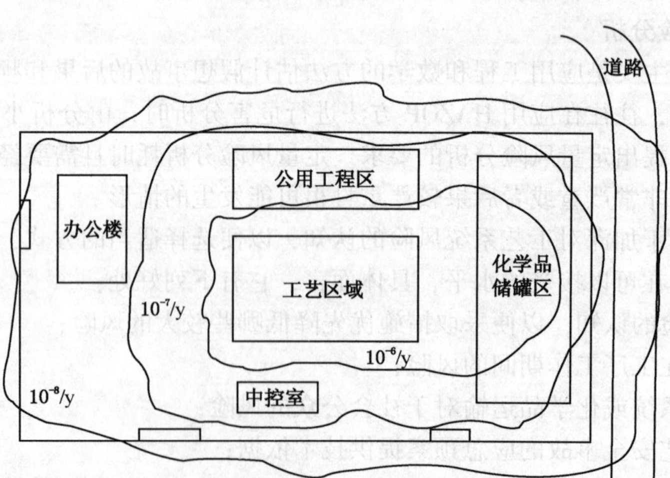

图3-8 个体风险的等风险线图

(3) 社会风险(societal risk)。风险指数和个体风险所关心的主要是工厂范围内的风险大小。工厂生产过程中(包括危险化学品运输)一旦出现事故，影响可能波及工厂界区以外的地方，例如临近的其他工厂、民居、学校及其他公共设施等。因此，在考虑工艺系统的风险时，需要考虑事故发生时对周围社区的影响。

通常采用 $F-N$ 曲线来衡量工厂生产或运输等活动对于社会的风险，请参考图 3-9。该曲线的横坐标(N)表示事故发生时导致的死亡人数，纵坐标(F)表示每年发生事故的次数。

对于某项生产活动，对生产活动中可能出现的最糟糕的假想事故进行定量分析，然后根据得到的事故后果和频率，在 $F-N$ 坐标系中找到一个坐标点。如果该坐标点落在曲线的上方，说明该生产活动的风险偏大，需要采用必要的改进措施减轻后果，或减少事故发生的频率；反之，说明工艺系统的风险对于社会而言是可以接受的。不同的公司所依据的标准可能不尽相同，图 3-9 所示的曲线是最初由荷兰政府公布的一种标准，如今已经被许多跨国公司接纳作为社会风险判定的依据，称为“$F-N$”曲线，又称“荷兰曲线”，该曲线可以应用于固定的工艺系统(如工艺装置)，也可以用来衡量化学品运输对社会公众所造成的风险。

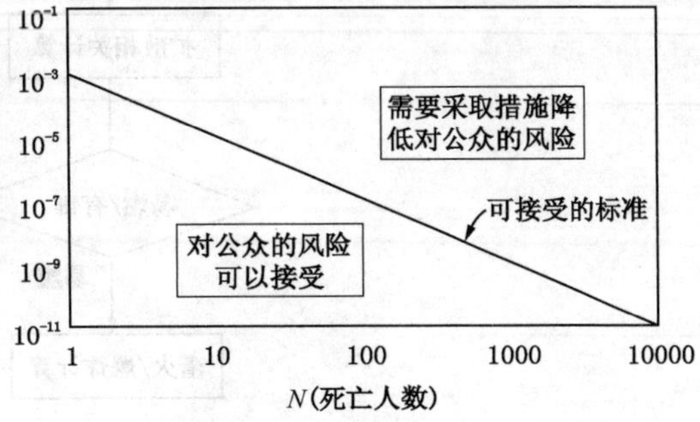

图 3-9　衡量社会风险的 $F-N$ 曲线

例举一个运用 $F-N$ 曲线的实例：从北京某地将某种对人体有害化学品运到天津某地。在落实该运输方案前，需要对运输的风险进行基本的分析，确保该化学品的运输活动在公众可以接受的风险范围内。

进行分析时，需要获得两方面的数据，一是运输途中发生灾难性泄漏事故时可能导致的死亡人数，一是每年发生事故的次数。

根据运输化学品的最大数量，可以模拟化学品泄漏时扩散影响范围，结合受影响区域的人口密度，就可以确定发生事故时的死亡人数 N；根据运输沿途的交通事故率、实际运输的时间和发生交通事故时化学品槽车破裂的概率，可以估计每年发生灾难性泄漏的次数 F。

将获得的 N 值和 F 值在图 3-9 中找到对应的一个坐标点。如果该坐标点落在可接受标准线上或下方，就可以接受当前的运输方案；反之，需要采取措施降低运输途中的风险：如减少每次运输的化学品数量、修改行车路线和时间等等。

4.8　定量风险分析方法(Quantitative Risk Analysis，QRA)

在进行工艺危害分析时，通常采用定性的方法辨别、分析和评估潜在的危害，并采取必要的控制措施预防事故。在某些情况下，定性分析并不能提供足够的风险控制决策依据，需要进一步运用定量分析的方法，加深对风险的认知，以便采取更加经济的途径来控制它们。

定量风险分析主要是要了解假想事故的后果和事故发生的频率，因此通常包括后果分析(Consequence Analysis)和频率分析。

(1) 后果分析。是确定事故发生时受影响区域的一种方法，它只关心事故发生时的后果，不考虑事故发生的频率。分析的结果通常是以事故地点为中心的一定距离处的有毒物的浓度、压力或者热通量来表达。

对于某种假想的化学品泄漏或能量释放，可以对其后果进行分析、评价，图 3-10 是对化学品泄漏后果进行分析的基本步骤。

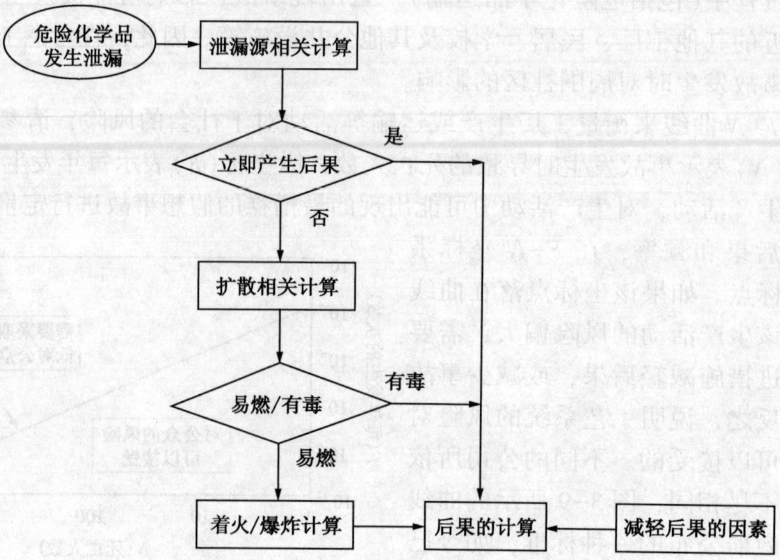

图 3-10　化学品泄漏的后果分析步骤

进行后果分析时，首先要对泄漏源有清晰的理解，包括泄漏源的压力、温度、泄漏量、泄漏物料的相态(液相、气相或气液两相)、泄漏的时间(瞬间或连续)以及泄漏点的几何特征等等。如果物料发生泄漏后没有立即着火或爆炸，还是扩散，则需要根据扩散模型进行扩散分析，分析的结果作为后果计算的基础条件。

对于同一假想事故，如果有多种后果，在分析时都需要都予以考虑。目前，有各种风险分析的模型，使用时可以根据泄漏的特征和风险分析的目的选择使用。常用的模型有：泄漏扩散模型、蒸气云爆炸模型、沸腾液体膨胀蒸气爆炸(BLEVE)、闪火、火球和池火等。

根据泄漏源和扩散的实际情况，运用相关的模型，可以得出受事故影响的区域范围；再根据受影响区域的人口密度，就能够掌握事故发生时受影响的人群数量(可以估计出死亡人数)，获得假想事故的量化后果。图 3-11 和图 3-12 是实际的模拟结果举例。图 3-11 是苯从一个储罐泄漏导致池火的影响范围；图 3-12 是苯从一个储罐发生泄漏时，泄漏点周围不同浓度的区域。

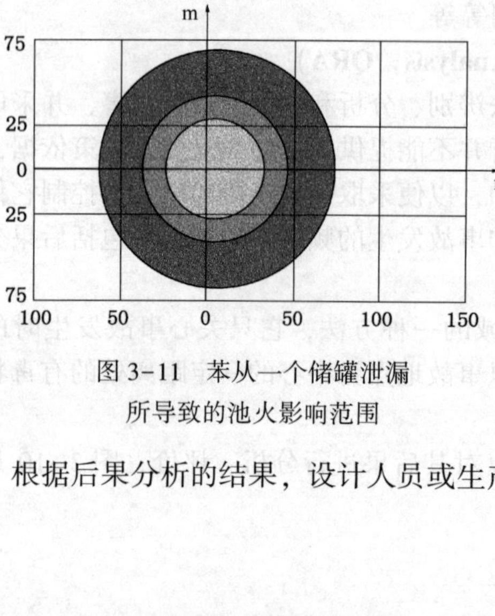

图 3-11　苯从一个储罐泄漏所导致的池火影响范围

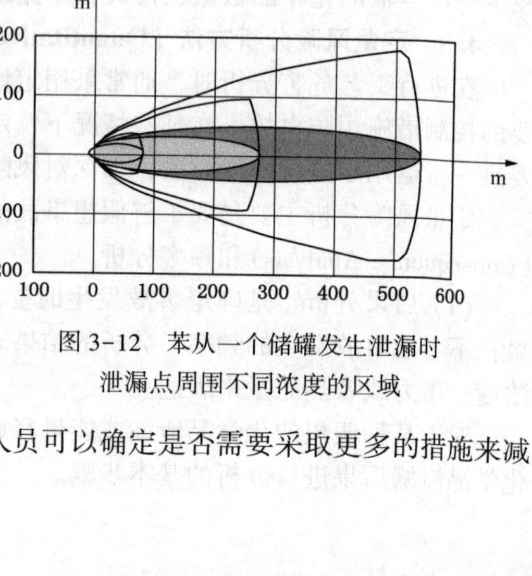

图 3-12　苯从一个储罐发生泄漏时泄漏点周围不同浓度的区域

根据后果分析的结果，设计人员或生产操作人员可以确定是否需要采取更多的措施来减轻事故的后果，操作人员和工厂的管理人员还可以根据后果分析的结果编制工艺事故的应急预案。

(2) 频率分析　有两种基本的估计事故频率的途径：一是参考相关事故的历史数据，一是采用故障树分析方法进行分析。应用相关事故的历史数据是很直接的估计事故频率方法，却往往存在缺乏足够数据的困难；如果采集的数据跨越较长的时间段，还需要考虑技术革新、设计标准更新和维修水平提高等因素。相关事故的历史数据可以作为故障树分析方法的补充，利用它们检验故障树分析的结果。

在本章已经介绍了采用故障树分析方法进行危害分析的基本做法。在风险分析过程中，这种方法被广泛地应用于计算事故发生的频率。

故障树方法利用逻辑图构建起顶事件(事故或意外事件)与相关原因(包括设备故障和人为错误等)之间的关系后，根据设备或仪表发生故障的可能性(故障率数据)和出现错误操作的概率，可以通过简单的布尔代数运算，得出顶事件出现的概率，即假想事故发生的可能性。

应用故障树分析方法通常存在两方面的困难：首先，使用者需要接受培训，学会如何构建故障树(用树状的形式建立起顶事件及其原因的逻辑关系)；更重要的是需要获得设备、仪表的故障率数据以及人为错误的概率数据，这些数据的准确性在很大程度上影响着故障树分析的结果，为此，一些大型的公司建立了专门的故障率数据库，甚至开发了相关的软件，如果公司没有相关的故障率数据，可以通过行业协会等途径获得工业界通用的一些数据。

第四章　变 更 管 理

为了满足市场需要、提高生产效率、改善操作条件、增加安全性能或达到其他目的，工厂需要不断改变工艺技术或设施。这些改变不仅带来好处，也可能引入新的危害。即使是不起眼的改变，如果不合理管理，也可能导致灾难性的工艺安全事故。因此，工厂需要建立和执行完善的变更管理制度。

1　引言

化工、石化等包含工艺流程的工厂总在经历各种改变，以满足市场需要、提高生产效率、优化操作条件、改善安全状况或达到其他目的。但是这些改变是双刃剑，它们带来好处的同时也可能增加危害，化工和石化行业的不少灾难性事故都是由于不恰当地改变工艺技术或设施而造成的。据统计，大约80%的工艺安全事故都可以追溯到“不适当的变更”，因此对变更进行管理的实质是对潜在事故的预防和控制。

本章先介绍因为缺乏变更管理而导致的一起化学品泄漏爆炸事故，然后介绍OSHA PSM对于变更管理的要求，以及化工、石化等流程工厂执行变更管理的一些相关实践经验。

2　事故案例(英国Flixborough泄漏爆炸事故)

2.1　事故描述

本次爆炸事故发生在1974年6月1日下午，一套环己烷氧化装置发生泄漏，泄漏物料形成的蒸气云发生爆炸，导致工厂内28人死亡、36人受伤，周围社区也有数百人受伤。爆炸摧毁了工厂的控制室及临近的工艺设施。

这起灾难性的事故是由工艺系统的临时变更所引起的。事故装置是生产尼龙的一个工段，通过氧化环己烷生产环己酮和环己醇混合物。工艺过程包括六个串联的反应器，后一个反应器比前一个安装得低一些，物料依靠重力作用逐级流经下游每一个反应器。图4-1是这些串级反应器的工艺流程示意图。正常情况下，反应器的操作条件是150℃和0.9MPa。

在事故发生两个月以前(同年3月27日)，工厂发现第5级反应器有一道垂直的裂纹并出现渗漏，于是决定拆除该反应器进行维修。为了继续维持工厂生产，决定用一条直径20in

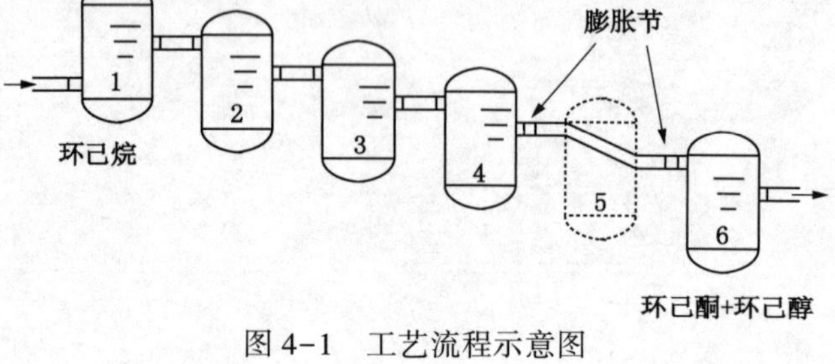

图4-1　工艺流程示意图

(500mm)的临时管道连接第4级和第6级反应器，临时管道与反应器之间用膨胀节相连接，并用脚手架支撑起临时管道，请参考图4–2。

执行上述改变时，工厂的机械工程师辞职离开了工厂，接替他的人还没有到位。负责设计、安装临时管道的维修人员仅仅在车间的地板上用粉笔勾画出草图，就算完成了设计，没有经过详细的审查就安装成了图4–2所示的样子。这些参与工作的维修人员没有意识到这项工作已经超出了他们的专业能力，在设计、安装该临时管道时，他们没有考虑压力条件下膨胀节承受的径向应力、管道和其中物料的质量以及物料在管道内流动时的振动情况。

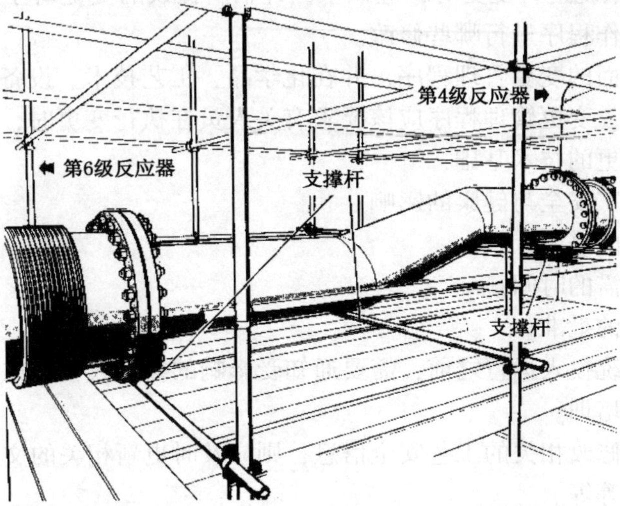

图4–2　连接第4级和第6级反应器的临时管道

1974年6月1日16点53分，临时管道上的膨胀节突然破裂，在极短时间内泄漏了约40t易燃的工艺物料，随即形成一个直径约100~200m的蒸气云团。蒸气云与空气形成可燃性的混合物，被着火源引燃后发生爆炸。爆炸造成附近控制室内的18名操作人员、现场的9名操作人员和1名送货司机死亡；大火燃烧了10天才扑灭。如果事故发生在正常工作日，伤亡数字会更大，因为平时有200余人在工厂现场工作。

2.2　事故原因

发生本次事故的一个重要原因是工厂缺乏管理工艺系统变更的制度，没有对发生变更的工艺系统进行适当的审查，也没有人监督和批准相关的变更。变更管理制度的缺失，使得未经审查的变更顺利地通过设计、安装和投产。工厂缺乏机械工程师，参与变更任务的人员缺乏培训和足够的经验，他们没有认识到这种对工艺系统的改变可能造成的严重后果。

本次事故曾引起广泛的社会关注，也间接催生了欧洲的工艺安全法规，即Seveso指令。著名的工艺安全专家Trevor Kletz对应该吸取的教训进行过较全面的总结：

(1)爆炸事故表明，工厂需要建立一套管理系统来控制工艺设施的变更，包括临时的变更。对工艺设施进行变更前，需要由有经验的人进行系统的危害分析，确认变更是否符合原来的设计标准、是否会产生不良的后果。

(2)尽量减少物料在工艺系统中的存量。在本次事故的装置中，包含有400t环己烷，事故发生时，泄漏了约40t。根据本质安全的策略，预防着火、爆炸和有毒物泄漏事故的最好办法是减少这些危险物料的储存量或它们在工艺系统中的滞留量。

（3）在本次事故中，工厂的控制室被摧毁，导致大量人员伤亡，它提醒我们在工厂布置和控制室设计时，需要充分考虑如何在事故发生时保护操作人员，以减少伤亡。

（4）公司需要聘用有经验的工程师，并且建立适当的机制发挥他们的专长，为事故预防提供充分的技术支持。

3　PSM 对"变更管理"要素的规定

变更管理（Management of Change，MOC）是 OSHA 工艺安全管理系统的一个重要要素。OSHA 认为，对工艺系统进行变更时，应该全面评估所提议的变更对于员工安全和健康的影响，并明确需要对操作程序进行哪些修改。

工厂需要建立书面的变更管理程序，并在化学品、工艺技术、设备、程序以及设施等发生变更时遵守该程序。变更管理程序应该要求有关人员在执行变更时，考虑以下几个方面：

（1）所提议的变更的技术基础；

（2）变更对于员工安全与健康的影响；

（3）对操作程序的修改；

（4）完成变更所需的时间；

（5）所提议变更的批准。

在发生变更的系统投入运行之前，需要通知受影响的操作人员、维修人员及承包商，或者对他们进行必要的培训。

如果变更时要求修改相关的工艺安全信息，则应及时更新相关的文件和图纸，包括操作程序或安全作业方法等等。

4　"变更管理"要素相关实践

4.1　变更分类

化工厂、石化厂涉及工艺安全的变更通常可以分成四类：

（1）工艺技术变更。主要是涉及工艺流程的改变。如原料化学品的改变、工艺操作条件的改变以及操作程序的改变。

（2）作业程序变更。主要是操作人员或维修人员更改操作程序、维修程序或其他安全作业指导书。

（3）工厂设施变更。主要是对工厂现场物理条件的改变，包括临时或永久地替换设备（同类替换除外）。如改变或拆除现有的工艺设备、改变工艺管道。

（4）组织机构变更。主要是工厂生产、维修和安全等相关人员和岗位的改变，包括人员更替、职位增减等等。如减少每个班组的操作人员、更换员工岗位和减少（或增加）工作岗位等等。这些改变可能使从事某项工作的操作人员减少，或某个岗位的操作人员缺乏所需的经验和技能，从而影响工艺安全。改变组织机构时，主要关心是否有足够的能够胜任的人承担起事关工厂安全的工作任务，以及分工和责任是否明确、合理。

工艺技术的变更、作业程序的变更和工厂设施的变更通常直接影响工艺安全，而组织机构的变更是间接地对工艺安全造成影响。本章只讨论前面三类变更。

许多灾难性的工艺安全事故，都可以归咎于对工艺系统不恰当的变更（请注意"改变"和"变更"有所不同，本章将具体讨论）。如果工艺系统在设计阶段由富有经验的人员完成过工艺危害分析，它应该包含了足够多的安全措施来控制相关的危害，也就是说，只要在设计规定的范围内运行，我们通常设想系统是安全的。但是，无论是工艺技术的变更、工艺设施的变更还是作业程序的变更，都可能引入新的危害，使原本安全的系统变得不再安全。因此，当执行某项变更时，需要对变更本身及受变更影响的工艺系统进行评估，确保此项变更不会对系统的安全带来不可接受的影响。

任何的变更都有可能使工艺系统偏离最初的设计意图，即使是看似很小的改变，如果不妥善管理，都有可能导致灾难性的后果，这是工厂需要建立变更管理程序、规范变更管理过程的重要原因。

为了安全地实现工艺技术或设施的变更，工厂需要建立、执行适当的变更管理制度或程序，由胜任的人员负责对变更进行审查，评估变更可能带来的风险，并采取必要的措施，使工艺系统符合最初的设计意图，总是保持在安全的操作范围内，避免发生工艺安全事故。

对变更进行安全审查时，不但要消除或减少当前的、远期的及变更部分本身的危害，而且要防止给其他关联的工艺系统或设施增加安全隐患。

4.2 “变更”与“改变”

鉴于各种理由，工厂总是经历着各种不同的改变。化工和石化工艺系统通常较复杂，它们的改变往往与工艺安全息息相关。但是，并不是所有的改变都会影响系统的安全性，通常把那些可能带来危害、影响工艺安全的针对化学品、技术、设备、设施和操作程序的改变(同类替换除外)称为“变更”。因此，“变更”实际上是“改变”的一种特殊情况。以下是一些变更的例子：

(1) 改变工艺原料的种类或规格；

(2) 改变管道系统：增加阀门或旁路；

(3) 改变工艺设备或管道的材质；

(4) 增加、减少或迁移设备(如泵、压缩机)；

(5) 修改操作程序或工厂的应急预案；

(6) 调整系统的工艺控制(如改变现有的联锁)；

(7) 改变安全阀的设定压力值；

(8) 安装或拆除工艺系统的保温层；

(9) 明显增加危险化学品的存储量(超出设计范围)。

图 4-3 是一个变更的实例，左图是变更前的系统，对系统的改变是在冷却器与储罐V-2之间增加一个阀门(右图)。改变后，原来的安全阀不能再为罐 V-2 提供超压保护，在对此变更进行分析后，决定增加一个安全阀以防止 V-2 超压。

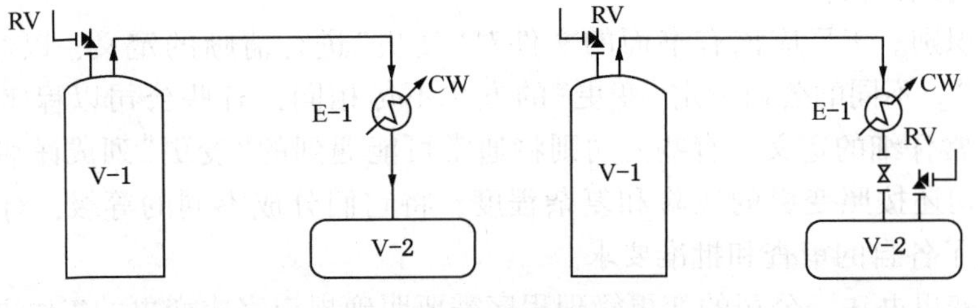

图 4-3　变更举例(左：变更前，右：变更后)

“变更”可能是大规模的扩建、工艺系统的改造或者只是改变操作程序或方法。变更是工厂各种改变的特殊情况，在执行变更管理的过程中，一个很困难的方面是正确区分“变更”与“改变”。

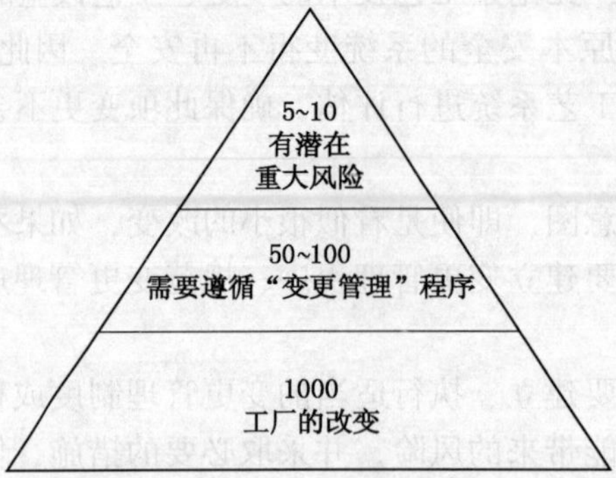

图 4-4 “改变”与“变更”的统计

图 4-4 所示是对化工企业的“改变”与“变更”数量的统计，在所有的“改变”中，约有 10%需要遵循变更管理程序，约1%有潜在的重大风险。

区分“变更”与“改变”有以下两种方法：

首先，“同类替换”(Replacement-in-kind，RIK)不属于变更。所谓“同类替换”是指用相同规格的设备、仪表或管道替换现有的设备、仪表或管道，而且不必因为这项改变而修改书面的设计规格文件。例如，用相同规格的垫片替换旧的垫片，用相同规格的设备或阀门替换现有的设备或阀门，都属于同类替换。有些公司的要求很严格，对于设备的替换，不但要求是相同的规格，而且要求是出自同一家制造商，才算是同类替换。“同类替换”不属于变更的范围，不必遵循变更管理程序，但仍然可能需要遵守相关的维修程序和其他作业程序。

其次，在设计范围内进行的日常操作和维护作业也不属于变更的范畴，不受变更管理程序的约束。例如：

(1) 设备和管道的日常检查；

(2) 换热器或其他设备的清洗；

(3) 仪表的维修和标定；

(4) 在设计条件允许的范围内调整工艺参数；

(5) 在设计条件允许的范围内调整工厂的产能。

开展上述作业时可能需要遵守其他安全作业规定，如动火作业许可证、有限空间进入许可证等等。

本章 4.9 例举了一些化工与石化工厂常见的属于“变更”的例子。

4.3 变更管理概念

“变更管理”最早于 20 世纪 60 年代应用于核电行业，后来被西方的国防工业采纳，大约在 1976 年后开始在化工行业获得应用。1992 年，OSHA 在其颁布的 PSM 中将“变更管理”作为其中的要素之一，以法规的形式要求相关的企业加强对变更的管理。

为了管理工艺系统的变更，工厂需要建立变更管理制度，包括相关的政策和程序。每个工厂执行变更管理的方法在细节上可能不尽相同，但变更管理制度基本上是相似的。完善的变更管理制度应该包括：

(1) 变更识别。工厂应该有书面的文件对“变更”进行清晰的定义，以便识别哪些“改变”属于“变更”。不同的公司确定“变更”的方法不尽相同，有些公司以程序文件的形式对“变更”进行非常仔细的定义，有些公司则将通常可能遇到的“变更”列成详细的清单供员工参考。某些公司还按照变更的风险和复杂程度，将它们分成不同的等级，对于不同等级的“变更”，规定了各自的审查和批准要求。

(2) 管理变更办法。公司的变更管理程序需要明确规定完成变更的工作流程，包括如何提出变更、对变更方案进行审查、批准(或否决)变更、跟踪完成变更以及相关人员的职责等等。很多公司采用变更管理工作表来帮助员工履行相关的管理手续，是管理变更很好的实践方式。

(3) 培训要求。不恰当的变更可能导致灾难性的后果，因此所有的员工都需要遵守变更管理程序。公司需要向相关的员工提供必要的培训，使他们了解变更管理的相关政策和工作程序。

(4) 审计。无论一个管理制度有多好，总有值得改进的地方，审计有助于变更管理制度的落实和持续改进。通过审计，可以了解本工厂完成的变更项目是否遵守了相关的审查和批准规定、是否保留了完整的书面文件、在哪些方面需要进一步改进等等。

4.4　执行"变更"的步骤

虽然每个公司执行变更管理的细节有所不同，但通常都包括下列基本步骤(请参考图 4-5)：

(1) 提出变更设想。工厂的任何人(包括操作人员、维修人员、工程师和其他任何人)都可以提出对工艺系统进行某项变更的想法或要求，提出变更可能基于生产、维修、安全或环保等各种原因。较正式的提出变更想法的渠道是填写变更管理的工作表格，如果操作人员不熟悉填写的方法，可以由主管或工程师代为填写。在填写表格时，需要尽可能具体、清楚地说明变更的范围，必要时可以借助图纸或草图来表达，此外，尽量说明所建议的变更对于工艺安全的影响，这样做有助于确定对这项变更的安全审查要求。

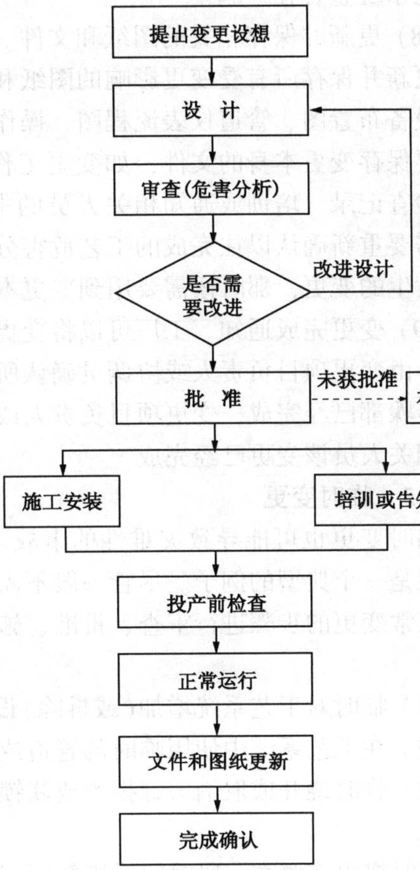

图 4-5　执行变更的基本步骤

(2) 形成设计。提出变更的想法后，下一步是将想法转化为具体的设计。设计可以采用文字对变更进行详细的说明或者画出设计的草图。如果需要改变管道仪表流程图(P&ID)，可以在现有的 P&ID 图上用红色的笔画出需要变更的内容，目的是清晰表达变更的设计意图。对于简单的变更，这一步骤可以和上一步骤合并。

(3) 审查及批准。所有的变更都需要接受审查，这是变更管理的核心步骤。它的主要目的是防止变更给工艺系统带来新的危害(同时也包括对变更的可行性和经济性进行审查)。采用的审查方法取决于变更本身的实际情况，包括复杂程度和风险大小等等。工厂可以根据变更的风险等级规定对应的审查和批准要求。对于复杂的变更，审查的一项重要内容是对它进行工艺危害分析。危害分析通常由一个小组完成，它的任务是评估变更可能带来的危害，从而决定是否批准此变更，或者在批准变更之前需要采取哪些改进措施将风险控制在可以接受的水平(请参考本书第三章了解更多关于危害分析的内容)。在设计工厂的变更管理制度时，不能将审查与批准的手续设置得过于繁琐，变更的审查和批准(或否决)应该能够在合理的时间内完成，否则实际执行过程中就会打折扣。

(4) 施工安装。变更批准后，就可以进行现场施工安装，这和普通项目的施工安装没有太大的区别。在此过程中，需要遵守工厂所有相关的安全作业制度。

(5) 培训或告知。在变更的系统投入运行之前，需要培训或告知那些工作受到变更影响的相关的人员(如操作人员、维修人员、应急反应小组成员以及承包商)，向他们说明变更对他们工作的影响。培训或告知可以是书面的交流或者采取集体讲解的方式，但是应该有书面的记录。

(6) 投产前检查。投产之前，需要检查变更的施工现场，确认变更项目的安装已经完成、施工安装和设备规格等与早先批准的变更文件及图纸一致，并且编制或修订了安全、操作、维修和应急反应等相关的程序文件。可以编制变更项目投产前的检查表，在投产之前根据该表中所列的条目逐个核对，当所有条目都按照要求完成后，才可以投料生产。

(7) 正常运行。完成投产前检查以后，工厂可以将变更的系统投入运行，并与其他现有的工艺系统整合在一起。

(8) 更新并保存相关的图纸和文件。变更的工艺系统投产后，变更工作还不算完成，还需要更新并保存所有受变更影响的图纸和文件。通常，可能需要更新的文件有工厂平面布置图、设备布置图、管道仪表流程图、操作程序、维修程序、应急预案和培训资料等等。工厂还需要保存变更本身的文件，如变更工作表格(它有变更审查和批准的签名)、图纸、投产前的检查记录、培训或通知相关人员的书面记录等等。按照 OSHA PSM 的要求，工厂每隔五年需要重新确认以往完成的工艺危害分析的有效性，其中一项重要的工作就是审阅过去五年中发生的变更，那时候需要用到变更本身的这些文件资料。

(9) 变更完成通知。工厂可以将变更过程需要完成的各个步骤列在一份清单中，变更完成后，由变更项目负责人或协调员确认所有的步骤是否都已经按照要求完成。如果清单中的各个步骤都已经完成，变更项目负责人或协调员就可以在一份事先设计好的清单上签字，并通知相关人员该变更已经完成。

4.5 临时变更

临时变更也可能导致灾难性的事故，本章中介绍的发生在英国 Flixborough 的泄漏爆炸事故就是一个典型的例子。尽管一般不需要像永久变更那样更新图纸和文件，但是仍然应该按照正常变更的步骤进行审查、批准、施工安装、投产前检查等等。以下是部分临时变更的例子：

(1) 临时对工艺系统增加(或拆除)设备；

(2) 在工艺系统中使用临时的管道或阀门(这是大修时较常见的情形)；

(3) 临时绕开或取消关键报警或联锁(开、停车过程中有书面程序规定可以绕开的联锁除外)。

临时变更需要在一段时间后恢复原貌，因此有一定的时间限制。工厂可以自己规定临时变更的期限，期限可以是几天或几周。假如超出期限，也可以延期，延期时应该有书面的批准。即使延期，通常期限也不应该超过 6 个月，否则，需要在当前批准的临时变更到期时，重新申请新的临时变更。

4.6 应急变更

无论是管理人员还是普通的员工，都需要严格遵守变更管理程序。但是，在某些紧急情况下，如果不立即进行变更就可能带来严重的后果，如：

(1) 可能使操作人员或公众处于危险的境地；

(2) 极可能造成严重的环境破坏；

（3）极可能严重威胁到当前的生产。

这些情况下，需要立即执行变更，但在短时间内难以完全按照正常的变更管理程序执行各个步骤，为了满足这些特殊情况的要求，工厂需要明确紧急情况下的变更管理办法。

对于紧急情况下的变更，相关人员需要尽自己的能力，并且充分利用有限的资源完成对变更的审查。有些公司规定，在紧急情况下，生产工程师可以在完成非正式的危害分析后，就批准某项紧急变更。在某些情况下，如果必须由某人对变更内容进行审查，可以采取开电话会议、网络会议和发邮件等方式来完成审查。对于紧急变更的审查，重点应该放在变更可能带来的短期的、直接的危害。

值得一提的是，应急变更不是执行变更任务的“捷径”，在工艺系统恢复到正常状况后，应急变更的负责人需要及时按照正常的变更管理程序，重新组织人员对紧急变更的内容进行审查，并更新相关的文件资料。

应急变更可以是永久变更，也可以是临时变更。

4.7 参与变更管理的人员

在执行变更管理工作时，工厂管理层需要确保有足够的资源来落实变更管理制度。其中很重要的一个方面是安排有相关知识和经验的人员对变更内容进行审查，包括采用适当的危害分析方法对变更的工艺部分进行危害分析。通常，参与变更审查的有技术、生产、安全和维修等部门，可能涉及安全工程师、生产工程师、维修工程师、工艺工程师和其他专业工程师(如环保、自控和设备工程师)。

4.8 影响变更管理工作的主要因素

有许多因素关系到变更管理工作的成败，以下两个方面尤其重要：首先，管理层的支持非常重要。落实变更管理制度的一个主要障碍是员工不遵守相关的程序，多数情况因为他们对变更管理的重要性缺乏理解。管理层的积极支持可以凸现变更管理的重要性，此外，管理层需要认可员工所开展的变更管理工作，及时批复相关的变更项目。其次，变更管理制度应该简单易行。变更的提出、审查、批准和执行等的过程不可太复杂，花在书面文件上的时间也不能太多，否则，员工就会设法回避它，增加实际执行的难度。

4.9 化工与石化工厂中常见的变更举例

不同工厂或公司对变更的定义可能有所不同，以下列出的是化工厂、石化工厂中常见的一些“变更”的例子。

（1）化学品相关的变更举例(化学品是工艺系统危害的主要来源之一，改变化学品的处理、使用、储存和生产方式可能带来潜在的危害)。

① 增加新的化学品，包括采用新的催化剂或添加剂；

② 更换原料化学品的品种或者规格；

③ 改变化学品加入工艺系统的位置；

④ 改变化学溶液的浓度并超出了设计范围；

⑤ 增加化学品或油品的储存量(超出设计的范围)。

（2）操作范围变化的变更举例(温度、压力、液位、储存量、流量和组分等操作参数突破设计的安全范围，就意味着偏离原来的设计意图，可能带来新的危害)。

① 改变工艺参数操作范围的上限或下限；

② 增加控制操作的参数；

③ 在设备的设计能力以外进行操作。

（3）改变操作程序的变更举例（对操作程序进行修改可能增加错误的步骤、遗漏关键的步骤或者打乱合理的操作顺序，容易导致人为因素相关的操作错误和事故。不同的操作阶段都有各自的操作程序，因此不但要关注正常的操作程序，还需要关心投产、停车和临时操作的相关程序）。

① 修改现有的操作程序；

② 增加新的操作程序；

③ 删除已有的操作程序。

（4）设备和管道的变更举例（这类变更很常见，可能涉及压力容器、储罐、换热器，结晶器、过滤机、干燥机、加热炉以及管道和阀门等等，它们的改变可能对操作安全带来非常直接的影响）。

① 增加或拆除设备、管道和阀门；

② 迁移设备（搬迁到新的位置）；

③ 替换设备或阀门，包括改变型号或材质（同类替换除外）；

④ 明显改变设备或管道的辅助设施，如设备的基础和管架；

⑤ 安装临时的设备、管道或阀门。

（5）泄压保护装置和安全系统的变更举例（泄压装置如安全阀和爆破片有助于防止容器破裂和避免发生灾难性的泄漏，它属于多层次安全保护的外围保护层，如果失效，就再也没有其他更有效的保护层了，因此对于减轻事故后果相当关键。安全系统如事故排料系统、事故冷却系统、可燃气体监测报警系统和消防水系统等有助于减轻事故的后果，对它们的改变可能影响应有的功能，失去控制事故的作用）。

① 拆除或更换安全阀、爆破片或安全系统（同类替换除外）；

② 改变安全阀或爆破片上、下游相连的管道；

③ 更改安全阀的设定压力值；

④ 绕开安全阀、爆破片使它们失效；

⑤ 改变泄压装置出口管的排放点位置；

⑥ 改变安全系统的维护要求（如改变定期测试的频率）；

⑦ 更新或重新布置可燃气体、有毒气体监测系统的监测点。

（6）工艺控制、报警和仪表等的变更举例（工艺控制系统的硬件、软件及相关仪表的改变可能影响工艺控制、投产或停车的操作、操作参数的范围和安全系统按照设计要求正常发挥作用等等。值得注意的是，对控制系统的改变不是很显而易见，因此更应该在改变它们时严格遵守变更管理程序）。

① 更换控制系统的硬件（同类替换除外）；

② 修改控制程序，如工艺控制的逻辑程序；

③ 取消、增加或改变联锁或报警；

④ 修订报警的重要性等级或报警设定值；

⑤ 变换设备或管道上工艺参数测定点的位置（如测温点的位置）；

⑥ 改变现有控制阀的故障模式（如将“故障开”变成“故障关”）；

⑦ 绕开关键控制或使之失效；

⑧ 改变安全控制回路的维护测试频率。

（7）其他辅助设施的变更举例（辅助设施的改变情形非常多，它们可能打乱工厂正常的运行或影响应急反应的效率，需要根据情况确定是否需要遵守变更管理程序）。

① 固定占用厂内道路(可能影响消防车的行驶)；

② 重新布置工艺区域内的照明系统；

③ 改变工艺区域内的逃生出口；

④ 在工厂范围内增加新的建筑物(无论是临时的还是永久的)；

⑤ 改变建筑物的功能或结构(包括明显增加现场控制室的人数)；

⑥ 改变油品或化学品槽车在工艺区域内的行车路线。

第五章　投产前安全检查

在装置的投产过程中，需要在工艺系统中建立稳定的流量、液位、温度和压力，工艺设备要经历某些正常设计范围以外的操作条件或过程。而且，在投产期间，有较多的作业或任务同时进行，许多自动控制的参数处于手动控制状态。因此，工厂需要在投产阶段特别注意防止工艺安全事故，以确保装置的安全投产和持续运行。

1　引言

无论是新装置建成后首次投产，而是对现有工艺系统进行重大改变后重新投入运行，都需要在正式投料之前确保已经具备了各项投产条件，尤其是那些可能影响工艺系统安全的方面。

从逻辑上讲，要实现工厂运行期间的工艺安全，需要把握好至少三个环节，即设计、建造和运营。

(1) 在设计阶段，进行工艺危害分析以确保设计本身不存在大的事故隐患。

(2) 在建造阶段，如果设备、管道、电气和仪表等系统的制造和安装符合设计规格的要求，通常就认为是可以接受的。投产前安全检查正好是确保“安全的设计”转化为“安全的设施”的一个重要环节。

(3) 在运营阶段，严格执行工艺安全管理的规定，确保在生产过程中不往系统增加潜在的危害，这就是需要遵守变更管理程序的原因。工艺设施的变更与新建项目类似，那些需要修改工艺安全信息的变更，也经历设计、建造和投产的过程。因此，也需要进行工艺危害分析，并且在变更的设施重新投产之前，通常也需要进行投产前的安全检查。与新建项目的区别是，变更的规模一般较小，所以投产前的安全检查也较简单，投入的人力和时间相对较少(大规模的设施变更往往被作为新建投资项目来对待)。

各阶段情况对比如表 5-1 所示。

表 5-1　各阶段情况

项　目	内　容		
阶　段	设计阶段	建造阶段	运营阶段
工艺安全相关工作	工艺危害分析 设计阶段的变更管理 其他工艺安全管理要素	施工期间的变更管理 投产前安全检查 其他工艺安全管理要素	变更管理 危害分析的有效性确认 其他工艺安全管理要素

在投产期间，工艺系统由常压常温达到正常的操作工况(可能是高温或高压)，需要经历不稳定的工况，因此，相对于正常生产而言，发生事故的几率较大。在系统投产前进行安全检查，有利于在装置处于安全的状况下排除隐患，不但有利于预防事故，也有助于顺利投产和实现较长时间的持续生产。

本章先介绍一起投产期间的工艺安全事故，然后说明 PSM 对于投产前安全检查的要求以及如何完成投产前安全检查工作。

2 事故案例(污水储罐爆炸事故)

1990 年 7 月，A 公司位于美国德克萨斯的一个污水储罐发生爆炸，导致 17 人死亡，包括 11 名承包商员工。

发生爆炸工艺系统如图 5-1 所示。它是一个容积为 3400m^3 的污水储罐，主要是收集来自工厂各个工艺单元的污水。由一台压缩机将储罐内的蒸气送到一个洗涤塔去处理，压缩机的出口有一条连接污水储罐的回流管。由于储罐内可能存在易燃的蒸气，设计时考虑了氮封，并在储罐上安装了一个氧分析仪，根据它的输出结果决定往储罐内补充氮气的数量。

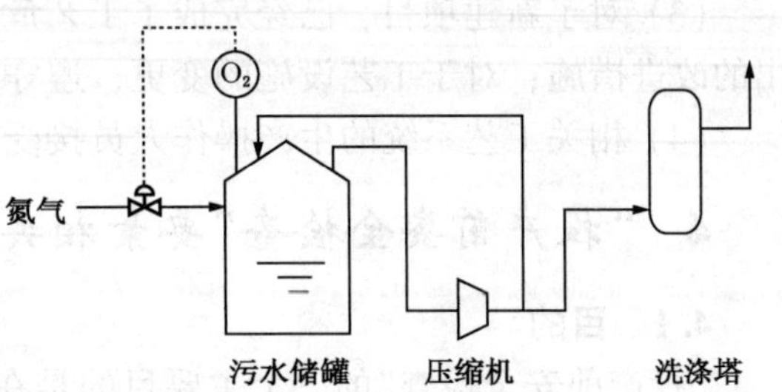

图 5-1　发生爆炸的污水储罐流程简图

由于来自各个工艺单元的污水中含有较高浓度的有机物，经过若干年后，污水储罐的液面上形成了很厚的一层有机物。

在本次事故发生前，刚维修完压缩机并准备重新启动它。在启动之前，操作人员检查了氧分析仪，然后才启动压缩机，但很快发生了爆炸，爆炸将整个储罐夷为平地，并造成重大的人员伤亡。

事故调查显示，污水储罐仅有的那个氧分析仪存在故障，实际上当时储罐内存在空气和易燃蒸气的混合物，开动压缩机后产生了可以引燃这些混合物的着火源。

A 公司比较重视主工艺装置的工艺安全，对它们都进行过工艺危害分析。本次事故涉及的污水处理装置被视为公用工程的组成部分，因此没有纳入工艺安全管理的对象范围，没有对该污水储罐进行过危害分析。如果进行危害分析，应该可以发现氧分析仪出现故障使得氮封失效的事故情形，并采取必要的措施，如增加氧分析仪的数量，使用冗余的控制，就不至于因为一个仪表故障导致氮封失效和操作人员误判。

投产期间是重大事故相对频繁的阶段，此时较容易发生工艺安全事故，而且容易造成重大的人员伤亡。与正常的生产操作相比较，炼油、石化和化工等装置的投产过程是危险性相对较大的一个阶段。在装置的投产过程中，需要对各类设备建立稳定的流量、液位、温度和压力，工艺设备需要经历某些正常设计范围以外的操作条件或过程。而且，在投产期间，有较多的作业或任务同时进行，许多自动控制的参数处于手动控制状态。因此，工厂需要在投产阶段特别注意防止工艺安全事故，以确保装置的安全投产和持续运行。

据美国化工安全与危害调查委员会的相关报告，1998 年至 2005 年间，该委员会调查过的 38 起工艺安全事故中，有 3 起灾难性的事故是发生在工艺装置投产期间，共导致 22 人死亡和 170 多人受伤。根据统计数字中，投产期间的工艺安全事故约占总的工艺安全事故的 8%，平均每次事故死亡人数超过 7 人，受伤人数超过 56 人。如果考虑到投产阶段的时间占工厂总运行时间的比例，以上数据说明，在单位时间内，投产期间的事故率高远于正常生产时的事故率，而且事故的后果往往非常严重。

3 PSM 对"投产前安全检查"要素的规定

投产前安全检查(Pre-Startup Safety Review，PSSR)是指在新建项目首次投产前，或工艺系统变更并重新投入运行之前，进行必要的安全检查。OSHA将“投产前安全检查”作为工艺安全管理的要素之一，并且做了如下规定：雇主应该对新建项目或工艺设施的重大变更（那些需要修改工艺安全信息的变更）执行投产前安全检查。

在将危险化学品引入工艺装置之前，需要确认以下内容：

(1) 设备及现场安装符合设计的规格与要求；

(2) 为安全、生产、维修和应急反应编制了适当的程序；

(3) 对于新建项目，已经完成了工艺危害分析，并且在投产之前落实了危害分析时所提出的改进措施；对于工艺设施的变更，遵守了工厂的变更管理程序；

(4) 相关工艺系统的生产操作人员接受了培训。

4 “投产前安全检查”要素相关实践

4.1 目的

“投产前安全检查”的一个主要目的是在新项目投产前，或是在重大的工艺系统变更并重新投入运行之前，通过较系统的安全检查，确保工艺系统满足设计、安装和测试等相关的要求，并符合安全投产的条件。通过投产前的安全检查，还可以确认工厂装置的投产是否符合相关的法律和法规要求，包括环保、安全和健康等相关的法律和法规要求。

某些欧、美公司还将投产前安全检查的范围扩大至“具备投产条件的检查”，即在工艺装置投产之前，不但系统地检查与安全相关的条件和事项，还检查关系到工厂可靠持续运行的其他方面，如工厂的生产管理系统和物资供应等等。这种做法，不但着眼当前投产过程的安全，还考虑如何确保工艺装置持续安全、可靠地运行。

4.2 步骤

对于新建项目，投产前安全检查工作通常属于项目执行计划的一个组成部分，在项目投产前必须经历投产前安全检查，这也有助于从项目阶段过渡到工厂运营阶段。

对于现有工艺系统的变更，变更管理程序通常要求在工艺系统投入运行之前执行投产前安全检查。

新建项目和工艺系统变更项目的投产前安全检查方法基本上是一样的。只是相对而言，新建项目通常规模大、投产准备时间较长。在开展投产前安全检查时，这两类项目涉及的检查范围有所不同，一般采用不同的投产前安全检查清单（以下简称“检查清单”）。例如，有公司为新建项目和变更项目分别编制不同的检查清单；并且根据工艺特点，为各种不同类别工艺和产品的新建项目分别编制检查清单，以备选用。

与一般的日常安全检查相比较，投产前安全检查是在工艺装置或设施现场进行的，是更加有组织、更系统的检查与求证过程。需要澄清一点，投产前安全检查不是对工艺系统可能存在缺陷和危害的再认识、也不是对工艺系统进行重新设计或试图改变工艺系统的现有设计，它的着眼点是确认当前的安装是否符合设计的要求，以及是否具备安全投产的条件。

组织和执行投产前安全检查工作一般是项目经理（或工厂经理）的职责，项目经理（或工厂经理）也可以将具体的任务委托给其他人员去执行。以下以新建项目为例，说明开展投产前安全检查的基本步骤；工艺设施变更项目的投产前安全检查方法也基本类似，不同之处主要是所采用的检查清单相对简单些，而且通常是在工厂内部进行交接。

新建项目投产前安全检查通常包含以下6个步骤：

(1) 准备工作；

（2）现场检查及会议；
（3）编制投产前安全检查初版报告；
（4）落实“投产前必须完成检查项”及工厂移交；
（5）落实“投产后需要完成检查项”；
（6）编制投产前安全检查最终版报告。

并不是每个项目都必须包含这些步骤，可以根据项目的实际情况(如项目的规模和复杂程度等)将某些步骤合并成单个步骤。

（1）准备工作

在进入施工现场开展投产前安全检查之前，项目经理、工厂经理或被委托人需要会同其他相关人员进行一系列的准备工作。充分的准备可以使现场检查工作效率更高。准备工作包括：明确投产前安全检查的范围；编制或选择合适的检查清单；组成投产前安全检查小组；确定开展投产前安全检查的日程安排。

明确投产前安全检查的工作范围。在开展投产前安全检查之前，需要明确工作范围，即本次投产前安全检查将要覆盖哪些工艺单元。对于规模不大的项目，可以考虑一次完成全部的检查；对于规模大、工艺复杂的装置，尤其是各个工艺单元投产时间间隔较长的项目，可以根据工艺系统的组成和投产的进度安排，分次开展投产前安全检查。

编制或选择合适的检查清单。投产前安全检查的一项重要工作，是依据检查清单在施工现场逐项确认相关的事项是否已经完成。检查清单是否正确和完整直接关系到投产前安全检查的完成质量。在准备投产前安全检查时，需要编制或选择合适的检查清单。

对于不同的工艺系统或装置，检查清单可能有所不同，检查清单需要反映不同工艺系统或装置的特点。有些公司编制了通用的检查清单，针对新的项目，在其基础上进行增补或删除即可；有些公司设计、建造和运行许多相似的工艺装置，事先针对不同的工艺装置编制了检查清单，在需要时选用即可。如果对于全新的装置，可能需要另行编制，在编制过程中，可以参考通用的检查清单或其他项目的检查清单。

检查清单应该经过项目成员和生产人员审查(由项目经理或工厂经理负责组织)，以确定是否有遗漏或存在不适用的检查项。

组建投产前安全检查小组。准备工作的一项重要内容是组建投产前安全检查小组，一般由项目经理(或工厂经理)负责组建该小组。检查小组需要有一名组长，由其负责明确小组成员的职责，通常是根据检查清单的内容，将相关的任务分配给小组成员。小组的成员组成和人数根据项目的范围、复杂程度和技术要求而定，通常包括项目经理、相关专业工程师、工厂经理、生产工程师、有经验的操作工、工艺安全工程师，有时也包括安全健康环保工程师和承包商的员工。小组的成员人数可以是2~3人，也可以是十几个人，需要根据项目的具体情况而定。

参与投产前安全检查的小组应该具备如下知识和技能：熟悉相关的工艺过程；熟悉影响项目的政策、法规、标准及本公司的标准；熟悉相关设备，能够分辨设备的设计与安装是否符合设计意图；熟悉工厂的生产和维修活动；熟悉公司的风险控制目标。

确定日程安排。在检查小组进入现场之前，项目经理、工厂经理或其委托人需要与小组成员沟通，确定进入现场的工作日程。日程的安排需要根据项目的具体情况而定。如果是工艺系统的变更，一般一天时间就够了；对于新建的项目，则可能需要在现场工作几天甚至一周时间。在实际工作中，经常会发现小组成员的其他工作与投产前安全检查工作在时间上互相冲突，因此宜尽早做好安排。

在安排日程时会碰到一个问题：“检查小组应该在什么时候进入施工现场”。根据经验，在检查小组进入现场前，应该已经基本完成了机械设备安装，通常在项目进度完成了90%～95%左右进入现场为宜。一方面，这时候安装工作已经基本完成，通过现场可以了解工艺设施安装完成以后的情况，便于开展各项现场检查工作；另一方面，如果发现有需要整改的地方，项目组还有较充足的时间去执行，在确保安全的同时，也不影响项目的进度。反之，试设想，如果项目才完成70%就进驻现场，很多的管道和阀门还没有安装，堆在仓库里，这样就难以有效地进行检查工作；另一种情形，是在项目已经全面完成，马上就要投产才进驻现场，此时，一旦检查发现某个问题必须在开车前解决，但可能需要较长的时间，就很可能要延误项目的进度，还有另外一种可能的结果，就是以牺牲安全为代价，承担一定的风险使项目如期投产。

对于复杂的项目，在检查小组进驻现场前，生产经理可以提前数周甚至数月派遣操作人员进驻现场，依照设计图纸(主要是工艺管道仪表流程图)核对现场已经安装的设备、仪表和管道，确认它们是否与设计相一致，如此安排可以在很大程度上减轻检查小组的工作负担，也利于操作人员熟悉和掌握工艺系统。

(2) 现场检查与会议

投产前安全检查的一项重要内容是现场检查，主要是根据检查清单对现场安装好的设备、管道、仪表及其他辅助设施进行目视检查，确认是否已经按照设计要求完成了相关设备和仪表的安装及功能测试，并查阅相关的书面文件，如培训记录、编制好的操作规程和维修规程等。

在完成现场检查后，检查小组组长需要组织所有的成员开会，逐条讨论检查清单中的检查项，对于那些没有完成的检查项，需要提出来讨论，并明确责任人和完成日期。有些公司将这些检查项分成不同的优先等级，较常见的是分成“投产前必须完成检查项”和“投产后完成检查项”两类。除非在投产之前完成所有的“投产前必须完成检查项”，否则不允许往系统投料。此外，如果在检查过程中发现安装与设计有出入，也需要在会上提出来讨论，并明确改进措施。

如果工艺系统经历过工艺危害分析，在投产前安全检查期间，应该逐项确认工艺危害分析报告中的改进措施和安全保障措施是否都已经按照要求落实了。

(3) 编制投产前安全检查初版报告

现场会议完成后，检查小组组长需要编制投产前安全检查初版报告，记录检查清单中所有要求完成的检查项的状态。检查清单是初版报告的核心组成部分，对于清单中确认已经完成了的检查项，需要记录完成日期和负责完成的人员；对于未完成的检查项，需要记录计划完成的日期和负责人，这些信息是进一步完成项目工作的指导性文件。此外，该报告还需要包括其他信息，例如，投产前安全检查覆盖的工作范围、小组的成员、投产前安全检查完成的日期等等。投产前安全检查初版报告完成后，需要分发给相关的人员，包括项目经理和工厂经理。

(4) 落实“投产前必须完成检查项”及工厂移交

只有完成检查报告中所要求完成的全部“投产前必须完成检查项”之后，装置才可以投产。项目经理(或工厂经理)需要根据此报告，负责组织完成全部“投产前必须完成检查项”，并按照实际进度定期更新此报告，分发给相关的人员，特别是那些被分派任务的人员。项目经理需要不断更新和保留此报告，在项目移交给工厂时，将此报告的最终版本也一起移交给工厂。

(5) 落实“投产后需要完成检查项”

在工艺系统投产后，项目经理或工厂经理还需要完成“投产后需要完成检查项”，只有所有这些检查项都完成了以后，投产前安全检查工作才算真正结束。对于某些需要长时间才能完成的任务，一般可以由工厂经理(或厂内的工程部门)负责完成。

(6) 编制投产前安全检查最终版报告

当检查清单中所有的检查项都完成了以后，项目经理(或工厂经理)负责对投产前安全检查报告进行最后一次更新，得到最终版本的报告。该报告包括检查清单中所有需要完成的检查项的记录。

此报告可以在工艺设施投产后编制，并需要一直保存在工厂。

4.3 清单

工厂或公司可以根据自有工艺系统的特点编制一套投产前安全检查清单。不同的公司所编制的清单差别很大，有些公司的清单只有几十个检查项，而有些公司的清单中则包含数百个检查项。尽管存在差别，但有一点是类似的，就是该清单应该包括投产前所有需要完成的、可能影响安全投产的事项，工艺安全的检查项是其中非常重要的组成部分。表5-2 列出了一些投产前需要检查的与工艺安全有关的项目供参考，按照同样的方式并结合本工厂或公司的实际情况，可以列出详细、完整的投产前安全检查清单。

表 5-2　投产前安全检查清单示例(此处仅包含部分与工艺安全相关的检查项)

编号	检查项描述	现状	计划完成时间	实际完成时间	负责人	备注
1	现场检查(略) (需要在此栏中列出所有需要在现场检查确认的、与工艺安全相关的检查项。诸如安全装置、工艺区域内的电气设备、设备接地、易燃气体监测报警系统、消防水系统、防火堤、工艺区域的照明、关键的保温和伴热系统、工艺系统的防撞保护、氮气吹扫系统、事故放空与排放系统、建筑物的通风系统、应急反应的报警系统等)					
2	工艺安全信息					
2.1	有各种危险化学品的安全技术说明书(MSDS)					
2.2	有化学原理描述或工艺说明文件					
2.3	有方块流程图或工艺流程图					
2.4	有工艺物料平衡表和能源平衡表					
2.5	有文件规定各种危险化学品的最大库存量					
2.6	有文件规定温度、压力、组分和流量等各种工艺参数的安全操作范围(上限与下限)					
2.7	在控制室内有竣工版工艺管道仪表流程图(P&ID)					
2.8	有电气危险区域划分图					
2.9	有泄压系统的基础设计文件：确认每个泄压装置都有一份计算书(包括尺寸计算的假设条件、孔径、流量、阻力计算等等)					
2.10	有通风系统的基础设计文件					
2.11	有工厂设计所采用的设计规范和标准清单					
2.12	有文件说明安全系统(联锁、监测系统和抑火系统等)及其功能					
2.13	有放空扩散/热辐射计算汇总表					

续表

编号	检查项描述	现状	计划完成时间	实际完成时间	负责人	备注
3	工艺危害分析					
3.1	已经完成了工艺危害分析(有书面的分析报告)					
3.2	危害分析中提出的、需要在投产前完成的事项已经全部完成					
3.3	对供货商提供的成套设备进行了危害分析并有相关的书面报告					
4	操作程序					
4.1	已经编制、审查和批准了开车操作程序(包括首次开车的操作程序)					
4.2	已经编制、审查和批准了停车操作程序(包括紧急停车操作程序)					
4.3	已经编制、审查和批准了正常操作程序					
4.4	已经编制、审查和批准了应急操作程序					
5	安全作业程序(含动火作业许可证制度)					
5.1	建立了作业许可证制度(包括对动火作业许可证的要求)					
5.2	建立了能量隔离制度，并且清楚地说明了装置的上锁和挂牌要求					
5.3	编制了管路断开的安全作业程序					
5.4	规定了安全阀入口和出口管道上的锁开阀的检查和管理办法					
6	应急预案和应急反应					
6.1	编制了应急预案					
6.2	所有员工接受了应急反应培训					
6.3	应急救援小组接受了专门的应急反应培训					
6.4	准备了所要求的应急反应设备和用品					
6.5	指定了合适的紧急集合点					
6.6	与当地医院建立了协作关系					
7	变更管理					
7.1	建立了变更管理制度或程序					
7.2	相关员工接受了变更管理培训					
7.3	施工安装过程中发生的变更都有记录(检查是否遵守了审查和批准程序)					
8	员工培训					
8.1	所有参与生产的人员(操作员、班组长、生产工程师)都接受了培训，并有书面的培训记录					
8.2	所有参与维修的人员(维修员、班组长、维修工程师)都接受了培训，并有书面的培训记录					
8.3	参与维修和操作活动的所有承包商人员已经接受了适当的培训					
9	机械完整性					
9.1	有设备水压试验、气压试验或密闭性试验的报告					
9.2	有文件证明已经委托有资质的单位校验了所有的安全阀					
9.3	关键设备如压力容器等经过了检验并有相关的检验报告					
9.4	编制了预防性维修计划，明确了设备(包括容器、热交换器、储罐和输送管道)和关键仪表的验收标准和投产后的检查、测试频率					
9.5	编制了联锁/关键报警的测试标准及测试程序					
9.6	完成了联锁和关键报警的测试工作					
9.7	建立了适当的程序来保护工艺控制软件(如日常存档、钥匙/密码控制等)					
10	承包商					
10.1	明确了承包商员工出、入工艺区域和在其中停留的规定，并向承包商说明了这些规定					

续表

编号	检查项描述	现状	计划完成时间	实际完成时间	负责人	备注
10.2	承包商员工接受了相关培训，了解了工艺系统的危害、事故报告的程序及应急反应的要求					
11	事故报告与调查					
11.1	建立了事故和未遂事故报告制度					
11.2	有书面的事故调查指南					

目前有一种趋势，就是跨国的化工和石化公司将投产前安全检查扩展为“具备投产条件检查”，将投产前安全检查的范围扩大到所有可能影响装置持续运行的因素，安全相关的检查则属于“具备投产条件检查”的一个重要组成部分。

“具备投产条件检查”通常涉及工厂正常安全运行的各个方面，例如：

(1) 建立组织机构和招聘、培训合格的人员；

(2) 编制操作程序；

(3) 建立维修管理制度和计划，并做好各项维修准备工作；

(4) 采购生产所需的各种供应物资；

(5) 符合安全、健康和环保的要求(包括工艺安全要求)；

(6) 满足当地法律和法规的要求。

每一个方面都有若干检查项，在投产之前，根据所列的检查项检查相关的设施或文件，它的工作方法与正常的投产前安全检查没有太大的区别。

4.4 小结

投产前安全检查是确保新建项目或重大工艺变更项目具备安全投产条件和预防灾难性事故的一个控制环节。在此过程中，项目和工厂人员通过现场实地检查和召集会议等形式，确认现场的安装符合设计的要求，并根据预先编制的检查清单，确定清单中哪些检查项必须在投产前(或投产后)完成，并安排具体的负责人按照商定的时间表及时完成。

投产前安全检查工作由一个有组织的小组来执行，通常由项目经理或工厂经理负责组建该小组。小组的成员及规模需要根据项目的具体情况而定。

第六章 操 作 程 序

操作程序为操作人员提供准确、完整和清晰的指南，它是预防工艺安全事故的一个重要环节，可以在很大程度上帮助我们避免或减少人为因素相关的工艺安全事故。

1 引言

完整准确的书面操作程序是安全、高效操作工艺系统的指导性文件。一方面它确保操作人员按照经过批准的、准确的和统一的标准来完成所有的操作，另一方面，在编写操作程序的过程中，必须对工艺过程进行仔细的分析，有利于加深对工艺系统的理解和认识，使生产操作和维修更加安全与合理。使用有效的操作程序，除了有利于实现安全生产，还可以提高产品质量、减少不必要的停车和降低成本。

我们通常采用多重的保护措施或策略(称为保护层)来预防工艺安全事故，按照保护层的优先顺序，依次是本质安全、工程控制、行政控制和防护设备。应用操作程序属于通过行政控制途径来预防事故。不难看出，操作程序是预防工艺安全事故的一个重要环节，它虽然不像工艺设备那样具体和明显，但具有同样的重要性，应该像对待工艺设备(如泵、反应器、分离设备及安全装置)一样对待操作程序。

有效的操作程序能否保证不出现工艺安全事故？答案是否定的，因为它只是事故预防的多重保护层中的一个保护层。但是，它可以在很大程度上避免或减少与人为因素相关的工艺安全事故。

在本章中，先介绍一个与操作程序缺失相关的容器破裂事故和 OSHA PSM 对于操作程序的相关规定，然后举例说明有效的操作程序的基本特点。

2 事故案例(容器超压破裂事故)

2.1 发生事故的工艺系统

1998 年 3 月 4 日，在美国路易斯安娜州的一家天然气分离工厂，发生了一起灾难性的容器破裂与火灾事故，导致了 4 名工人死亡。

图 6-1 所示是该工厂的工艺流程简图。工厂接收来自油井(22-1)和(24-1)的产出物，采用连续工艺流程分离其中的原油和天然气。工艺系统包括一条 3.2km 长的输送管道、分离器、储罐和辅助设备。油井(22-1)和(24-1)与工厂的距离分别约为 82m 和 3.2km，输送管道连接油井与工厂的分配总管，来自油井的液体经由分配总管分别进入两套平行的工艺系统 A 与 B。

2.2 事故经过

1998 年 3 月 4 日，工厂计划启动新建成的工艺系统 A 以处理来自油井(24-1)的产出物。在投产之前，需要对系统 A 及与油井(24-1)相连的约 3.2km 长的输送管道进行置换，以排除系统内的空气。

操作人员利用油气井中带压的液体物料置换设备中的空气，置换出来的空气将通过储罐顶部敞开的手孔排出。

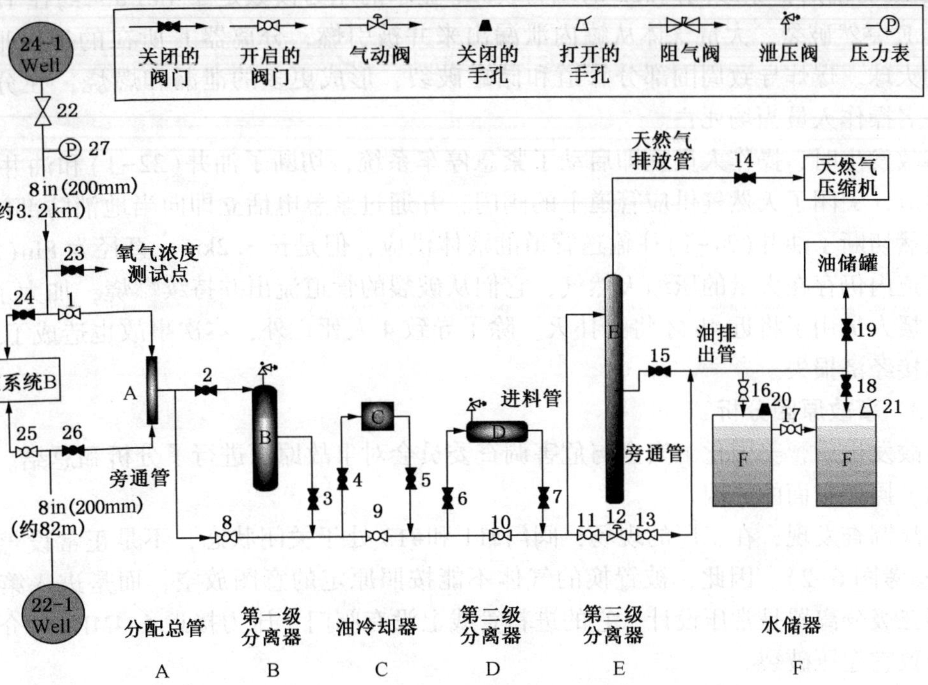

图 6-1　事故工厂的工艺流程简图(来源：CSB 事故调查报告)

请参考图 6-1。生产主管将系统 A 的置换分成两步完成：(1)用来自油气井(22-1)的液体置换系统 A 的工艺设备；(2)用油气井(24-1)来的液体置换上述长度为 3.2km 的输送管道。在完成第一步的置换工作后，操作人员准备用来自油气井(24-1)的液体置换输送管道内的空气。在置换开始前，操作人员需要开启和关闭一系列的阀门(阀门和手孔的编号不是工厂的实际编号，是为了表述方便另外加上的)：

(1) 从油气井(24-1)到系统 A 的分配总管：打开阀门#1；关闭阀门#23、#24 和#26；

(2) 绕过分离器和冷却器，从系统 A 的分配总管到储罐 F：打开阀门#8、#9、#10、#11、#12、#13 和#16；关闭阀门#2、#3、#4、#5、#6、#7、#14 和#15；

(3) 气体通过储罐后从其顶部的手孔排出：开阀门#17、手孔 21；关阀门#18、#19 和手孔 20。

其中阀门#12 是个气动调节阀，它根据第三级分离器的液位高低自动开或关。当分离器 E 中的液位较高时，阀门#12 就开启，让液体绕过分离器，此时调节阀上、下游的手动阀#11 和#13 也应该处在开启状态。

按照设想，在置换时，来自油井(24-1)的液体将流经 3.2km 长的输送管道，被置换的空气经过旁通管道和开启的储罐手孔排出。在开始置换前，至少需要手动开启或关闭 10 余个阀门。大部分的阀门都是带手柄的球阀，便于操作人员判断阀门的开或关的状态。

3 月 4 日早上，操作人员切断了阀门#12 的仪表空气，使它处于开启状态。当工程主管和操作人员完成其他阀门的开、关操作后，开始对输送管道进行置换。

17 时，操作人员开启阀门#22，液体物料(即气、油和水的混合物)开始流过上述 3.2km 长的输送管道。

在 18 时前后，紧跟阀门#22 的压力表#27 显示的压力读数是 5.4MPa。约在 18 时 15 分，分离器 E 突然破裂，大量气体从罐内泄漏出来并被引燃，分离器 E 所在的地方形成了一个巨大的火球。爆炸导致周围部分管道和储罐破裂，形成更多的泄漏和燃烧，在分离器 E 附近的 4 名操作人员当场死亡。

事故发生时，操作人员立即启动了紧急停车系统，切断了油井(22-1)和油井(24-1)的物料供应，关闭了天然气供应管道上的阀门，并通过紧急电话立即向当地消防部门求助。

虽然切断了油井(24-1)往输送管道的液体供应，但是长 3.2km、直径为 8in(200mm)的输送管道内仍存在大量的压缩天然气，它们从破裂的管道流出并持续燃烧，加大了灭火的难度。救援人员用了将近 4h 才将火扑灭。除了导致 4 人死亡外，本次事故也造成了约 20 万美元的直接经济损失。

2.3 事故原因分析

事故发生后，美国化工安全与危害调查委员会对事故原因进行了分析和总结。

(1) 操作方面的原因

事故调查发现，在工厂的现场，阀门#11 和#13 处于关闭状态，不是正常设想的开启状态(请参考图 6-2)。因此，被置换的气体不能按照原定的意图放空，而是进入第三级分离器。第三级分离器是常压设计，它的进料管线上没有阀门，压力接近 5.4MPa 的介质进入其中，导致它超压破裂。

操作程序　事故工厂没有编制开车程序、置换程序和分离器的操作程序。日常操作过程中，主要是由管理人员口头指导操作人员工作，操作方法和要求也都是由操作人员口授给新加入公司的操作人员。

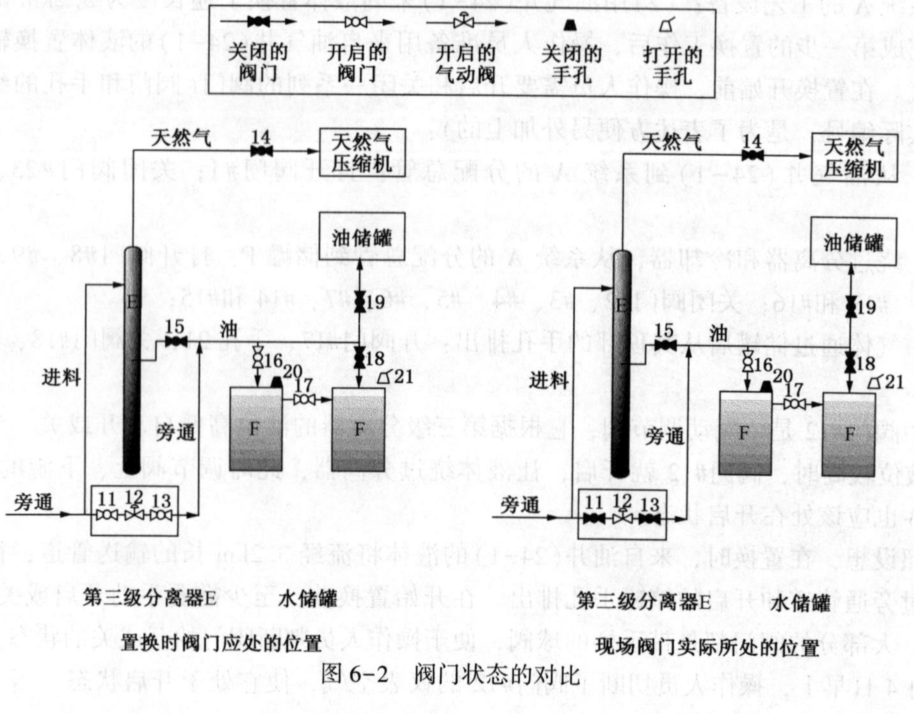

图 6-2　阀门状态的对比

员工培训　工厂没有结合工艺系统的特点对操作人员和承包商的员工进行安全培训，也没有岗位培训要求的评估制度，无法确保口头传达给新操作人员的信息是全面的和一致的。由于工厂没有书面的操作程序和工艺危害分析资料，错误的、不安全的或不完整的操作方法或程序可能在工人之间传达；此外，操作人员对所接受的信息或指令也可能缺乏必要的理解。

（2）设计方面的原因

第三级分离器由工厂的工程部和生产部设计，并在生产部的监督下完成安装。设计方面存在的缺陷也是导致本次事故的重要原因之一，对于可能暴露于高压下的设备（操作错误或设备故障等原因都可能导致超压），设备本身应该能够承受可能达到的最高压力，或者需要为设备设计、安装适当的泄压装置。在本案例中，假如分离器 E 有足够大的泄压装置，就可能避免本次事故。此外，对于可能超压的设备，通常要设计压力报警，该报警可以提醒操作人员及时采取应对措施或者及时撤离，本案中的分离器 E 没有上述报警功能。另外一个设计上的缺陷，是分离器 E 的进料管上没有阀门，不能将分离器 E 与高压源隔离。

设计审查：在本次事故发生前，工厂没有书面的管道仪表流程图，也没有进行过有效的工艺危害分析。在事故发生后，才编制了管道仪表流程图和完成工艺危害分析。如果事先对工艺装置进行危害分析，就有机会找出其中存在的危害、预计偏离正常工况时的后果（包括关错阀门的后果），并采取必要的改进措施。

（3）事故的根本原因

① 在设计和建造工艺装置时，没有经过正式的工程设计审查，也没有开展有效的危害分析。有效的危害分析能够预见偏离正常工况的情形及其后果，并及时采取必要的改进措施。如果进行危害分析，就可以预见到关错阀门造成分离器 E 超压的情形，并提议安装泄压装置或其他事故预防的措施。

② 工厂的工程设计规格要求不完善，对于可能暴露于高压下的设备，没有设计适当的泄压装置。

③ 没有向操作人员提供工艺系统开车和正常生产的书面操作程序，也没有对操作人员进行必要的培训。如果有书面操作程序（如置换操作程序），就可能帮助操作人员避免手动阀门的操作错误，防止本次事故。

3　PSM 对"操作程序"要素的规定

操作程序是 PSM 的一个独立的要素，它要求雇主编制书面的操作程序，为安全作业提供清晰的指南。操作程序至少应该说明以下几点：

（1）各个操作阶段的操作步骤

① 首次开车；

② 正常操作；

③ 临时操作；

④ 紧急停车（说明在什么情况下需要紧急停车，并指定合格的操作人员负责紧急停车工作，确保安全、及时地实现紧急停车）；

⑤ 应急操作；

⑥ 正常停车；

⑦ 大修完成后开车或者紧急停车后重新开车。

(2) 操作范围

① 偏离正常工况的后果；

② 纠正或防止偏离正常工况的步骤。

(3) 安全和健康相关的注意事项

① 工艺系统使用或储存的化学品的物性与危害；

② 防止暴露的必要措施，包括工程控制、行政管理和个人防护设备；

③ 发生身体接触或暴露后的对策；

④ 原料质量控制和危险化学品的储存量控制；

⑤ 任何特殊的或特有的危害。

(4) 安全系统及其功能

应该根据需要经常对操作程序进行审核，确保它们反映当前的操作状况，包括化学品、工艺技术、设备和设施的改变。雇主应该每年以书面形式确认操作程序是最新版本且内容准确。工厂还需要确保使用操作程序的员工能够容易地获得和使用它们。

为了控制操作过程中的危害，雇主还应该编制并落实安全作业准则，例如：能量隔离(上锁/挂牌)规定、受限空间进入规定、工艺设备开启规定、管路断开规定和进入工艺区域的控制等等。这些准则适用于所有的雇员和承包商的员工。

4 "操作程序"要素相关实践

由于不同的公司有各自不同的文件体系，为了便于理解，我们需要先对本书中所述的"操作程序"有一个统一的理解。

在流程工厂中，与工艺技术和生产操作密切相关的文件通常有工艺技术手册、操作程序和操作指令。工艺技术手册包括工艺技术的基础以及工艺安全的要求，操作程序的编写需要参考工艺技术手册；操作指令一般是在实际生产过程中，主管或经理要求操作人员完成的一些具体的操作细则，一般是主管或经理根据操作程序的要求而提出的。图 6-3 表达了它们之间的相互关系。

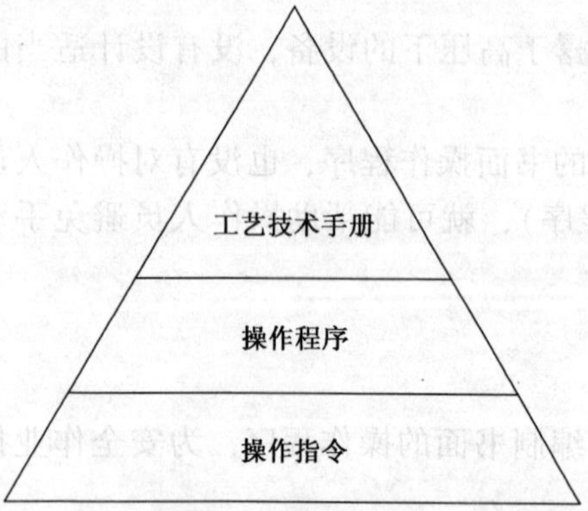

图 6-3　操作程序与工艺技术手册及操作指令之间的关系

4.1　操作程序的必要性

操作程序是指书面的操作指南，操作人员根据它们执行工艺系统相关的操作。正确使用操作程序有助于实现预期的操作意图，减少非正常工况，使工艺系统在设计要求的状态下稳定运行。

尽管很多人都认识到操作程序的某些价值，但是仍然有很多的工厂没有操作程序，或者虽然编制了操作程序但非常简单，疏于应用与更新。例如，不乏工厂将寥寥数行的操作程序用镜框装饰好挂在办公室或车间的墙上，这种做法的象征意义大于实际意义，我们需要改进这些做法。

有效的操作程序有助于保障生产安全、提高生产效率、提升经济效益、确保产品品质、积累生产经验、明确生产人员的职责和符合法律法规的要求。

(1) 保障生产安全

有文献报道，约超过 40%的工艺安全事故与操作错误相关(请注意，操作错误不能等同于操作人员的过失)。要减少操作错误，需要为操作人员提供有效的操作程序，并给予他们必要的培训，本章介绍的容器破裂事故也说明了这一点。

在生产过程中，如果主管或者经理出现错误，到实际操作时，还有机会由操作人员发现，并根据操作程序或他们的判断进行修正。反之，如果缺乏有效的操作程序或培训，操作人员出现错误时，就立即成为“现实”的错误，因为他们是最后的把关者。当然，操作人员出现错误的责任并不完全在于他们本身，其根源往往是管理系统存在某种缺陷。

有效的操作程序有助于排除操作人员“凭臆测工作”。它还包含必要的对操作人员的提醒和警示，帮助操作人员了解操作时可能面临的危害，采用正确的操作方法，从而减少人为因素相关的事故。

(2) 提高经济效益

工艺安全事故可能造成人员伤害或经济损失。经济损失主要表现为设备损坏、物料损耗、被迫停产或减产，以及其他间接的经济损失。有效的操作程序可以为所有操作人员提供统一的指南，有助于提高操作效率，实现新装置的顺利投产、减少运行时的故障率及避免不必要的停车，从而提高工厂的产量和产率，并降低单位产品的成本。

(3) 确保产品品质

根据操作程序进行操作，有助于将工艺系统稳定在期望的操作状态或范围内，更重要的是可以减少不必要的停车和重新开车的次数，使装置处于较稳定的运行状态，从而避免产品的品质波动，减少产生不合格产品的机会。

(4) 积累生产经验

在编写、批准书面操作程序时，需要充分研究工艺系统出现非正常工况时的情形与对策，这个过程可以帮助相关人员(特别是操作人员)系统思考如何安全、有效地操作工艺装置和设施，加深对工艺过程的认知与理解。

日程积累的生产经验与实践心得和本工厂或类似工厂的事故教训都可能适当地反映在操作程序当中，所以，操作程序也是积累生产经验的一种载体，有助于持续改进工厂的生产实践；它也是培训新聘用操作人员的重要参考资料。

(5) 明确生产人员的分工与职责

编写和使用操作程序，有利于在单位或组织内部明确分工与职责范围，特别是生产管理人员、生产操作人员和维修人员的职责。明确的职责也有利于不同班组的顺利交接班。

(6) 符合法规要求

编制和应用操作程序也是政府法律或法规的要求。在美国，OSHA 颁布的 PSM 明确将操作程序作为一个独立的要素，所有需要遵守 PSM 法规的工艺装置或工厂，都必须编制书面的操作程序，请参考本章第三节。我国的《安全生产法》也规定了生产经营单位的主要负责人需要负责组织制定本单位安全生产规章制度和操作程序，在《安全生产许可证条例》中也有类似的规定。

此外，获取 ISO9002 认证的企业需要按照认证的要求编制相关的程序文件，其中就包括操作程序。ISO 标准的这一要求主要是以保障质量为出发点的，对于工艺过程，保障质量和实现安全的活动其实是难以完全分割的。

4.2 有效的操作程序

什么样的操作程序才是有效的？每个工厂、每套工艺系统都各不相同，因此没有一个统一的、惟一正确的编写操作程序的标准，工厂需要根据自己的实际情况制定编写的标准。基本上，操作程序需要达到的目的是一致的，就是为操作人员提供清晰的指南，确保操作的安全性。通常，操作程序应该明确说明：操作人员需要完成的工作；需要保持的操作工况；重要的安全注意事项；关键的操作参数及它们的安全操作范围；超出安全操作范围的后果；应急情况下的正确处理步骤。

编写操作程序时，需要使用操作人员熟悉的语言，准确反映该如何完成操作过程，并且充分参考工艺、生产及维修等人员的意见。

在工艺装置正常运行的操作程序中，需要明确安全的操作范围和清楚地说明执行操作的各个步骤。

针对特殊情况的操作程序，如排除工艺系统故障的操作程序、应急操作程序等，需要预测可能出现的情形，为操作人员提供正确的解决办法。这类操作程序可以帮助缺乏相关经验的操作人员在尽可能短的时间内完成决策。

在编写操作程序时，需要综合考虑准确、易读和使用方便等各个方面。以下是编制操作程序可以参考和借鉴的一些方面：

（1）操作程序的标题要清晰。工厂通常有很多的操作程序，清晰的标题便于操作人员快速找到所需要的操作程序，特别是在紧急的情况下，可以节省操作人员的时间。例如："槽车卸硫酸"是不够具体和清晰的标题，工厂可能有好几个卸硫酸的地方；而"槽车往储罐TK-310卸硫酸"就比较清楚，它明确地告诉程序的用户，本操作程序适用于从槽车往储罐TK-310卸硫酸，而不是在其他位置卸硫酸。

（2）最好在操作程序每一页的页眉和/或页脚上记录操作程序的基本信息，如操作程序的编号、版本号、标题、生效日期、页码和总页数等等。如果公司规定定期对操作程序进行审查来确保其有效性，通常还可以包括下一次审查的日期(有些公司每年都对所有的操作程序进行一次审查，即使没有对它们进行修改也这么做，以确保它们的准确性和有效性)。这些基本信息可以帮助操作人员了解所使用的操作程序是否是最新的版本、有无残缺页。而且，从任何一页上都可以知道当前所使用的是哪一个操作程序，对于页数较多的操作程序，非常有必要这样做。

如页眉设置格式为：

装置名称　　　　程序名称　　　　　编号　　　　　版本号

页脚设置格式为：

批准日期：年　月　日　生效日期：　年　月　日　下次更新日期：　年　月　日

（3）操作程序的用途要明确。在操作程序文件的第一部分，通常会说明本操作程序的"用途"，它是用户首先读到的部分，也是用户决定是否使用该操作程序的依据。因此，应该简洁明了，以便用户作出正确的判断。例如，"用途：本操作程序说明如何重新启动反应器。"的表述就比较笼统，因为可能存在不同情况下启动反应器的操作程序。"用途：本操作程序说明在X系统热保持状态结束后，如何重新启动反应器R-210。"和"用途：本操作程序说明在工厂大修完成后，如何重新启动反应器R-210。"的表述更加明确，比较便于用户在选择操作程序时作出正确的判断。

（4）操作程序中通常包含“警告”、“提示”或“说明”，目的是为操作人员提供实现安全操作需要了解的一些潜在后果、信息或者解释。为了引起操作人员的重视，可以将这些内容用黑体字书写，或者写在方框内。在所有的操作程序中，“警告”、“提示”和“说明”在不同地方出现时，需要保持一致的格式。如果某个操作步骤存在较大的危害，则需要正好在该操作步骤之前，而不是之后，列出相关的“警告”、“提示”或“说明”。

以下的例子中，将“警告”的内容放在它对应的操作动作之后，操作人员容易忽视警告的内容，直接进行相关的操作。

a. 打开阀门 XV-600A。

b. 启动反应器的进料泵 P-600A。警告：启动反应器进料泵前应该检查喂料罐 D-600 内的物料固含率，确保不超出 45%，否则可能损坏反应器中的催化剂。

如果修改成下面的样子，将“警告”的内容放在一个框内，并且置于相关操作动作的之前，这样容易引起操作人员的注意，在执行相关操作之前先读到警告的内容。

a. 打开阀门 XV-600A。

> 警告
>
> 启动反应器进料泵前，应该检查喂料罐 D-600 内的物料固含率，确保不超出 45%，否则可能损坏反应器中的催化剂。

b. 启动反应器的进料泵 P-610A。

（5）通常，在“警告”、“提示”或“说明”中不应该包含操作的动作。反之，如果将操作动作包含在它们中间，就很可能被操作人员忽视。

以下的例子中，将“先检查罐内的温度 TI-220”这一操作动作放在“警告”的内容里面，操作人员很容易忽视这一步骤。

a. 选择正确的取样瓶并完成标识。

> 警告
>
> 阀门 AI-220 出来的工艺物料温度可能较高，容易烫伤。在取样前，先检查罐内的温度 TI-220，确定温度低于 60℃才取样。

b. 轻轻开启取样阀门 AI-220，等待 30s，然后取样。

如果像下面这样，将“检查罐内的温度 AI-220，确定温度低于 60℃后才取样。”这一步骤独立列出来，就不容易被忽视了。

a. 选择正确的取样瓶并完成标识。

警告
阀门 AI-220 出来的工艺物料温度较高，容易烫伤。

b. 检查罐内的温度 AI-220，确定温度低于 60℃后才取样。

c. 轻轻开启取样阀门 AI-220，等待 30 秒，然后取样。

(6) 如果操作程序中的工作需要由两人或多人同时完成，最好明确各自的职责。以下的例子中，虽然将所有的操作动作都列了出来，但是由于需要不同的人来执行这些动作，分工不够清晰。

a. 打开储罐 D-210 入口阀 V-210A，并通知中控室 DCS 操作员。

b. 检查液位 LIC-210，达到 35%时，通知现场操作员启动泵 P-210。

c. 得到控制室操作人员确认后，打开泵 P-210 的入口阀门 V-210A，并启动该泵。

如果按照下列方式编写，各个操作人员的职责和操作任务会更加清晰。

现场操作员：
打开储罐 D-210 入口阀 V-210A，并通知中控室 DCS 操作员。
中控室 DCS 操作员：
检查液位 LIC-210，达到 35%时通知现场操作员启动泵 P-210。
现场操作员：
得到控制室操作人员确认后，打开泵 P-210 的入口阀门 V-210A，并启动该泵。

(7) 尽量利用设备、阀门或仪表的位号来明确相关的操作对象。在操作程序中，使用设备、阀门或仪表的名称时，有时容易出现混肴，而且操作人员通常对位号很熟悉，因此，在表述设备、阀门或仪表时，宜尽量使用它们的位号，有助于减少操作错误。例如“关闭进入分离器 A 的阀门、进入分离器 B 的阀门和进入分离器 C 的阀门。”就不如下列这样表述清楚：

关闭下列阀门：

a. 进入分离器 A 的阀门 V-111。

b. 进入分离器 B 的阀门 V-121。

c. 进入分离器 C 的阀门 V-131A 和 V-131B。

(8) 如果一个步骤涉及多个对象，最好醒目地将这些对象罗列出来，避免将它们隐藏在很长的句子或段落中。例如，下面这样表述虽然也可以，但是在操作过程中较容易发生遗漏。

a. 关闭反应器 R230 的出口阀门 V-230A、V-230B、XV-231、XV-234，开启反应器的入口阀门 V-232A、XV-233。

b. 开启氮气管道上的阀门 V-610。

如果改变成下列样子，则更加一目了然：

a. 关闭反应器 R230 的出口阀门：

- V-230A
- V-230B
- XV-231
- XV-234

b. 开启反应器的入口阀门：

- V-232A
- XV-233

c. 开启氮气管道上的阀门 V-610。

(9) 操作程序中通常包含操作参数的范围，需要清晰、明确并且定量地说明具体的范围，使用数字表达时，应该直接易懂，避免含糊不清，并且尽量减少操作人员的计算工作。例如，“正常操作期间，将反应器 R-230 的压力控制在(1±0.2)MPa 的范围内”，这样就要求操作人员对“(1±0.2)”进行计算。操作人员通常都比较繁忙，即使是容易的计算，也可能忙中出错。因此，如果写成“正常操作期间，将反应器 R-230 的压力控制在 0.8~1.2MPa 的范围内”会更好些，不但可以避免操作人员计算错误，也可以提高他们的工作效率。同样地，在下面的例子中，前者的表述不如后者的表述那么直接，在后者中，操作人员可以容易地根据公式完成计算，有助于减少计算错误。

往储罐内进料之前，先计算储罐内所剩余的有效的容积，计算时，需要用高液位(85%)对应的体积减去当前液位的体积。

往储罐内进料之前，先按照下列公式计算储罐内剩余的有效的容积：有效容积 = 32×(85%−x%)；x%为当前液位。

类似的例子，“结晶器 D-510 的出料(进入过滤机)的速度要适当”就不很明确，这里要求操作人员来判断到底什么样的速度才是适当的，不同的操作人员可能选择不同的操作速度；假如换成“结晶器 D-510 的出料(进入过滤机)的速度要适当，正常情况下应该在 45~55m^3/h 之间”就更加明确，容易确保不同操作人员和不同班组的操作具有一致性。

(10)对于关键的操作程序或操作步骤，如果需要操作人员在操作动作完成后进行确认，可以在操作程序中预留签名处请参考以下举例。在现场操作之前，操作人员可以打印或复印相关的操作程序。现场操作时，每完成一个步骤就在纸上签字，这样可以防止关键步骤发生遗漏，或者弄错操作顺序。

a. 关闭阀门 V-211。 ______________

b. 打开阀门 V-206，排尽管道内的物料。______________

c. 关闭阀门 V-206。 ________________

d. 开启阀门 V-301。 ________________

这种方法非常适合两人一起工作的、特别危险的操作过程，其中一个人负责操作，一个人负责再确认和签名记录。

(11) 工厂需要针对可能的紧急情形编制相关的应急操作程序。在应急情况下，操作人员压力较大，因此操作程序需要简单明了地说明应急操作的前提条件及应对措施。例如：

a. 如果原料输送管道中的温度低于20℃：启动输送泵 P-1141A。

b. 如果原料输送管道中的温度继续降低，且低于15℃：保持泵 P-1141A 继续运转；启用储罐 TK-1140 的蒸汽加热盘管。

(12) 在操作或维修程序的开始部分，通常需要包括一个“工具与特殊要求”栏目。如果在操作或维修过程中需要使用某些特殊的个人防护设备或特殊工具，最好在该栏目中列出来。这样可以避免在工作途中突然发现少了某种工具，被迫尴尬地中断工作，甚至影响后续作业的安全。

(13) 操作程序的共享。如果工厂有两套或多套同类工艺装置，可能存在共用一套操作程序的情况，在这种情况下，需要小心仔细地对比工艺系统，了解可能存在的差异。差别较大时，最好为各套装置编制独立的操作程序。

(14) 在操作程序文件中，尽量避免在操作步骤中参考其他程序的内容。如果只需要参考其他操作程序的一、两个步骤，最好将这些内容直接写在本程序中，以减少读者来回查找。

4.3 操作程序的管理

工厂会为工艺设备建立必要的维护、维修制度，对设备或设施进行变更时，会遵守变更管理相关的规定；同样的，对于操作程序，也需要进行必要的维护和管理，修改它们时也需要遵守变更管理的规定。因此，工厂需要建立操作程序管理制度，它明确如何有效地编制、审查、批准、使用、维护和控制各类操作程序。

各个工厂的操作程序管理办法可能不尽相同，具体的方法取决于工厂的实际情况，如可以获得的资源(包括技术资源、人力资源和行政支持)和相关工艺系统的风险状况。以下就一般的情况展开讨论。

(1) 操作程序的审查

工艺技术、设备和操作方法的改变都可能要求修改操作程序，为了确保操作程序的准确性并满足当前生产操作的需要，有必要在批准新编制的或修订的操作程序之前，对它们进行审查。有些工厂推行“同级审查”制度，实际效果不错，具体做法是某人编制了新的操作程序或修改了现有操作程序后，由同事们对这些操作程序进行审查。审查通常由一个小组来完成，由小组组长负责组织生产、维修、技术和安全等相关专业人员一起对操作程序进行讨论，并将讨论的结果反馈给操作程序编写者或修订者。程序的编写者或修订者也可以参与同级审查的讨论，这样有助于在讨论时获得更多背景资料。此外，需要对所有的操作程序进行定期检查，通常每年检查一次，以确保它们的有效性。

(2) 操作程序的使用

需要培训操作人员，帮助他们掌握如何正确使用操作程序，并且让他们意识到操作程序的要求是强制性的！如果操作人员认为其中某项内容不正确，或者有更好的操作方法，在对操作程序完成正式修改之前，仍然需要遵守原有的操作程序。

(3) 操作程序的获得

工厂需要确保操作人员容易地获得工作所需要的、最新版本的操作程序。为了便于现场使用，操作人员应该可以获得书面的操作程序。现在许多工厂将操作程序保存在工厂的局域网上，操作人员可以很方便地查阅，但是应该有相关的打印机，以便于操作人员随时打印出工作所需要的操作程序。

(4) 操作程序的控制

操作程序的管理制度需要明确如何编写、审查、批准、分发、获得、修改以及废除操作程序。其中很重要的一点是确保使用最新版本的操作程序，操作程序作废后需要盖“作废”章或予以销毁，并及时以新版本替代。工厂可以编制一个操作程序总表，其中包含所有操作程序的编号、名称、标题、所在工艺区域、版本号、批准日期(或生效日期)、下一次审查日期等等，这样可以便于掌握操作程序的当前状态，避免使用老版本的操作程序。当某个操作程序被废除后，不再将它对应的编号再分配给新的操作程序，以防混肴。

(5) 持续改进

操作程序管理制度本身也是一个程序文件，也应该满足程序文件的基本要求，包括生效前需要经过审查和批准。工厂可以根据操作程序的实际使用情况，回顾和改进操作程序的管理办法。持续改进的努力可以使操作程序管理制度更加符合实际需要。

第七章 培 训

操作人员的作业活动直接影响工艺设施的安全运转。除了基本的安全知识和安全意识外，更重要的是，他们需要熟悉自己岗位相关的工艺过程和操作程序，并且了解工艺系统存在的危害、危害可能导致的后果以及紧急情况下的正确应对措施。

1 引言

在某些事故发生之前，操作人员未及时发觉事故初期的端倪，或者虽然发现了问题，但不知如何应对或者采取了错误的应对措施。出现这些情况的一个重要原因，是他们事先没有获得必要的培训，对工艺技术、工艺设备以及自己的职责缺乏必要的认知。

有效的培训可以帮助员工认识工艺系统存在的危害和危害可能导致的后果，并且掌握正确的方法来避免事故或减轻事故发生时的后果。因此，培训是实现工艺设施安全生产运营的一个不可忽视的方面。

本章先讨论一个化学合成厂爆炸事故的调查结果和 PSM 的相关要求，然后重点讨论操作人员和维修人员的培训实践。

2 事故案例(某化学合成厂爆炸事故)

2000 年 3 月 27 日，某化学合成厂丁二烯反应失控，发生了一起爆炸事故。导致 1 人死亡，69 人受伤，引起的火灾还严重损毁了附近的储罐。

事故调查发现，当时丁二烯反应器处于停产状态并在接受清洗，工厂的操作和维修人员没有意识到丁二烯发生爆炸的潜在危害。在维修时，没有妥善隔离与丁二烯反应器相连的一个阀门，后来该阀门发生泄漏并引起了爆炸。

调查还发现，所有的工人都没有接受过丁二烯相关的操作程序培训。OSHA 派出的调查小组罗列了该工厂至少 50 项安全违规行为，并开出了约 250 万美元的罚单。简单介绍如下：

(1) 有 30 起违规操作，主要是工厂没有对操作人员进行必要的培训。对工厂处以 210 万美元罚款(每起违规处以 7 万美元罚款)。

(2) 有 4 起违反工艺安全管理法规、能量隔离与挂牌上锁规定的随意性操作。对工厂处以 28 万美元罚款(每起违规处以 7 万美元罚款)。

(3) 有 2 起重复违反工艺安全管理法规的操作(处以 7 万美元罚款)。

(4) 13 起严重违反各类政府标准的行为(处以 6.6 万美元罚款)。

(5) 1 起违规行为(处以 1000 美元罚款)。

OSHA 认为此次爆炸的一个主要原因是工人们缺乏安全使用丁二烯的培训和其他事故预防相关的培训。OSHA 在该地区的代表指出：“主要的违规行为是没有就丁二烯发生反应所产生的危害给予工人必要的培训。我们发现了 30 起证据证明工厂忽视了对操作人员和现场管理人员的培训……迹象表明，在这个特殊的车间，操作人员和现场管理人员的作业存在着许多不安全的地方，但他们并没有意识到这些问题，原因是他们事先没有接受过相关的培训。”

3 PSM 对“培训”要素的规定

培训是 OSHA PSM 中的一个独立要素。它对上岗培训、再培训和培训记录等方面提出了具体的要求：

(1) 上岗培训

在安排操作人员到一个新的工艺装置工作之前，需要安排他们参加工艺概况和相关操作程序的培训。培训内容应该包括作业任务相关的安全与健康危害、应急操作(包括停车)程序和安全作业程序等。

(2) 再培训

至少每三年需要对员工进行再培训。为了确保操作人员掌握当前的操作程序，必要时需增加再培训的频率，工厂应该选择适当的再培训频率。

(3) 培训记录

雇主应该确保每一位工艺操作员工都接受过培训，并且掌握了培训的内容。雇主应该保存培训记录，包括员工身份的识别(如姓名或编号)、培训日期以及考核员工培训效果的方法。

4 “培训”要素相关实践

4.1 培训管理

随着行业竞争的加剧，工艺流程工厂需要尽可能地提升竞争力。许多公司发现，提高生产力和增加利润最重要的方面不是机器设备，而是员工。美国培训与发展协会在 2000 年对 575 家美国本土企业进行的一项调查表明，对于员工培训投入较多的公司，单个员工创造的平均利润高于同类培训投入较少的企业。因此，越来越多的公司开始重视对员工的培训。

为了做好培训工作，工厂需要根据生产活动的特点建立书面的培训制度。培训制度应该是工厂管理系统的基本组成部分，它结合工厂的工艺特点选择合适的培训人员，向员工提供必要的培训。

工艺安全培训应该是总体培训计划的组成部分，它确保所有参与生产的员工了解工艺系统的危害，以及这些危害与他们所从事工作的相互关系，帮助他们采取正确的工作方式来避免工艺安全事故。在流程工厂中，工厂需要根据岗位的特点和在该岗位作业需要具备的技能，明确制订各个岗位的具体培训要求，编制、落实相应的培训计划，并且定期(半年或一年)对培训计划进行审查，根据岗位的变化适当进行调整。通常，工厂的各个岗位都有“岗位描述”文件，它说明该岗位人员胜任工作需要具备的基本知识、经验和技能，在编制各个岗位的培训计划时，可以参考“岗位描述”中的相关要求。

生产操作人员、维修人员和专业工程师都需要接受工艺安全相关的培训。他们的直接经理需要为他们拟定具体的培训计划，并且确保他们有条件、有时间参加并完成这些培训，从而获得安全操作和完成维修任务所必备的知识和技能。

在制订岗位培训计划时，需要考虑培训希望达到哪些方面的目的、每个培训科目包括哪些主要内容、培训内容与具体岗位对员工知识和技能的要求之间的关系是否紧密、培训所需要的时间以及进行培训的方式等等。

培训的目标要明确。能够度量的、明确的培训目标有助于员工通过培训达到期望的效果。培训结束后，员工应该能够根据培训目标，清楚地表述他们学到了哪些东西、是否达到了预期的效果。

培训管理制度还应包含培训反馈评估方法。在每次培训完成后，听取各方面的反馈意见，对参与培训的员工的表现、培训员的表现、培训科目本身和培训所采用的方式进行评估。据此，工厂管理层可以了解当前所推行的培训计划是否能满足安全生产的需要、是否具有较好的成本效益。反馈意见及对这些意见的评估可以作为改进和优化培训方案的依据。

工厂需要保存好所有员工的培训记录。记录的内容通常包括：参加培训的课程；授课人的姓名；参与培训的员工姓名；参与培训的员工的岗位；接受培训的日期；培训的考核记录；员工的签名。

保存培训记录也是培训管理工作的一个重要方面。看起来这是件不起眼的工作，但有多方面的意义，诸如：

(1) 有助于跟踪员工的培训情况，作为编制再培训计划的依据；

(2) 是评估员工绩效和安排员工提升、调换岗位的一项参考依据；

(3) 反映培训计划的执行情况，便于改进培训计划；

(4) 满足审计的需要，是接受内部或外部审计时可以出具的证据；

(5) 是符合法律、法规要求的重要证据。

工厂的培训制度还需要包含再培训的相关规定。通常至少每间隔三年需要对生产人员进行再培训，帮助他们了解在过去一段时间内工艺系统所发生的变化，并保持对工艺系统的熟悉程度。工厂也可以根据工艺系统的复杂程度、员工的熟练程度和技能等因素确定再培训频率。假如工厂发生了事故或未遂事故，且事故调查表明，操作人员对于工艺系统缺乏足够的认识、未掌握相关的操作程序，或者存在人为操作错误，在这种情况下，就需要加强操作人员的再培训，并评估培训的效果。

此外，当工艺设施发生“变更”时，按照变更管理程序的要求，应该就“变更”的内容告知或培训操作人员及其他相关人员。

4.2 选择培训科目

有些工厂在员工培训上花费了很多的人力、物力和财力，但是没有达到预期的效果。原因可能是多方面的，较常见的一个重要原因，是所选择的培训科目缺乏针对性。因此，在编制培训计划时，有必要弄清楚到底需要为生产人员提供哪些方面的培训。

当生产人员表现不佳或出现安全事故时，人们会首先想到对生产人员进行培训，认为培训可以解决存在的问题。事实上，工艺安全培训涉及非常广泛的范畴和不同的深度，为了节约时间和费用，在安排培训之前，首先要问的问题是：是否有必要进行此项培训？在得出结论之前，需要先了解期望员工在生产操作过程中做些什么、员工当前是否具备完成岗位工作任务所需要的知识和技能、在哪些情况下员工可能出错。回答这些问题有助于决定需要为员工提供哪些培训科目。在决定某个岗位所需要的培训科目时，还有种比较好的方法，是对该岗位的工作特点进行分析，了解工作过程中面临的主要危害、员工需要具备的基本知识、紧急情况下做决定所需要具备的基本能力。此外，在确定培训科目时，还可以参考以下方面：

(1) 被培训员工的“岗位描述”文件；

(2) 员工现场作业的考核或考察情况；

(3) 本工厂或类似工厂的工艺安全事故教训；

(4) 其他类似工厂的培训材料；

(5) 员工们提出的培训要求。

培训应该有利于增长员工作业所需要的知识，以及帮助他们获得对于当前工作确实有用的能力。所以，除了明确需要哪些培训科目外，还需要甄别、去掉那些不必要的培训科目。

4.3 开展有效的培训

可以采取不同的形式对员工进行培训，如授课方式、放培训录像、通过网络提供培训、一对一的沟通、现场示范培训以及在监督指导下让接受培训的员工完成操作或维修任务等等，培训时还可以利用影像、图表、流程图和互联网等辅助手段。

除了课堂培训外，还需要安排员工熟悉工厂现场和实际动手操作。人们通常都厌倦坐在教室里接受没完没了的说教，假如能观看一些实际工作的演示，或安排员工参与某些现场工作，将课堂上所学的内容与工厂现场的实践相结合，就可以减轻对课堂培训的厌倦情绪，加深员工对实际工艺操作和安全作业的感性认识。

有些员工害怕在公众场合讲话，即使心中存在疑问也不愿意在大众面前提问。因此，在培训过程中需要提倡互动讨论、留出一些时间给员工提问，鼓励员工积极参与培训过程，分享他们的知识和专业技能。分组讨论是鼓励大家提问的一种好方法。培训员最好在课间休息或培训结束后留在现场，给予员工提问的机会，这样也有助于澄清员工心中的疑问。

培训员对培训效果起着非常重要的作用。可以由有经验的、合格的工程师为操作人员提供培训，也可以聘请专业咨询公司为员工提供某些专业性很强的培训课程。虽然形式多样，目标却是一致的，都是为了帮助员工获得必要的知识(如工艺系统的原理、操作方法、相关危害及其控制方法)和具备安全生产需要的技能(如故障排除的能力、应急操作能力)，从而达到预防重大工艺安全事故的目的。

培训后的跟进与反馈也在很大程度上影响培训的效果。培训不是一蹴而就的事情，而是一个过程。培训后，员工应该把所学到的知识和技能应用在实际工作中，否则培训付出的时间、金钱和努力就白白浪费了。据统计，培训刚结束时，员工能将培训获得的50%的知识与技能应用到实际工作中。如果没有跟进，六个月后，培训获得的75%的知识和技能将会被遗忘；一年后，员工只保留培训过程中所学知识和技能的10%~15%。所以，当员工离开培训现场时，培训的过程不应该就此终止，还应继续跟进、了解员工接受培训以后的工作情况，帮助员工巩固和运用培训中获取的知识和技能。培训后的跟进需要花费一些时间与努力，但它们是值得的。跟进的方法主要有：

(1) 在培训结束时，向员工分发相关的培训资料，它包含培训过程中讲授过的主要信息，员工可以拿回去仔细阅读并巩固所学的内容。

(2) 在员工接受培训后一周左右，对每一个参加培训的员工进行回访，或召集一个简短的复习课，请员工回顾培训中获得的主要概念和知识点，讨论如何在实际工作中应用这些概念和知识点，以及将它们应用到实际工作中所遇到的困难。这样做可以加深员工对所学内容的认识，帮助他们巩固所学内容，并尽量付诸实践。

(3) 在实际工作中继续对员工进行指导。包括观察员工的实际生产操作行为，向他们解释哪些方面做得好、哪些方面需要改进，并进行必要的示范。

(4) 鼓励正确的、安全的行为，在平时召开的例会上对符合安全准则的行为与做法予以鼓励和表扬，也可以提升培训的效果。

4.4 操作人员的培训

操作人员的培训是工厂防止人为错误事故的重要手段之一。将操作人员招聘进厂后，有些工厂只是安排员工完成简单的安全培训和生产培训，就立即安排他们上岗作业；还有些工厂仅仅让员工看几部录像，就算完成了安全和操作培训。这些简单的培训都不足以帮助操作人员掌握相关的工艺知识、熟悉操作程序和安全作业程序。如果没有完成必要的培训、对操作过程的异常工况及其危害缺乏充分的认识，操作人员出现错误操作，或者对某些事故发生前的异常工况缺乏足够的重视，都是可以预见的情理之中的事情，不能将这类错误简单地归结于操作人员的过失，它更多地是由管理系统的不完善所导致的。

操作人员的作业直接影响到工艺设施的安全运转。操作人员不但要接受基本的安全意识培训，掌握基本的安全知识和工厂的安全作业程序(如动火作业程序、受限空间作业程序、管路断开程序和应急反应程序等)，更重要的是，他们需要熟悉本岗位相关的工艺过程、操作程序，并且了解工艺系统存在的危害、在生产过程中可能出现的不良后果以及紧急情况下的应对措施。

工厂需要委派有经验的培训人员对新加入工厂的操作人员进行系统的培训。表 7–1 是工艺操作人员培训计划的一个简单例子。

表 7–1　操作人员培训计划

项　目	内　容						
培训单位	工　厂	车　间			班　组		
培训阶段	入厂培训	岗位培训(课堂)	岗位培训(现场)				
培训内容	(1) 入厂安全教育 (2) 工艺基础知识(根据情况决定)	(1) 安全作业程序 (2) 工艺概况 (3) 主要工艺危害 (4) 操作手册 (5) 操作程序 (6) 应急操作程序 (7) 仿真模拟操作(根据条件决定) (8) 主要工艺安全要素	(1) 参观工厂 (2) 现场演示培训： ① 安全作业程序的执行过程 ② 现场操作 ③ 故障排除	车间培训考核	在指导下进行现场操作实践	班组实习考核	按规定接受定期再培训

入厂后，操作人员需要和其他工种的人员一道接受入厂安全教育，包括了解基本的安全要求、安全作业程序和管理制度。如果操作人员缺乏工艺背景知识，还需要在这个阶段安排他们学习必要的工艺基础知识，如生产过程中涉及的单元操作的基础知识、仪表和自控的基础知识等等。

正式参与生产活动以前，操作人员通常需要在车间(或由各个车间统一组织)接受相当长时间的培训，一般为数周或数月，取决于工厂工艺系统的复杂程度和岗位的具体要求。这个阶段的培训分为课堂培训和岗位培训。课堂培训主要帮助操作人员熟悉工艺系统、了解工艺系统中存在的危害及其控制方法、掌握操作程序和其他安全作业程序以及工艺安全管理的一些规定，如变更管理、应急反应等等。条件允许的话，可以让操作人员进行仿真模拟操作，这样做非常有助于他们熟悉操作方法和增强自信心。课堂以外，可以带领操作人员参观工厂，向他们演示正确的操作方法和排除故障的方法；还可以安排他们熟悉安全作业程序的执行过程，例如实际观察动火作业许可证签发的过程。在完成车间培训后，需要对操作人员进行考核，考核合格后才可以让他们开始现场的操作实践。

现场的操作实践实际上不完全属于培训的过程，它是培训和实际工作的过渡阶段，更像是培训的跟进阶段。在此期间，新加入的操作人员进入班组，由有经验的操作人员带领他们一起完成实际的操作任务。比较好的形式是一个有经验的人指导一个或几个(最多不超过三个为宜)新加入的操作人员。这个过程一般可能经历几周或数月，之后，通过考核，他们就可以独立承担生产操作任务了。

此后，操作人员还需要根据工厂的规定，定期接受再培训。

4.5　维修人员的培训

表7-2是维修人员培训计划的一个例子。与操作人员一样，维修人员也需要接受基本的安全培训，特别是安全作业程序的培训。不同的地方是，维修人员只需要对工艺系统的危害有一些基本的了解。与操作人员需要熟练掌握工艺操作程序一样，维修人员需要熟练地掌握工厂的维修程序。

表7-2　维修人员的培训计划

项目	内　容						
培训单位	工　厂	车　间			班　组		
培训阶段	入厂培训	岗位培训(课堂)	岗位培训(现场)				
培训内容	入厂安全教育	(1) 安全作业程序 (2) 工艺概况 (3) 主要工艺危害 (4) 维修手册 (5) 维修程序 (6) 主要工艺安全要素	(1) 参观工厂 (2) 现场演示培训：安全作业程序的执行过程和现场维修作业	车间培训考核	在指导下进行维修作业实践	班组实习考核	按规定接受定期再培训

4.6　对培训员的要求

工厂通常会委派有经验的工程师或资深的操作人员为新员工提供系统的培训。培训员本身的知识和经验以及授课能力对培训的效果会产生重大的影响，选择称职的培训员是培训成功与否的一个重要前提。通常，对培训员有下列基本要求：

(1) 书面和口头的沟通能力。这是培训员应该具备的基本能力，培训员还应该熟悉操作和维修人员的常用术语。

(2) 经验与技术能力。培训员在所培训科目方面需要有一定的知识或实践经验。

(3) 从事培训的意愿。培训员要乐于向其他员工传授、交流相关科目的知识或技能，包括分享个人在这方面的知识和经验。

工厂应该有书面的程序，明确说明担任培训员的资质要求。根据该程序，应该能够非常明确地判断某人是否适合为其他生产员工提供某个方面的培训。

4.7　培训制度和培训计划的持续改进

工厂相关领导需要定期对员工接受培训的效果进行评估，包括考察员工通过培训获得的知识、技能以及在实际生产活动中运用这些知识和技能的情况。如果发现员工通过培训后，并没有获得必要的知识或预期的技能，工厂需要对培训制度或相关的培训计划进行必要的审查、改进。在落实改进措施的过程中，需要就参考受训员工和培训员的意见。

第八章　机械完整性

工艺设备的一项重要功能是“妥善容纳工艺物料”，它们的机械完整性是预防工艺安全事故的物质基础。工厂需要建立必要的“机械完整性”管理制度，管理工艺设备的制造、安装以及预防性维修等各个方面。

1　引言

工艺安全事故最基本的表现形式是“泄漏”。如果工艺系统能够“容纳”工艺物料，防止工艺物料非受控地从储罐、工艺设备或管道系统中泄漏出来，就不会造成灾难性的后果。因此，防止工艺物料或能量的意外“泄漏”是预防工艺安全事故的基本出发点。

工艺设备(包括管道)的机械完整性是实现工艺安全的物质基础。为了防止泄漏，我们在设计阶段开展危害分析，探讨可能出现的各种非正常工况，以及它们成为现实情形时可能导致的后果。在进行危害分析时，我们假设了一个前提，即当工艺系统处于设计的正常工况范围以内时，就认为它是安全的。例如，当某个压力容器的实际操作压力处在正常操作压力范围以内时，就认为它不会出现超压破裂和发生泄漏，但是，这种假设的前提是该压力容器处于完好的状态，如果是一个严重腐蚀的容器，即使处在设计压力范围内的某个压力状态下，也可能出现超压破裂并导致物料泄漏。

显然，工艺设备的机械完整性是实现“妥善容纳工艺物料”的基础，要避免因工艺物料泄漏而导致灾难性的工艺安全事故，工艺设备本身应该具有设计所要求的机械完整性。

为了实现工艺设备的机械完整性，工厂需要建立一套书面的“机械完整性”管理制度，确保工艺设备的制造、安装、操作和维护维修符合设计意图，并满足设计规格的要求。这套管理制度通常包括若干程序文件，内容涉及工艺设备的制造、安装和预防性维修等方面。

本章先介绍一起因管道破裂而导致的爆炸事故，然后说明 OSHA PSM 对机械完整性要素的基本要求，以及如何在制造、安装和预防性维修等阶段确保工艺设备的机械完整性。

2　事故案例(炼油厂管道破裂导致的爆炸事故)

2001 年 4 月 16 日，英国某炼油厂的一条气体管道突然破裂，导致了一起严重的爆炸与火灾事故。本次事故没有导致人员伤亡，但它极可能造成非常严重的后果，包括重大的人员伤亡(平时约有 800 人在工厂内工作，事故发生当天只有 185 人，而且大部分人都在室内工作)。

本次事故给工厂造成了重大的财产损失，炼油厂被迫停车数周；英国政府也给予了该工厂约 350 万人民币罚款。

2.1　发生事故的工艺装置

发生事故的炼油厂有一系列生产单元，包括一套饱和气体装置，它的功能是分离烃类产品。本次事故就发生在该饱和气体装置。

请参考图 8-1，饱和气体装置包括三座精馏塔，其中精馏塔 W-413 是脱乙烷塔。在该塔中，甲烷、乙烷和丙烷等从液相中分离出来进入塔顶(这些物料都易燃)。塔顶蒸气进入冷凝器 X-452 和 X-453，部分蒸气被冷凝，不凝蒸气进入炼油厂的燃料气系统。

连接脱乙烷塔 W-413 与冷凝器 X-452/X-453 的工艺管道 P4363 有一条支管，通过该支管往管道 P4363 中注水，以溶解工艺介质中的盐类和氢氧化物，以防它们在系统内沉淀堵塞管道。

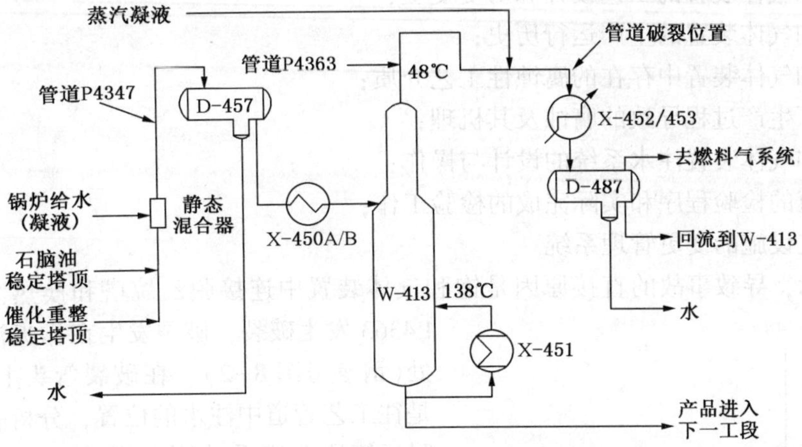

图 8-1　饱和气体装置工艺流程简图

2.2　事故描述

事故发生在 2001 年 4 月 16 日。当天早晨，饱和气体装置的操作一切正常，中央控制室没有接收到特别重要的报警。大约在 14 时 20 分，饱和气体装置中直径 6in(150mm)的管道 P4363 突然破裂，释放出大量易燃蒸气，其中 90%是乙烷、丙烷和丁烷。大约 20~30s 后，蒸气云被引燃，随即发生强烈爆炸，并引起火灾。

发生初次爆炸 10~15min 后(约在 14 时 35 分)，又陆续发生新的泄漏，泄漏的物料被点燃，火势越来越大，形成高约 35~45m、宽 30m 的燃烧带，并向稳定塔和周围其他塔器蔓延。着火期间，高温导致一系列压力管道破裂，泄漏了大量的可燃物，形成了一个大火球和若干小火球。

直到 21 时 01 分，火才被扑灭。在灭火期间，救援人员一直保留缓冲进料罐 D-457 燃烧，以燃尽系统内的可燃气体，直到第二天火才熄灭。

在本次事故中，共泄漏了约 180t 易燃物料和半吨多硫化氢气体。其中约 80t 易燃物料是从饱和气体装置泄漏的(包括 65t 气体和 15t 液体)，另外的 100t 物料来自遭受破坏的上游和下游管道。

本次事故严重破坏了饱和气体装置。幸亏当时没有人处在约长 175m 宽 80m 的蒸气云范围内。距离爆炸中心约 400m 以外的一处建筑物也遭到严重破坏，当时其中没有人，否则很可能导致严重的伤亡事故。其他临近的生产装置也遭受了较严重的损坏，事故发生后，炼油厂停产数周才恢复生产。

事故还对以爆炸地点为中心的一公里范围内的居民住房及商业设施造成了大面积的损坏，共有 370 处损坏报告，主要是建筑物的窗玻璃破碎、天花板和墙被震裂。事后共接到了 71 例来自工厂和社区的伤害事故报告。

2.3 事故原因调查

（1）注水点的操作与影响

事故发生后，除了严格控制进入事故现场以保护相关证据外，工厂还充分评估了重建和恢复生产等活动可能存在的风险，以确保事故现场的安全，防止发生新的事故。

英国政府组成了一个调查小组对事故相关的技术、管理和组织等方面开展了一系列调查和分析，调查小组对下列方面进行了调查：

（1）饱和气体装置的工艺设计和历史变更；

（2）饱和气体装置的生产运行历史；

（3）饱和气体装置中存在的腐蚀性工艺介质；

（4）工厂生产过程导致的腐蚀及其机理；

（5）饱和气体装置注水系统的设计与操作；

（6）管道的检验程序和实际完成的检验工作；

（7）工艺设施的变更管理系统。

调查显示，导致事故的直接原因是饱和气体装置中连接脱乙烷塔和换热器之间的管道 P4363 发生破裂，破裂发生在靠近注水点的弯头处（请参考图 8-2）。在破裂弯头上游 670mm 处是往工艺管道中注水的位置，分析表明，弯头及附近管段曾遭受冲刷和腐蚀，管壁厚度明显变薄，从最初约 8mm 变成了约 0.3mm，不能再承受管道内的压力而破裂；破裂口几乎相当于管子本身的截面积，以至于在短时间内泄漏大量工艺物料（请参考图 8-3）。

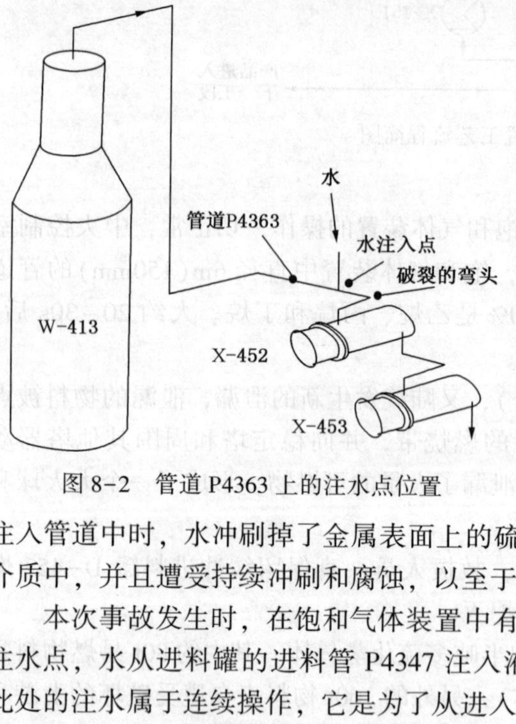

图 8-2　管道 P4363 上的注水点位置

对破裂管道进行的冶金学分析表明，管道壁厚变薄与注水点位置及水进入管道后的流动路径有关。没有被腐蚀的管道内壁附着一层黑色的硫化亚铁，这层自然形成的“被动的”保护层使得碳钢管材免遭进一步的腐蚀。但是，当持续将水注入管道中时，水冲刷掉了金属表面上的硫化亚铁“保护层”，管道的金属本体暴露于腐蚀介质中，并且遭受持续冲刷和腐蚀，以至于日渐变薄。

本次事故发生时，在饱和气体装置中有两处注水点（请参考图 8-1）。一是最初设计的注水点，水从进料罐的进料管 P4347 注入液相，此处的注水属于连续操作，它是为了从进入工艺系统的物料中，消除某些已知的腐蚀剂；另一处注水点位于本次事故相关的管道 P4363 上。

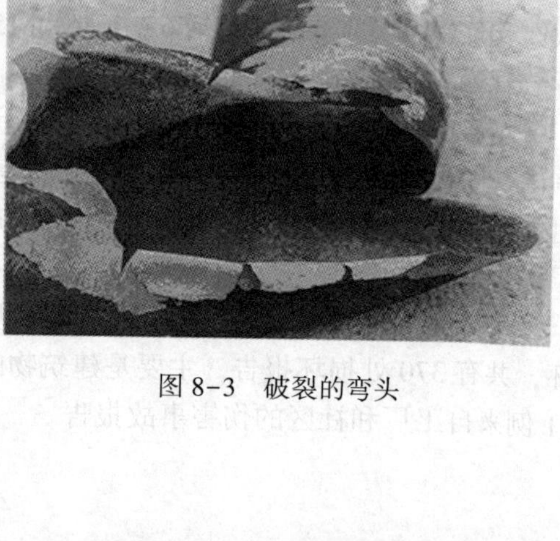
图 8-3　破裂的弯头

最初的设计中没有管道 P4363 上的注水点，在饱和气体装置投产后不久，进料管 P4347 注水点的操作未达到预期的效果，盐类和氢氧化物开始在换热器 X-452 和 X-453 中累计并出现堵塞。大约在 1981 年 11 月，在气相管道 P4363 上增加了这一新的注水点。水从管道 P4363 上原有的一个放空管进入工艺管道，注水管的末端没有扩散装置，水呈自由流动的状态进入管道，进水点的下游670mm处就是本次事故中破裂的弯头(请参考图8-2)。

管道P4363注水点没有设计文件和安装记录，但有证据显示，从1980年起到1995年，持续从该处往管道内注水操作。在1995年，决定只是间隙地从此处往管道内注水，这一改变也没有遵守变更管理程序，没有对水注入管道可能造成的腐蚀情况进行必要的分析。在2000年至2001年间，此注水点恢复了连续注水操作。通过放空点将水连续注入管道，形成了潜在的腐蚀环境，是导致管道破裂的主要因素之一。

在工厂生产人员看来，利用现成的放空点往管道内注水，属于"临时的解决方案"，它是解决工艺管道堵塞的权宜之计。可能是出于这样的考虑，工厂没有对此"改变"执行变更管理程序，否则在对变更部分进行审查时，工程师们可能会考虑到注水操作对管道的影响，从而采取必要的措施避免本次事故。

(2) 腐蚀情况检查

工厂可以运用目测检查、超声波检查和X射线拍片等多种方法对在用管道的状态进行检查。较早以前，该炼油厂对换热器X-452和X-453进行常规检查时，发现饱和气体装置的顶部存在腐蚀问题，在1994年更换了上述换热器。

1992年，总公司技术顾问组建议该炼油厂留意注水位置附近的碳钢管道的腐蚀情况，防腐工程师对工厂的连续注水装置进行过检查，但是位于管道P4363上的注水装置及其附近的管道未列入检查之列，原因是当时认为它已经停用了。

由于后来在管道P4347的注水位置发现了腐蚀情况，1994年工厂对管道P4363的注水位置也进行过腐蚀检查，但是，该次检查没有包括本次事故中破裂的弯头。检查发现管道P4363局部存在腐蚀，并在检查报告中建议，增加对该处管道腐蚀检查的频率，以便根据腐蚀情况决定是否停止继续在该处注水，而且建议保留安装在该处的脚手架，以便今后检查之用。但是工厂管理人员忽视了报告中的这一重要细节。

1996年，工厂开展过一次管道检查。此前安装在P4363管道注水处的脚手架已经拆除，不能靠近该注水点，加上工厂的检查小组认为该注水点早已经被取消了(事实上正在使用)，不再存在磨蚀和腐蚀的问题，因此没有对该注水点及相关的管道进行检查。1996年以后，再没有对该段管道进行过检查；而在过去的20年中，本次事故中破裂的弯头从未接受过检查。

2.4 事故教训

(1) 管道检查

该工厂没有建立有效的管理系统，以确保对饱和气体装置的管道系统进行必要的检查。工厂也没有将其他工段获得的知识和经验，运用于饱和气体装置的管道检查。按常理，在长期的生产运营过程中，工厂早就应该将涉及本次事故的管道纳入检查项目数据库内，并实施有效的跟踪检查。

对于危险性较大的管道，需要建立有效的管道检查制度来预防管道破裂事故。对管道系统进行检验时，可以参考现行的工业标准或好的实践经验；此外，参考以往的检查结果或检查报告，有助于确定对设备进行检查的合理频率。

(2) 变更管理

本案例中，设计和安装管道P4363上的注水装置没有遵守"变更管理程序"，没有进行危害分析。如果根据变更管理程序的要求对注水装置进行危害分析，完全可能认识到注水操作对下游管道的腐蚀影响。"连续注水"是影响腐蚀程度的一个重要因素，工厂没有合理区分该注水装置的“连续使用”和“临时使用”，在切换两种操作方式时，也没有把它们作为“变更”来对待。

严格遵守变更管理程序是预防重大事故的基础工作；而且，工厂开车期间或新工厂运行初期实施的“临时解决方案”，同样需要遵守变更管理程序。

(3) 腐蚀的控制

事故工厂没有全面的腐蚀控制计划，因此难以预防类似管道 P4363 破裂的事故。工厂虽然采取了一些积极的措施，例如指定专职的防腐工程师，通过取样和安装腐蚀挂片等方法监测工艺管道的腐蚀情况，但是，这些活动获得的一些数据和结果却被忽视了，获得的数据也不充分。

工厂需要建立全面、系统的腐蚀控制计划，通过执行该计划，收集必要的腐蚀数据，并严格落实适当的防腐措施，才能有效避免工艺系统的腐蚀破坏和灾难性的泄漏事故。

3 PSM 对“机械完整性”要素的规定

OSHA 认为，关键工艺设备的机械完整性对于预防工艺安全事故至关重要，因此，需要确保关键设备的正确设计、安装和操作。

(1) 适用范围

工艺安全管理规定适用于下列工艺设备：压力容器和储罐；管道系统(包括阀门等管件)；泄压系统、放空系统及装置；紧急停车系统；控制系统(包括监视设备、传感器、报警和联锁等)；泵。

(2) 书面程序

雇主应该编制书面的程序并予以落实，确保工艺设备持续的机械完整性。

(3) 维修活动相关的培训

雇主需要对每一个从事工艺设备维修的雇员进行培训，培训内容应包括工艺系统的概述、工艺系统存在的危害和相关的作业程序，以确保员工安全地完成作业任务。

(4) 检验和测试

检验和测试是确保工艺设备完整性的重要途径，应做到以下几点：

① 需要对工艺设备进行检验和测试；

② 需要按照普遍认可的良好的工程实践经验编制检验和测试程序；

③ 工艺设备的检验和测试频率要符合制造商的建议和良好的工程实践经验，必要时需要根据运营经验增加检验和测试的频率；

④ 雇主应以文件的形式，保存所有工艺设备的检验或测试记录，该文件应包括：检验或测试日期、负责执行检验或测试的人员姓名、设备编号或其他可以识别设备的描述、对检验或测试过程的描述、检验或测试的结果。

(5) 设备缺陷

如果设备存在不可接受的缺陷，继续使用该设备之前，雇主需要对它们进行修复，或及时采取其他必要的安全措施。

(6) 质量保证

在建造新的工艺装置和设备时，雇主应该确保工艺设备满足工艺的要求。通过适当的检查和检验，确保按照设计规格和制造商提供的指南正确安装设备。

雇主还需要确保使用的维修材料、备品备件以及设备符合工艺要求。

4 “机械完整性”要素相关实践

化工和石化行业采用各种工艺设备来储存、输送、处理和控制危险工艺物料。工艺设备是工艺装置的主体，它们不但承担完成具体工艺过程的功能，也发挥“容纳”的作用，不让工艺物料和能量进入工艺系统以外的空间，从而避免发生工艺安全事故。

但是，在化工和石化工厂里的许多工艺过程涉及高温(或低温)、高压(或真空)和腐蚀性工艺介质，某些工艺设备如压缩机操作时还存在振动，有时工厂的周围环境也对设备存在某种不可忽视的影响，如建造在海边的工厂，气候可能加速设备的腐蚀。对于工艺设备而言，这些都是不利的因素，随着时间推移，它们会导致设备腐蚀、故障甚至解体，不但不能实现工艺设计所期望的功能，而且可能带来灾难性的工艺物料泄漏或能量释放。

工艺设备的机械完整性对于生产和安全的意义已经不言而喻了。接下来的问题是如何实现它，以确保我们拥有实现工艺安全的物质基础。

工艺设备本身经历着设计、制造、安装、操作、维修和报废等阶段，相应地，实现机械完整性的工作也应该贯穿这些阶段，即设备的整个生命周期。确保工艺设备的机械完整性是一项系统工作，需要由工程设计、施工、生产和维修等不同专业的部门共同来完成。

实现工艺设备机械完整性的前提是了解设备在设计、安装和维修等方面的要求，它们通常包含在设备相关的书面规格文件和相关的图纸中。因此，文件的编制、审阅和控制也是实现机械完整性的一个重要方面。

4.1 新设备的制造

关键设备的制造通常由制造商完成，也有少数工厂选择自己加工。无论采用哪种方式，都需要建立质量管理系统，来保证设备的制造符合设计规格的要求，包括设备的建造材质、尺寸、焊接和装配质量等等。

在新设备开始制造之前，需要考察制造商的质量保证系统，工厂(设备用户)可以要求制造商强化质量保证的某些环节，并委派代表参与关键加工步骤的监制。

在开始设备制造之前，需要明确一些具体的事项，如无损检测的要求、制造人员的资质(如对焊工资质的要求)、哪些关键步骤需要有设备用户代表参与监制等等。

在设备制造过程中，需要切实做好加工过程中的检测或测试，它们是保证质量的重要环节。常见的检测或测试方法有：建造材质的试验、焊缝 X 光拍片检查或采用其他方法的无损检测、水压试验或气压试验、尺寸和公差的检查等等。这些检验和测试都需要有书面的记录文件。

4.2 现场安装

工艺设备的安装也会影响它们的机械完整性。在安装设备时，通常由安装工程承包商制订安装方法和标准；对于关键工艺设备，还需要认真考虑制造商的意见和安装指南。

工厂需要建立适当的管理方法确保设备的现场安装符合设备设计规格的要求和制造商提出的安装指南。在安装过程中，委派有相关经验的人员现场目击设备安装的各个步骤，确保承包商按照正确的方法实施设备安装、检验或测试，并符合设计规格的要求和能够安全投入运行。

在安装过程中误用其他规格材料的现象时有发生，例如，不同材质的管道和弯头就很容易误用。误用低规格的建造材质可能给工艺设备的机械完整性埋下隐患。因此，需要采取必要的管理手段，确保在安装过程中，根据设计要求使用规格正确的管道材料、阀门、垫片和油类等等，防止误用其他的建造材质。

在安装过程中也需要进行某些检验和测试，如设备基础的混凝土强度测试、X射线探伤拍片检查、水压(或气压)试验、泄压装置的校验、仪表和控制回路的功能测试、火灾气体报警系统测试、紧急停车系统的功能测试和接地系统的测试等等。

检验和测试完成后，工厂需要妥善保存完整的书面报告。

4.3 预防性维修

工厂通过建立、落实预防性维修制度，对关键的工艺设备进行有计划的测试和检验，可以尽早识别工艺设备存在的缺陷，并及时进行修复或替换，以防止小缺陷或小故障演变成灾难性的物料泄漏和酿成严重的工艺安全事故。

以下是一些预防性维护和维修活动的例子：

① 检验压力容器和储罐；

② 校验安全阀；

③ 清理阻火器；

④ 更换爆破片；

⑤ 更换泵的密封件；

⑥ 更换软管和膨胀节；

⑦ 测试消防水系统；

⑧ 对换热器管程测厚或进行压力试验；

⑨ 对可燃气体监测报警系统进行功能测试；

⑩ 对紧急切断阀进行功能测试；

⑪ 监测压缩机的振动状况；

⑫ 对电气设备进行测温分析；

⑬ 进行关键报警和联锁的功能测试。

在编制预防性维修制度时，需要事先获得相关工艺设备的信息资料。获得这些信息资料的一个重要途径是参考工厂的设计手册。它通常包括设备的规格、数据表、相关的计算书和详细的设备图纸，有时还包括工艺危害分析过程中提出的关于设备制造、安装等方面的改进意见。从设计手册中，可以了解到关于设备检验和测试的要求，以及安全操作的范围等等。

落实预防性维修制度，是实现机械完整性的重要保障，也是许多工厂在执行工艺安全管理时觉得颇具挑战性的一项工作。预防性维修制度的落实通常涉及下列几个方面：

① 关键设备清单；

② 检验和测试的频率；

③ 维修程序；

④ 记录文件。

(1) 关键设备清单

利用有限的人力、物力和时间来实现工艺设备的机械完整性是一件具有挑战性的工作。我们不能够面面俱到，需要重点突出地确保那些关键设备的完整性。因此，有必要将工厂所有的设备进行分类，列出需要接受预防性维修的那些关键设备来。分类完成后会得到一张关键设备清单；进一步，还可以根据设备的不同情况，将清单中的设备分成不同的优先等级，如一类、二类和三类。等级对应于相关设备的重要性，不同等级设备的维护和维修要求也各不相同，例如，不同类别的设备对应不同的检验和测试频率。

一般情况下，可以从设备出现故障时可能导致的风险大小来判断该设备是否应该列入关键设备清单，同时也考虑设备所涉及工艺介质的特点(如腐蚀性)和设备内在的可靠性。在进行工艺危害分析时，如果危害分析小组觉得某台设备、某个调节阀门或仪表对于工艺安全非常重要，也可以建议将它列入关键设备清单，以便通过定期检验或检测来提高它的可靠性。

不同的工厂因工艺特点不同，编制出来的关键设备清单一定是不同的。通常我们会考虑将下列设备列入关键设备清单，不同工厂可以根据自身的特点进行增减：

安全系统。包括：安全阀、爆破片或其他泄压装置；重要的放空系统；关键报警和联锁；紧急控制阀；接地系统和避雷系统；重要的通风系统；火灾报警监测系统；消防水系统和消防泡沫系统。

机械设备。包括：转动设备(泵、压缩机、搅拌器、过滤机、干燥机、输送机等等)；静设备(压力容器、储罐、塔、热交换器等等)；工艺管道；长途输送管道。

电气设备。包括：电动机及其控制；输、配电设备；重要用电设备(如重要的照明设施)；不间断电源(UPS)。

仪表与控制系统。包括：重要指示仪表和变送器；紧急停车系统；调节阀；DCS 或 PLC 控制系统；其他控制和测量仪表。

(2) 检验和测试频率

工厂常见的检验或测试方法有目视检查、超声波测厚、红外线扫描、测声法、X 射线拍片探伤、磁粉测试、液体渗透试验、液(水)压试验、气压试验、振动分析、磁通量测试、泄漏检测法、漩涡电流法和回路开关测试法等等。

检验和测试的目的是确保那些对于工艺设备完整性有较大影响的设备、管道和工艺控制系统处于安全的可操作状态。在第一次投产前，需要对这些设备、管道和工艺控制系统进行全面的检验和测试。在工厂投产后，还需要定期对它们进行检验或测试。

工厂需要建立书面的检验和测试程序，规定具体工艺设备的检验和测试方法、合格标准和测试频率。在确定某个具体工艺设备的检验和测试频率时，需要考虑下列因素：

① 涉及的工艺介质和工艺条件；

② 可能存在的腐蚀程度；

③ 工艺系统温度与压力的变化范围和周期；

④ 以往类似设备的运行经验和教训；

⑤ 人员暴露时存在的危害；

⑥ 相关的法律、法规和标准的要求。

还可以参考制造商的数据、本工厂的生产经验(包括事故教训)估计设备或仪表出现故障的平均运行时间，这是影响设备或仪表的检验与测试频率的一个重要参考因素。

假如缺乏参考依据和经验，可以先选择较保守的检验和测试频率，今后根据检验或测试的结果对它进行必要的调整。

此外，对于规范或标准有明确规定的设备(如压力容器和安全阀)，需要采用不低于法规规定的检验和测试频率。

工厂可能会遇到某台设备需要频繁更换的情况(如处于腐蚀环境中的设备)，为了避免因该设备的意外故障而导致严重后果，在不改变工艺条件的情况下，通常可以采取两种方法来解决这个问题：一是增加检验或测试的频率；一是采用新设计，使用更高规格的设备材质。具体采用哪种方法，需要对设备以往维修的历史记录进行分析，了解设备出现故障的历史趋势，从而作出合理的决定。

(3) 维修程序

与操作人员依照操作程序进行生产操作一样，维修人员需要按照书面的维修程序来完成各项维修工作。有效的维修程序有助于保障生产安全、提高维修效率、积累维修经验和明确维修人员的职责。工厂还可以利用维修程序，对维修人员进行培训。

维修作业和工艺操作也存在密切的关系，编制维修程序时需要考虑到维修人员与操作人员之间的配合。在维修作业前，需要由操作人员负责对工艺系统进行必要的处理和准备(如能量隔离与置换)。在完成维修作业并准备启动系统前，需要检查经过维修的设备是否符合安全操作的条件，并且确认所有的阀门都在正确的位置、相关的联锁和报警都已经根据启动系统的需要激活了。关于如何编制有效的维修程序，请参考本书第六章的内容。

在应用维修程序开展维修作业的过程中，需要与其他安全作业程序密切配合。维修过程通常涉及打开工艺设备、断开工艺管道、动火作业、进入容器作业、开挖作业以及起重作业等等，因此在开展维修作业时，除了维修程序外，还需要遵守其他相关的安全作业程序，例如：

① 能量隔离(上锁/挂牌)程序；

② 管路断开作业程序；

③ 动火作业许可证制度；

④ 受限空间进入程序；

⑤ 动土作业程序(开挖前需要识别地下工艺管道和电缆等)；

⑥ 吊装作业程序(在运行设备的上方吊装失败有可能造成严重后果)。

此外，对工艺设备进行的维修项目往往涉及工艺系统的变更。多数情况下，维修作业本身就是某个变更项目的一个执行环节，在执行维修作业时，需要留意与变更管理程序的衔接。当从预防性维修角度出发提出对工艺设备进行替换或改变时，需要判断它是否属于变更，凡是属于变更的项目(即使是临时的项目)都需要严格遵守工厂的变更管理程序。可以参考本书第四章了解更多关于变更管理的内容。

在化工和石化行业，不乏因使用错误规格的建造材质而导致的严重工艺安全事故。与设备安装阶段一样，在预防性维修过程中，使用的材料和备品备件要纳入质量保证系统的管理。质量保证系统要有防止使用错误材质的措施，并且跟踪控制包括材料申请、采购、接收、储存和安装测试等环节在内的整个过程。

(4) 记录文件

除了维修程序、检验和测试程序等书面程序外，工厂还需要不断编制检验和测试的记录报告，并且将它们存档。这些记录文件需要说明检验或测试日期、负责执行检验或测试的人员姓名、设备编号或其他可以识别设备的描述、检验或测试的过程描述，以及检验或测试的结果等等。这些记录有助于今后进行工艺设备的可靠性分析，也是符合政府相关法规和标准的证据。

4.4 质量保证系统

这里所说的“质量保证”与产品质量保证或 ISO 所说的质量保证是不同的概念。它是指需要控制工艺设备的设计、采购、制造、安装和维修过程，并有相关的书面文件来确保工艺设备的设计、制造和安装符合设计规格和相关的工程标准或实践。

质量保证系统涵盖了设备设计、制造、安装和维修等各个阶段，是实现机械完整性的重要保障，它有助于确保工艺设备总是符合设计所要求的规格。

在设备制造过程中，工厂需要确认制造商有适当的质量保证系统，并且派人参与监督设备的关键制造步骤或环节。在此期间，任何针对设备设计规格的改变，都需要经过审查，并且有可能需要遵守变更管理程序。

在设备安装过程中，需要检查工程安装承包商是否安排合格的安装人员(特别是焊接人员)、是否按照正确的程序完成安装，以及是否有措施防止误用其他规格的材料，如法兰、弯头、阀门、垫片、螺栓、润滑油和焊条等等。项目完成后，工厂需要检查、接收设备的竣工图、压力容器的相关证书、施工材质的检验证书等等，并将它们妥善存档。

在设备维修过程中，也需要控制工艺设备的备品备件的采购、验收、仓库保管和使用，以防止使用错误的备品备件。

4.5 “机械完整性”相关的培训

为了实现工艺设备的完整性，工厂管理层需要安排参与这类工作的员工接受培训。通过培训，帮助员工增长相关知识，如：

了解开展维修作业所涉及的工艺系统的基本情况，包括存在的危害和维修过程中的正确应对措施。掌握“机械完整性”的作业指南程序，包括维修程序；熟悉与维修活动相关的其他安全作业程序，如动火作业程序，变更管理程序。

尤其需要加强检验和测试人员的培训，除了工厂培训外，他们通常还需要通过政府安排的培训和考试，并获取法规要求的资质。

为了落实培训，工厂可以为相关的员工建立书面的培训计划和再培训计划，并保存相关的培训记录。记录内容至少包括员工姓名、培训科目、培训日期和证明培训合格的文件等。如果承包商的员工参与工厂的检验或测试工作，他们也需要接受相同的培训。

4.6 设备报废和拆除

在某些工厂，工艺设备报废后，就把它们堆在厂区的空地上或者还留在生产线上。这样做可能带来某些危害，例如，对报废设备清洗不当或者没有正确隔离，都可能在操作和维修过程中发生意想不到的后果。因此，当工艺系统不再需要某个设备且将它报废时，就应该将它拆除并妥善处理掉。在这个过程中，需要严格执行正确的隔离和清洗程序。除了安全因素外，在拆除设备的过程中还需要考虑环保法规相关的要求。

4.7 安全泄压装置

在本章4.3节中列出了工厂常见的关键设备清单，由于篇幅的限制，不能对它们的机械完整性要求一一详细说明。在这些设备或装置中，安全泄压装置具有一定的特殊性，需要作一些专门的讨论。

(1) 安全泄压装置作用

安全泄压装置的作用是防止容器、设备或管道超压。为了避免工艺系统因超压破裂发生灾难性的泄漏，通常在泄压装置之前还有其他的保护层。让我们虚拟一个例子，对于有加热盘管的一个储罐，为了防止它超压，设计有压力指示和报警，当储罐超出正常压力时，报警会提醒操作人员干预，这是第一级保护层；如果压力继续升高，加热盘管的热源将由某个调节阀切断，这是第二级保护层；如果压力还在升高(可能有来自其他地方的高压源)，某个调节阀会打开将储罐内的物料释放到下游设备，这是第三级保护层；假如第三级保护层的调节阀失效没有正常开启，储罐内的压力仍然持续上升，此时储罐上防止超压的安全阀需要动作来保护储罐，防止储罐破裂和物料灾难性地泄漏出来。这只是一个例子，实际设计时到底需要有多少个保护层，需要根据具体的危害分析来决定。

从上面的例子可以看出，泄压装置是处于比较靠后的保护层。真正需要它发挥作用的机会并不多，除非相关的设计没有经过危害分析，在泄压装置之前缺乏其他必要的保护层。但是，当需要泄压装置发挥作用的时候，说明它所保护的对象已经处于压力异常的情形，此前的保护层都已经失效了。安全泄压装置是目前惟一剩下可以防止被保护设备超压的装置，如果泄压装置不能按照设计意图动作并将超压的工艺介质引至安全的地方，受保护的工艺设备就可能超压解体，导致工艺物料泄漏，甚至形成灾难性的事故。因此，对于减轻事故的后果而言，泄压装置有很重要的意义。

(2) 安全阀

安全阀和爆破片都是化工和石化工厂中常见的泄压装置。在工厂里也能见到其他超压保护装置，例如粉尘处理车间的泄压天花板。在这一节，我们只讨论普通的安全阀和爆破片。

在执行泄压装置的"机械完整性"程序时，工厂首先需要建立泄压装置的清单，可以用 Excel 或其他数据库文件制成简易的泄压装置一览表。表中通常需要包含该泄压装置(如安全阀)的基本信息，以便于掌握泄压装置的定期检查和校验的情况。

安全阀等泄压装置的检查和校验形式主要包括外表检查、在线校验和离线校验等。

① 外表检查。无论使用什么介质，工厂都需要定期对安全阀等泄压装置进行定期外表检查。检查时可以按照事先编制好的清单进行，查看是否存在明显的腐蚀和其他缺陷、安装是否正确、铭牌上标记的设定压力值、位号是否正确，以及上下游的管道是否被改变等等。如果没有铭牌或者铭牌不清楚，无法知道最近的校验日期，原则上需要重新校验或更换。

② 在线校验。对于某些工艺系统，为了不影响生产，有时需要对安全阀进行在线校验。在线校验本身不复杂，但通常需要操作人员协助完成。

③ 离线校验。将安全阀等泄压装置从工艺系统取出，送到有资质的测试机构或本工厂的维修车间(事先需要获得相关资质或许可)对安全阀等泄压装置进行性能测试。离线校验需要符合相关的测试程序或指南，校验人员或机构需要具备相关的资质。此外，在工厂到测试机构之间的运输途中，需要防止泄压装置损坏和混淆，如果同时送检多个安全阀或爆破片。需要有明显的标识和相关的文件。

安全阀的校验频率　根据我国《压力容器安全技术监察规程》的要求，安全阀一般每年至少应校验一次，这比很多国外的标准都严格。在设计安全阀的时候，需要考虑如何满足校验的要求，尤其是对于那些正常运行周期超过一年的装置。

(3) 截止阀

出于维修、安全阀校验或隔离等目的，有时候需要在安全阀的入口或出口安装截止阀(请参考图 8-4)。这种设计存在一个明显的缺点，即：一旦截止阀被误关闭，安全阀将失效，可能造成非常严重的后果。所以无论国内还是国外的相关标准，都不鼓励在安全阀的入口或出口安装截止阀；有些公司明确禁止这么做。为了解决这对矛盾，一种普遍的做法是把相关的截止阀设定为铅封开或锁开；也可以考虑采用备用安全阀的设计方案。由于铅封开的阀门仍然可以很容易地被改变，有些公司不允许使用铅封开，要求采用锁开。如果工厂存在这类锁开的截止阀，就需要建立一套严格的钥匙管理程序，该程序应该明确规定上锁、开锁和钥匙保管的要求。

图 8-4　安全阀入口处的截止阀

钥匙保管　除了泄压装置出、入口的截止阀需要上锁以外，工厂还有一些其他的阀门也可能需要上锁，如普通的常开阀和常关阀。这两种锁的管理办法是有差别的：对于普通的常开或常关阀，可以多把锁共用一把钥匙；但是，对于安全阀进、出口的锁开截止阀，对于每一把锁，应该只有一把钥匙可以打开它，并且它的钥匙要与一般的锁开阀或锁关阀的钥匙分开管理。可以把所有安全阀出、入口截止阀上锁的钥匙保存在专门的钥匙箱内，并采用编号或颜色标识来进行区分；钥匙箱本身的钥匙也要严格控制。也有些工厂在截止阀上锁后立即将钥匙毁掉，这样一来，只有将锁破坏掉才能开启该阀门。无论采用什么方式，出发点都是为了确保不要误将泄压装置的出、入口截止阀关闭。

工厂可以建立所有安全阀出、入口截止阀的清单，以便管理和维护。对于关键安全系统上的锁开截止阀，一般每三个月需要现场目视检查一次，对于普通的锁开截止阀，至少每个日历年检查一次，并保留相关的检查记录。设计安装截止阀时，需要考虑如何靠近它们，以方便对它们进行定期检查。

备用安全阀也是可以考虑的设计方案。一种方法是采用两个安全阀分别独立地为同一工艺设备提供超压保护；另一种方法是在双安全阀的入口处安装一个三通阀，这样可以省略安全阀入口处的截止阀。在双安全阀加三通阀的设计中，实际上起作用的只有一个安全阀，另外一个安全阀是起备用的作用，比较而言会增加一些投资成本。

(4) 爆破片

爆破片可以单独使用，有时也和安全阀配合使用，如对于腐蚀性介质或浆料介质，通常选择在安全阀入口处安装爆破片，并且在两者之间安装压力表或其他有压力指示功能的仪表，以便通过它们了解爆破片是否已经破裂。

对爆破片进行维修时，重要的是确保使用正确规格的爆破片。每个爆破片都应该有自己的数据表，包括编号、尺寸、在室温和在操作温度下的破裂压力、适用的流体等等，安装和检查时，应该核对铭牌是否与数据表相一致。

通常采用目视的方法检查爆破片，可以利用镜子或灯光观察大气一侧的腐蚀情况。如果能够进入受爆破片保护的设备(可能需要遵守受限空间的进入程序)，可以从设备的内侧检查爆破片是否有凹痕和损坏。

爆破片必须定期更换，为了方便地更换爆破片，有一种设计是将爆破片和两片可以拆卸的法兰装在一起，维修时将爆破片和法兰一起替换。这种方法给维修带来了方便，并且便于拆卸检查，但是容易将不同规格的爆破片混淆和出现误装的情况，因此在采用这种方法时需要慎重，并需要建立必要的行政控制程序。

(5) 相关问题

① 入口堵塞。对于工艺介质可能堵塞安全阀或爆破片入口处的情形，可以在它们的入口处设计必要的冲洗或吹扫，及时将进入该处的物料排除以避免积累和堵塞，还可以考虑将它们安装在不易被堵塞的地点，此外，需要加强检查，只要有机会进入容器，就争取对它们的入口处进行检查，掌握堵塞的状况。

② 变更。改变泄压装置时，例如重新设定起跳的压力值、更换不同规格的安全阀或爆破片、更换安装位置或者更改进出口管道等，都需要严格遵守工厂的变更管理程序，对变更的部分进行分析。这些改变都可能改变原有泄压装置的设计基础，造成设定压力值过高、泄放能力不足、出现堵塞或背压太大等问题。

③ 排出口。设计或改变泄压装置的排出口时，应该避免将它朝向作业区域或过道，以防止突然泄压造成人员伤害。对于有毒、易燃和可能导致窒息的蒸气或气体，应该将出口连接到安全的地方，例如洗涤塔入口或室外。

第九章　动火作业许可证

动火作业许可证制度是预防工艺安全事故的行政控制措施，它通过行政手段“拆除”着火三角形中“着火源”这条边，避免易燃或可燃物具备着火燃烧的条件。严格执行动火作业许可证制度，有助于避免在工艺区域内作业时发生重大工艺安全事故。

1　引言

火灾和爆炸是化工和石化行业常见的事故类型。我们都知道，发生着火的三个基本条件是存在可燃物、着火源以及与氧气(常见是空气)接触。图9-1是表达着火基本条件的三角形，如果能够“拆除”它的任何一条边，就可以阻止着火。

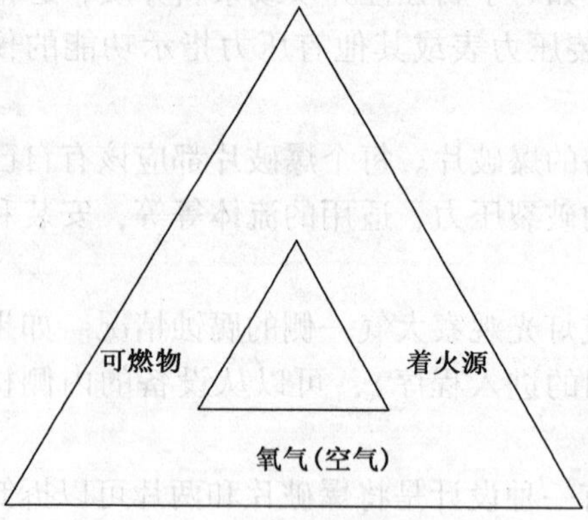

图9-1　着火三角

因为工艺的要求，工厂存在各种易燃或可燃工艺物料(以下简称可燃物)，这是通常难以避免的事实，防止火灾和爆炸的方法就剩下将氧气(空气)与可燃物隔离和消除着火源这两种途径。

在化工、石化工厂中，很多地方都存在着火源，因此，需要优先考虑将可燃物和空气隔离，避免它们接触形成爆炸性混合物。可燃物和空气可能接触的场所包括工艺系统内部和周围的大气空间。

在工艺系统内部发生着火事故的机会相对较少。原因是多数工艺装置都是在有压力的情况下运行，空气不容易进入其中与可燃物接触；对于空气可能进入的工艺系统，在很多工厂采用了氮气覆盖等措施，使系统内的氧气浓度低于可燃物燃烧的最低需氧浓度，从而防止在设备内形成爆炸性的混合物；此外，在投产之前也会仔细对系统进行置换等操作，将维修或停车期间进入系统的空气从系统内“赶”出来，防止它们与可燃的工艺介质接触。

较常见的事故是可燃物从工艺系统中泄漏出来，进入周围的大气空间，与空气混合形成爆炸性混合物(常见的存在形式是蒸气云)，处于爆炸范围内的蒸气云很容易被着火源引燃发生爆炸或火灾。因此，将可燃物与空气隔离的重点是防止它们从工艺系统泄漏到周围的大气中。可以运用本质安全策略、工程手段和行政控制来防止工艺介质发生泄漏。我们在工艺危害分析、变更管理等诸要素中讨论的管理措施，都是为了防止工艺介质泄漏。

如果控制泄漏的措施失效后该怎么办？我们能够做的就是“拆除”着火三角形的第三条边，也就是尽量消除着火源。

动火作业是工艺区域内常见的着火源。化工和石化行业陆续有关于动火作业过程中发生工艺安全事故的报道，通常的原因有：

(1) 工厂没有建立完善的动火作业制度，或者虽然有相关的制度，但在执行过程中违反这些制度的要求；

（2）在动火作业之前，没有认识到作业区域和作业本身所存在的危害；

（3）作业过程中缺乏有效的沟通。

按照有效的动火作业程序开展动火作业，是预防工艺区域火灾和爆炸事故的基本要求。OSHA 在其颁布的工艺安全管理规定中将动火作业许可证作为一个专门的要素，也足见动火作业许可证制度对于预防工艺安全事故的重要性。

在本章中，先介绍一起储罐爆炸事故，然后探讨在动火作业过程中，如何正确履行动火作业许可证制度来避免工艺安全事故。

2 事故案例(某炼油厂储罐爆炸事故)

1995 年 10 月 16 日 10 点左右，某公司位于美国宾夕法尼亚州的炼油厂发生了一起爆炸着火事故，导致 5 人死亡和重大的财产损失。

2.1 事故经过

发生事故的当天 7 时 40 分，工厂安全员签发了一份动火作业许可证，有效期限为：7 时 40 分至 15 时 30 分，作业任务是由两名员工焊接储罐 487 和储罐 488 的盘梯扶手；储罐 487 和 488 是污水储罐，其中储存有含烃污水。

在签发动火作业许可证之前，安全员查看过现场的情况，动火作业许可证要求：

（1）封闭两个储罐顶部的人孔，焊机尽可能靠近焊接作业点的位置；

（2）作业过程中必须有动火作业监护人在场(监护人接受过灭火器的相关培训，主要任务是及时扑灭由焊渣等引起的小火)；

（3）检测动火作业区域的可燃蒸气浓度；

（4）不得在储罐顶部进行焊接作业(人孔位于储罐的顶部)。

现场作业时，所有这些措施都得到了落实：

（1）动火作业准备就绪，包括在作业地点附近安置焊机，布置好焊机和接地电缆，固定盘梯的扶手，并在作业区域覆盖防火毯；

（2）在允许焊接作业时，工厂安全员检测过焊接作业区域的可燃蒸气浓度(没有检测到可燃气体)。

焊接作业时，一名焊工使用柴油焊机焊接储罐盘梯的扶手，另一名焊工担任动火作业监护人。约在 9 时 30 分，焊工和监护人短暂休息了一下，10 点钟重新开工时未能启动焊机，在两名工厂维修人员的帮助下在 10 时 10 分启动了焊机。

在 10 时 15 分，储罐 487 突然发生爆炸，不到一分钟，储罐 488 也发生了爆炸。据一名目击事故过程的员工称，当时火焰环绕储罐 487 的底部，并蔓延至罐顶，随即发生爆炸。爆炸时两个储罐的罐体与底部脱离并飞向空中，分别落在离开原位置约 6m 和 15m 处，罐内的物料完全泄漏并燃烧，波及整个炼油厂的大部分区域(请参考图 9-2)。

爆炸导致 5 人死亡(包括停在附近的一辆工具车内的两名承包商员工)，并引燃了事故区域内的储罐，包括一个储存 260m^3 石脑油的储罐和其他燃油罐。事故地点附近的管道、电缆和在建的石蜡装置都遭到了毁坏，造成了重大财产损失。

事故发生后，有效地启动了应急反应系统，紧急疏散了工厂员工、承包商员工和周围居民；有约 140 名消防员参与了救援工作，第二天凌晨 12 时 30 分大火才被扑灭。在本次事故发生的前一天，工厂与当地消防部门举行过联合消防演习，事实证明此次演习对于本次应急反应起了非常正面的作用。

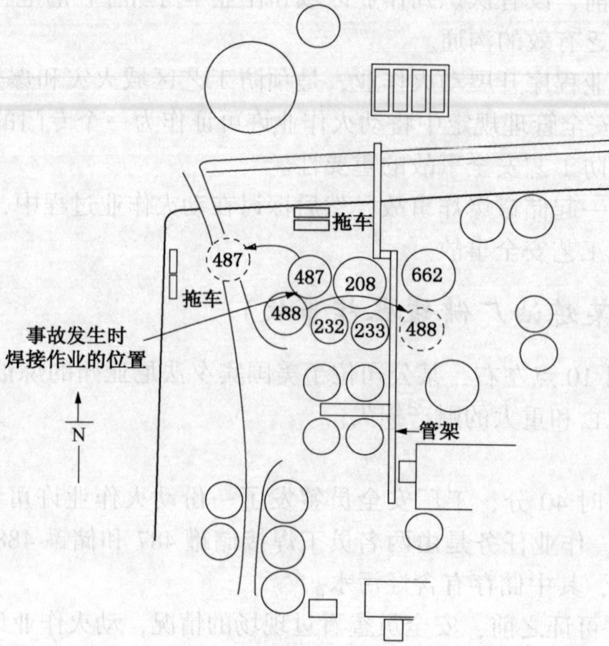

图 9-2 爆炸前后储罐 487 和储罐 488 的位置

2.2 事故原因及教训

储罐 487 与储罐 488 内分别有约 $380m^3$ 和 $440m^3$ 含烃污水，储罐内的烃主要来自工艺系统的排放、设备清洗和意外溢流，它的成分经常改变。在发生本次事故前几天，含有甲乙酮(易燃)的污水被送到了其中某一个储罐内。

(1) 着火源情况

可能的着火源有：焊接作业产生的高温焊渣；焊机的内燃机(没有安装阻火器)；接地电弧。其他可能的着火源还有：停放在事故现场附近的拖车(车上的电气装置和照明设备)；车辆。储罐附近有一条公路，停着承包商的车辆，并有其他车辆路过。

(2) 安全员没有检测到可燃气体的可能原因

在事故发生的当天早上，签发动火作业许可证之前，安全员在 7 时 40 分对动火作业的区域进行过可燃气体检测，但是没有检测到可燃气体。但是在发生事故时，现场存在可燃气体。造成这种情况的原因可能是：

① 在 7 时 40 分检测可燃气体时(太阳刚刚出来)，储罐内液体和蒸气都处于较低的温度。当环境温度升高后，储罐内液体和蒸气的温度升高，而且液体温度升高时的膨胀也使部分蒸气从储罐的开口处被“挤”出储罐，使得动火作业区域的可燃蒸气浓度上升至最低爆炸极限以上❶。

② 可能在检测之前没有正确标定可燃气体检测仪。

③ 可燃气体检测人员没有接受取样方法和气体检测程序的培训，可能错过存在可燃气体的区域，或者取样时间不足。

---

❶当时有甲乙酮存在于储罐内，它的最低爆炸极限是 $LEL=1.8\%$，最高爆炸极限是 $UEL=11.4\%$。

(3) 导致严重后果的因素

储罐 487 和储罐 488 内的易燃气体被点燃并发生爆炸时，造成事故严重后果的因素包括：

① 罐底部的焊缝遭受了腐蚀。储罐用来储存污水，通常水会聚集在其底部导致底部焊缝腐蚀，结果其强度不及顶部焊缝(按照正常的设计意图，顶部的焊缝应该较薄弱，发生超压时，罐顶与罐体分离，但罐体仍然“容纳”着工艺物料)。当储罐内压力升高时，罐顶与罐壁之间的焊缝没有优先断裂，相交底部焊缝先破裂，导致大量物料泄漏。

② 储罐 487 和储罐 488 没有围堰，缺乏二次容纳的能力，泄漏出的物料无限制地扩散。如果存在围堰，就能将泄漏的物料及燃烧限制在围堰范围内，或许可以避免波及其他储罐和设施。

③ 工具车停放在储罐区的附近，其中两名承包商员工在事故中丧生。如果它停靠在适当的地方，就可能避免不必要的人员伤亡。

(4) 事故原因分析

根据事故现场的证据，事故调查小组找出了以下可能导致事故的原因。

① 储罐的设计意图和实际使用不相符，且缺乏必要的维护：

a. 储罐 487 和储罐 488 的目的是储存污水，不适宜处理易燃物料，但是大量废弃的甲乙酮却储存在储罐 487 中。

b. 没有考虑围堰等二次容纳措施。

c. 储罐 487 和储罐 488 超压时，底部焊缝腐蚀严重，以至于先破裂(不清楚工厂是否执行定期检验和维护计划)。

② 动火作业准备工作不充分：

a. 没有彻底隔离焊接作业区域附近的可燃蒸气储罐(当时人孔、溢流阀和软管等都处于开启状态)。

b. 没有考虑焊接作业以外的其他着火源，例如，该区域内存在非防爆电气设备、没有阻火器的内燃机和静电等。

c. 可燃气体检测人员缺乏必要的培训，气体检测的程序和设备可能存在不足(此条为推测的原因，没有明显的证据证明这一点)。

③ 对于动火作业现场的环境条件变化缺乏足够的认知：

没有考虑到动火作业现场环境条件的改变对于安全的影响。随着环境温度升高，可燃蒸气很可能进入焊接现场。如果在重新开工之前重新进行气体检测，就可能发现环境条件改变所带来的不安全影响(作业现场的可燃蒸气浓度升高)。

④ 设备布置不合理：

没有考虑储罐区域行车道路的危害，并且将工具拖车等停放在储罐区内。保持储罐与道路之间适当的安全距离并加强车辆在储罐区域内的停放控制，都可以帮助消除着火源，减少事故发生时的人员伤亡。

(5) 调查小组提出的改进意见

针对事故发生的原因，调查小组提出了一系列改进意见或建议。

① 设备的设计及机械完整性：

工厂需要了解工艺设备的设计意图以及改变设计意图可能带来的危害。本案例中，尽管污水储罐通常只是接收化学品(油类)含量较低的污水，工厂仍然需要对工艺系统进行工艺危害分析，了解工艺过程中存在的危害及危害可能导致的后果，并采取适当的危害控制措施。如果进行工艺危害分析，就可能辨别出往储罐内存储大量可燃物料的情形，并采取必要的安全保障措施，诸如易燃蒸气的控制、着火源的控制和二次容纳等等。

② 动火作业管理：

a. 工厂需要建立动火作业管理办法或机制，在动火作业前，辨别出所有可燃物来源(如含有可燃蒸气储罐的人孔、放空点及放尽阀等)及着火源，并采取适当的安全控制措施。工厂可以编制检查清单，帮助员工在动火作业之前做好各项准备工作。

b. 分析以往的事故或未遂事故，从中吸取教训，并定期对动火作业的开展情况进行检查和审计。

③ 对作业环境改变的警觉：

a. 签发作业许可证的负责人，需要认识到作业环境改变对安全的影响。在本案例中，如果在重新作业之前再次检测可燃气体，就有可能检测出现场的可燃气体从而避免事故。对于动火作业和其他危险性大的作业(如进入受限空间作业)，可以考虑连续监测作业场所的可燃气体浓度。

b. 工厂还可以采用作业危害分析(Job Hazard Analysis)的方法识别作业过程中存在的危害，并采用必要的安全保障措施来控制危害。在进行作业危害分析时，需要考虑作业环境改变对作业安全的影响。

④ 现场布置：

a. 工艺危害分析时，除了工艺系统外，还需要分析设备布置的安全性及作业区域之间相互影响。工厂可以在工艺危害分析时结合相关的法规和标准，确保工艺设备之间足够的安全距离，并使车辆交通远离存在潜在危害的工艺系统。

b. 二次容纳(如罐区的围堰)有助于减轻局部工艺安全事故对工厂其他区域的影响，从而减轻事故后果。对于危害较大物料的储罐，需要考虑围堰等二次容纳手段。

3 PSM对“动火作业许可证”要素的规定

OSHA要求，在工艺区域或其附近进行动火作业时，必须事先签发许可证。许可证必须书面说明所采取的防火和灭火要求，并在动火作业时遵守这些要求。

许可证必须说明批准的日期和动火作业的对象。在动火作业完成之前，需要保留动火作业许可证。

4 “动火作业许可证”要素相关实践

4.1 关于作业许可证制度

在工艺区域内开展作业过程中发生的工艺安全事故，通常都有两个原因：一是没有在作业之前辨别出作业本身存在的危害及其后果；二是作业缺乏计划性并且没有采取必要的危害控制措施。

工厂需要适当控制在工艺区域内的非日常作业，辨别作业相关的危害并且与作业相关的人员进行必要的沟通。建立作业许可证制度是有效控制非日常作业的途径。化工、石化和类似的流程工厂，可以根据自己的特点建立符合实际情况的许可证制度，以确保在工艺区域内(或附近)安全地开展维修、改造等活动。

作业许可证制度包含一个事先约定的程序，它要求在开展某些作业之前，对作业过程中存在的危害进行分析(通常采用检查清单来完成分析)，并明确在作业之前及过程中需要采取哪些安全措施来消除或控制危害。

通常，作业许可证制度要求在开展某项作业之前，先填写、签发一个特殊的文件，即作业许可证，见表 9-1。作业人员需要填写作业许可证并且获得相关负责人的批准。书面的作业许可证是作业许可证制度的核心文件，它是在开展有潜在危害的作业之前，不同组织(生产部门、维修部门和承包商)之间交换安全信息的载体，也包含了在现场开展作业需要满足的基本安全要求；它的签发通常也标志着相关的工艺系统或设备，从一个组织(如生产部门)转移到另一个组织(如维修部门或承包商)。前者负责对相关的工艺系统或设备进行必要的处理和准备，如隔离和置换，以便后者能够安全、顺利地完成作业任务。

表 9-1　动火作业许可证

动火作业许可证					
1. 本许可证编号					
2. 本许可证覆盖的作业范围					
3. 本许可证的有效期限					
日期		生效时间		终止时间	
4. 作业情况描述(尽量附上平面布置图或工艺管道仪表流程图，用彩色笔标出作业范围)					
5. 动火作业申请未获批准					
□动火作业申请未获批准	预计的批准日期/时间				
动火作业申请没有获得批准的原因					
姓名		签名			
职务		日期		时间	
6. 动火作业申请获得批准(请参考本页的背面)					
□动火作业被批准	批准人已经对现场情况进行过了解，附件“动火作业安全要求”中的第 1、2、3 和 4 条已经落实，并且第 5 条的准备工作已经就绪，同意开展此项作业				
是否有关联作业许可证？ □ 是　　□ 否	与本许可证关联的许可证(请列出并检查是否相互冲突)				
本次动火作业需要注意的补充安全事项					
姓名		签名			
职务		日期		时间	
7. 作业完成和许可证终止					
□ 动火作业已经按照本许可证的要求完成，本许可证将存档					
日期		动火作业完成时间			
8. 本作业许可证的存档说明					
存档地点					
存档日期		存档人			
9. 附件					
□ 有(见表 9-2)		□ 无			

表 9-2 动火作业许可证附件

动火作业安全要求		
应急反应电话		
应急反应联系人		
作业人员是否了解应急反应程序	□是	□否
紧急撤离地点		
其他应急说明		

动火作业安全检查清单 （以下各项措施没有落实时，不得进行动火作业）		
安全要求	现场情况	
1. 检查作业现场		
（1）现场是否有喷淋系统（如果有，确保它已经处于良好的工作状态）	□是	□否
（2）是否已经清除或转移了动火作业区域的可燃性蒸气、液体或粉尘（如果可能）	□是	□否
（3）是否已经将曾经装过可燃性物质但没有经过清洗和置换的储罐/设备从动火作业区域移走（或已经将它们妥善隔离）	□是	□否
（4）动火作业是否只是局限于本许可证规定的区域	□是	□否
2. 安全保障措施		
（1）是否已经清扫了作业区域的地面，并移走了可燃性物质	□是	□否
（2）气体检测 检测的区域：________ 第一次检测的时间：________ □ 如果需要定期检测，频率是每隔（　　）小时检测一次 □ 需要进行连续检测		
（3）是否准备了足够的灭火器或消防软管，并已置于方便使用的地方	□是	□否
（4）如果周围工艺设备或容器会释放可燃物质，现有安全措施是否能消除火灾或爆炸	□是	□否
（5）如果是在受限空间内作业，是否满足受限空间的进入和作业条件（应该参考受限空间的进入和作业规定，逐项检查）	□是	□否
3. 如果作业时会产生火花，则需要同时满足以下条件		
（1）是否已经将可燃性物质移到了作业区域 11m 以外的地方	□是	□否
（2）是否用防火布覆盖不能从作业现场移走的可燃物质	□是	□否
（3）是否有措施防止火花通过孔和缝隙等途径进入设备及敞开的排水沟	□是	□否
（4）对于能将火花转移到远处的设备（如输送机），是否已经采取了安全措施	□是	□否
（5）是否有人负责监视作业现场产生的火花（防止火花进入作业区域周围而产生火灾，包括高出/低于作业区域的场所）	□是	□否
（6）是否用防火布覆盖靠近动火现场的重要设备和仪表（如不锈钢管、仪表盘等），以防止对它们的损坏	□是	□否
4. 是否检查过会产生火焰或火花的设备和工具，确保他们处于良好的可使用状态	□是	□否
5. 是否安排监护人员对作业现场进行巡视（包括作业场所以及高出/低于作业区域的场所；在作业的间歇期内也要保持巡视，直到作业结束后半小时为止）	□是	□否
如果有以上有任何一项选择是“否”，则不可以进行动火作业		

作业许可证的签发是事故预防的一个重要步骤。它的一个重要功能，是要求承担危险作业任务的人员，分析检查作业的各个步骤、执行作业过程中的危害、需要采取的安全措施以及所需的个人防护设备和作业设备等等。

工厂可以根据实际情况，规定在工厂范围内哪些类别的作业或在哪些区域内的作业需要事先获取作业许可证。例如受限空间内作业、管道断开作业、带电作业、吊装作业、动土作业和动火作业通常都需要遵守作业许可证制度。

4.2 动火作业许可证

动火作业是指电焊、气焊、机械打磨、热切割、加热和使用内燃机等可能产生火花、过热或燃烧的作业活动。动火作业的一个基本特征是存在或产生着火源，如果对工艺区域内的动火作业缺乏管理，就有更多的机会凑成“着火三角”，导致火灾和爆炸事故。

动火作业许可证是工厂作业许可证制度的重要组成部分，它具有普通作业许可证的基本特征，同时又有特殊性，它的目的是确保在安全的条件下执行工厂工艺区域内或其附近的动火作业，确保人员和设备的安全。

通常，在工艺区域内或其附近进行施工、维修或其他类似活动，如果可能形成着火源，为了防止发生火灾事故，就需要在动火作业之前取得动火作业许可证。在工艺区域内可能产生热、明火或火花的常见作业有：焊接作业；气割作业；燃烧；打磨；钻孔；使用移动式加热器；使用内燃机牵引的车辆或设备。

书面的动火作业许可证有助于提醒操作人员、维修人员、承包商对作业过程的危害进行分析，并及时、妥善采取必要的安全措施，例如：

(1) 辨别出需要将哪些可燃物转移到安全地点(如果能够做到)或采用防火覆盖；

(2) 采取覆盖或其他必要的安全措施，以防止火花通过容器的开口、缝隙、孔等进入工艺系统与可燃物质接触；

(3) 隔离(或停止)可能将火花传输至远处可燃物的输送设备或输送管道；

(4) 采取必要的措施，防止焊接时的热辐射和热传导将热能传送给可燃物；

(5) 准备好应对紧急情况的消防设备，例如消防水软管、灭火沙和灭火器等；

(6) 室内作业时，防止引燃建筑物(如地板、墙和天花板)和建筑物内的可燃物。

不同工厂的动火作业许可证制度可能有些差别，但都需要满足如下一些基本要求：

(1) 作业许可证和它的附件中所包含的信息应该明确和详细，包括动火作业涉及哪些设备或工艺单元、作业的内容和安全注意事项等等。

(2) 动火作业许可证要明确生效的日期和有效期。有效日期不能太长，一般为 8h 或一个轮班的工作时间，并且通常不超过 24h。当许可证过期失效后，如果还需要进行相同的工作，需要重新确认签发当前的许可证，或签发一份新的许可证。

(3) 在动火作业许可证中需要指明，许可证的持有人只能从事许可证所规定的工作，不得开展规定范围以外的其他工作。如果实际开展的工作和许可证批准的工作内容有出入，则需要取消当前的许可证，并签发一张新的许可证。

(4) 在作业许可证中需要指明，动火作业只能在指定的区域内进行。这项要求适用于所有的员工(包括管理层的员工)和任何承包商的员工。

(5) 许可证必须由相关的负责人批准和签名。通常要求维修主管(或承包商主管)、工艺区域主管和许可证签发负责人都批准和签名。

(6) 动火作业许可证通常至少有两份，一份给予负责执行现场作业的人，以便于开展工作和现场检查，一份保存在工厂生产人员或管理人员手中，一旦出现紧急情况，可以了解当前正在进行的作业及其危害。

(7) 如果因为某种原因中断作业，在继续开展作业之前，原有的作业许可证要作废，需要对作业现场重新进行检查并签发新的作业许可证。在交接班时，接班的班组可能要求重新进行气体检测或其他检查工作，才允许继续进行当前的作业。

签发动火作业许可证的负责人的基本职责为：

(1) 遵守安全作业的程序；

(2) 预测和辨别危害；

(3) 对作业现场进行实地检查，确认作业现场和相关设备满足开展作业的安全条件；

(4) 明确安全措施；

(5) 与获取许可证并承担作业任务的人进行必要的沟通；

(6) 签发动火作业许可证；

(7) 收回动火作业许可证。

作业负责人的基本职责为：

(1) 了解动火作业的相关程序；

(2) 理解具体动火作业的特点、方法和潜在的危害；

(3) 落实和遵守动火作业许可证所列明的安全注意事项；

(4) 确保动火作业设备的安全性；

(5) 作业完成后将动火作业许可证交回。

4.3 培训要求

负责签发动火作业许可证的负责人应该是有经验的员工，通过相关的培训并考核合格。相关的培训通常包括：

(1) 基本的工艺培训(熟悉工艺系统存在的危害)；

(2) 工厂的作业许可证制度；

(3) 能量隔离程序(包括上锁和挂牌的要求)；

(4) 个人防护设备和用品的使用方法；

(5) 消防系统及灭火程序；

(6) 受限空间的进入程序，包括作业场所大气检测的方法。

通常承包商员工没有机会与工厂员工一样接受全面的培训。但是，他们在从事动火作业之前，至少需要接受一些基本的培训，包括作业区域相关工艺系统的基本危害(特别是着火的危害)、动火作业的基本要求(包括动火作业许可证)、工厂安全作业程序和应急反应的基本要求等等。

这些培训可以是承包商员工培训的组成部分。工厂可以考虑采用录像等方法为承包商的员工提供培训，这种方式效果较好而且节省人力，即使是偶尔几个新到的承包商员工临时进入工厂作业，也可以及时安排他们培训。工厂需要保存承包商员工的培训记录，包括他们的姓名和培训科目等等。

4.4 文件存档

作业许可证管理系统是工厂总体安全管理系统的有机组成部分，动火作业管理属于工厂作业管理系统的一个重要组成部分。工厂需要保存各类作业许可证，包括动火作业许可证。推荐至少保存一年(尽管 OSHA PSM 只要求将它们保存到作业完成)。在接受作业许可证管理系统审计时，以往完成的动火作业许可证可以帮助审计人员了解系统的执行情况，也便于系统自身的改进。动火作业许可证也可以作为事故调查(包括未遂事故调查)时的证据。工厂还应该保存所有参与动火作业人员的培训记录。

第十章 承 包 商

> 无论从道德的层面还是从确保工厂安全运行的目标而言，我们都不希望见到在工厂内工作的任何人受到伤害，包括工厂员工和为工厂提供服务的承包商员工。

1 引言

承包商是指本工厂以外的公司或个人，他们根据相应的合同条款为工厂提供产品或服务。在本章中，“承包商”是指那些为工厂提供施工、维修和生产操作服务的公司或个人。

化工、石化及类似的流程工厂广泛地采用承包商的服务，这样做可以减少永久员工的数量并节省成本，而且对于大修和大型的改造项目，必须依靠承包商的支持。在享受承包商服务的同时，工厂也面临如何有效管理好承包商的问题。

有统计表明，与工厂的永久员工相比较，承包商员工往往涉及较高的事故率。承包商员工在作业过程中导致的工艺安全事故，不但给他们自身造成伤害，也往往给工厂和周围的社区造成灾难性的后果。例如，1984 年 12 月发生在印度博帕尔的毒气泄漏事故和 1989 年 10 月发生在美国休斯顿化工区的爆炸事故，都是承包商在作业过程中发生的、灾难性的工艺安全事故。

工厂需要支持和适当管理承包商，与他们一道实现可持续的安全生产。承包商的员工是工厂生产活动中的一个特殊群体，他们以特有的方式协助工厂完成生产目标，同时各个承包商不同的管理风格和企业文化，也对工厂提出了管理上的挑战。

2 事故案例(1989 年休斯顿化工区爆炸事故)

1989 年 10 月 23 日，在美国休斯顿化工区发生了一起严重的爆炸和着火事故。当时，约 38t 易燃物料快速泄漏到空气中，约在 2min 内被未知的着火源引燃，首次爆炸的当量为 2.4t TNT，碎片飞到了 10 公里以外的社区，当地地震中心录得了里氏 3.5 度的震感。

首次爆炸发生后约 10~15min，又发生了一系列爆炸。事故导致 23 人死亡(包括 2 名承包商员工和 21 名本厂员工)和 130 多人受伤。化工区内两套占地面积约 65000m^2 的聚乙烯装置被彻底破坏，财产损失达到 7.5 亿美元。

2.1 背景资料

发生事故的装置利用溶解在异丁烷中的乙烯气，在管式反应器中高温高压生产高密度聚乙烯；并将氢气等其他物料添加入工艺系统中对聚乙烯改性，以满足产品品质的要求。这些在高温和高压下混合的气体都是易燃物。

工艺系统包括一系列反应器，每个反应器的底部都有一个 Demco®球阀，反应产生的聚乙烯颗粒经过此球阀可以进入下料管(请参考图 10-1)。在 Demco®球阀下游有一个出料阀，将它打开时，物料就可以从下料管中放出。

反应器底部 Demco®球阀的作用是在维修时将反应器和下料管隔离，它靠仪表空气进行

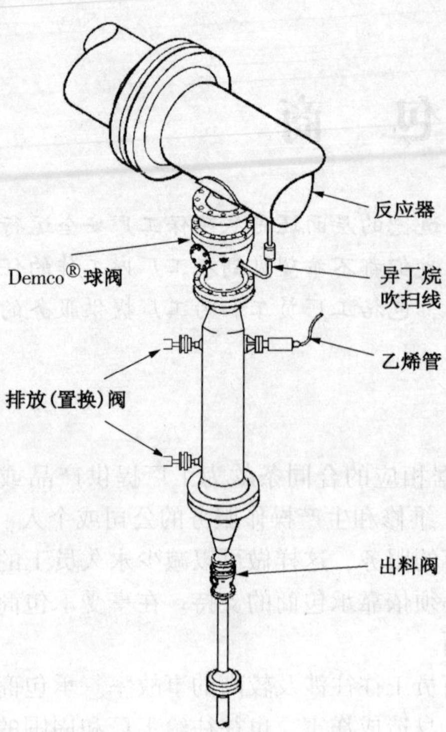

图 10-1　反应器示意图

开、关操作。当下料管或者出料阀出现堵塞需要清除时，就关闭 Demco®球阀，否则反应器内的物料就会直接泄漏进入空气中。维修程序要求在维修时或清除堵塞时关闭此阀门，使之处于锁关状态，并且明确要求拆除驱动该球阀的仪表空气管。但是，开启和关闭该球阀的仪表空气管道看起来一模一样，操作人员不容易区分它们。

2.2　爆炸经过和原因

本次事故的直接原因是易燃工艺介质(气体)发生泄漏，并迅速接触到着火源。

在发生事故之前，工厂需要清除堵塞在下料管中的固体聚乙烯颗粒。清除堵塞的作业任务由承包商承担。根据工厂的书面程序，在承包商开展作业之前，工厂的生产人员需要将反应器和下料管隔离，然后将系统移交给承包商。

在 10 月 22 日(星期天)，一名工厂生产人员完成了三条下料管的维修准备工作，包括将 Demco®球阀置于关闭位置并断开仪表空气(通过仪表空气可以开启此球阀)。一组承包商的员工开始清除反应器的下料管。清除了第一条下料管后，并没有发生事故；早上 8 时，开始清除第二条下料管，承包商员工部分拆除了下料管，并努力将堵塞的固体物料从下料管中弄出来，但是固体物料仍然堵塞在离 Demco®球阀约 300~450mm 处。在此期间，承包商员工曾离开现场去吃中午饭。吃完中午饭回来后，继续清除下料管中堵塞的固体物料，过了一会儿就出现了工艺介质泄漏。由于反应器内的压力较高，在不足一分钟的时间内，其中的工艺物料几乎都泄漏了出来，并形成蒸气云。约在 2min 后，蒸气云接触到着火源并被引燃，发生首次爆炸。约 10~15min后，一个 $75m^3$ 的异丁烷储罐发生爆炸，随后更多的反应器发生了爆炸。

事故发生后的调查表明，泄漏发生时，Demco®球阀处在开启状态。为 Demco®球阀提供仪表空气的软管接反了，软管的连接位置使得 Demco®球阀处于“开启”的位置；尽管现场阀门处于“开启”状态，而在中央控制室，显示的阀门状态却是“关闭”。

按照工业的实践准则，在发生事故的反应器下料管处，需要安装双阀或有盲板实现隔离，但是工厂没有采用这种设计，而是依赖特殊的作业程序来开展维修工作。此外，该系统还存在下列不安全的条件：

(1) Demco®球阀的执行机构没有可以上锁的装置，因此无法实现“锁关”；

(2) 尽管工厂的操作程序规定，在维修时不能将仪表空气软管接到阀门上，但是在现场没有任何物理限制可以阻止这么做，任何人随时都可以将仪表空气软管连接起来；

(3) 与仪表空气软管对应的两个“开”和“关”接头是一模一样的，当操作人员计划将阀门关闭时，如果接错，就可能使阀门实际上处于“开启”的状态；

(4) 仪表空气气源管道上的阀门都处于开启位置，只要仪表空气的软管连接上球阀，就可以通过 Demco®球阀的执行机构开启该球阀。

此外，工厂的建筑物与工艺设备之间的距离不够远，这是造成大量人员伤亡的原因之一，首次爆炸摧毁了控制室，造成严重的人员伤亡。

在发生爆炸时，爆炸碎片还击中了消防水管及临近的易燃物储罐，救援人员不能靠近相应的阀门阻止消防水泄漏(该阀门处在燃烧的火场中)，消防水压力不足影响了灭火工作。

OSHA 对事故进行了全面的调查，以下是调查中发现的一些主要问题。其实它们在许多工厂都普遍存在，在细读这些"发现"时，请对照我们自己工厂的实际情况，看看在哪些方面需要改进：

(1) 发生事故的工厂没有对工艺装置进行工艺危害分析，因此没有辨别出潜在的工艺危害和可能发生的设备故障及人员错误，也没有采取措施来消除或减少危害。在下料管和反应器之间只有一个 Demco®球阀，没有设置双阀；阀门执行机构与仪表空气软管的连接设计也不合理。

(2) 在聚乙烯装置的维修作业过程中，没有贯彻执行管路断开作业程序，也没有落实上锁(挂牌)程序；在清除反应器下料管时，没有严格执行作业许可证制度。

(3) 在反应器或周围关键的地方，没有安装固定式的可燃气体监测和报警系统来监测烃类的泄漏情况。

(4) 在大量储存烃类物料的下风向存在着火源，把存在着火源的设备带入危害较大的区域时，没有进行可燃气体检测。

(5) 建筑物与工艺单元之间的距离不符合设计规范，而且设计时没有考虑建筑物必要的防火和防爆要求。

(6) 处于工艺装置下风向的建筑物的通风系统设计不合理，工艺物料泄漏出来后，没有适当的措施防止它们通过吸风口进入建筑物中。

(7) 消防系统缺乏必要的维护，未具备充足的灭火能力：现场有三台备用柴油消防水泵，其中一台泵已经不能正常运转，另一台泵的柴油没有加足，在运行了一段时间后不得不停下来。

3 PSM 对"承包商"要素的规定

OSHA PSM 对承担工艺系统维修、大修、改造或特殊作业的承包商的管理提出了明确的要求(不适用于为工厂提供辅助服务的、与工艺安全无关的承包商，诸如保安服务、饮食服务、洗衣服务、投送或其他供应服务等)。这些要求具体体现在雇主和承包商的责任划分上。

(1) 雇主的责任

① 选择承包商时应该评估承包商的安全绩效和安全管理系统；

② 告知承包商雇主与其作业相关的危害，以及相关工艺系统存在的发生火灾、爆炸和有毒物质泄漏等危害；

③ 告知承包商雇主应急反应的措施和要求；

④ 编制和落实安全作业程序，控制承包商雇主和雇员进、出工艺区域及在其中停留；

⑤ 定期评估承包商履行职责的绩效和表现；

⑥ 保留那些在工艺区域内工作的承包商雇员的伤害和疾病记录。

(2) 承包商雇主的责任

① 确保给予雇员安全作业所必要的培训；

② 确保雇员了解他们作业的工艺区域存在的火灾、爆炸和有毒物质泄漏等危害，及相关的应急反应规定；

③ 以书面形式证明雇员已经接受了所要求的培训，并保存雇员的培训记录(包括雇员姓名、培训日期和考核办法等)；

④ 确保雇员遵守工厂的安全规定，包括上锁/挂牌、有限空间进入、工艺设备开启或管路断开、人员进入工艺区域的相关要求；

⑤ 向雇主报告作业过程中存在的危害，以及在作业过程中发现的其他危害。

4 “承包商”要素相关实践

4.1 相关事故

在化工、石化和各类流程工厂中，承包商承担着诸如新设备安装、工厂改造、日常维修(包括大修)以及生产操作等各类服务项目。

相对而言，承包商作业过程中存在较高的事故率。造成这种结果有多种原因，诸如：

① 承包商的员工接受较少的培训和教育，容易缺乏必要的从事自身工作的技能；一些承包商的工人在加入公司后就被送到工厂工作，缺乏实际的作业经验；

② 承包商员工完成一个工厂的项目后，又转移到另一个新的工厂或项目，在某个工厂或某套工艺装置，他们的工作时间都相对较短，工作环境对于他们是陌生的，对于工厂或工艺装置存在的特殊危害缺乏足够的了解或认知；

③ 承包商往往从事危害较大的工作。

表 10-1 及表 10-2 是 1992 年至 2001 年间，美国工业工厂中涉及承包商的爆炸事故的一个不完全统计，尽管数据不很全面，但也说明一些问题：(1)在工业工厂中，每次爆炸事故基本上都导致人员死亡，在所有的爆炸事故中，涉及化学品的爆炸事故占了约七成。(2)在工业工厂中，从事焊接和维修的承包商员工的死亡率较高，约占总的死亡人数的 60%。

表 10-1 1992~2001 年美国工业工厂涉及承包商的爆炸事故(按爆炸类型统计)

爆炸类别	事故数量/起	占总事故总数百分比/%	死亡人数①	占死亡人数百分比/%
化学品的爆炸	37	71%	51	77%
压力容器爆炸	11	21%	11	17%
其 他	无有效数据	无有效数据	无有效数据	无有效数据

① 没有计算相关事故导致的工厂员工的死亡人数。

表 10-2 1992~2001 年美国工业工厂涉及承包商的爆炸事故(按工种统计)

作业类别	事故数量/起	占总事故总数百分比/%	死亡人数①	占死亡人数百分比/%
焊 接	20	38%	26	39%
维 修	11	21%	14	21%
操作设备	7	13%	8	12%
安 装	5	10%	7	11%
调试和检验	无有效数据	无有效数据	5	8%
其 他	5	10%	6	9%

① 没有计算相关事故所导致的工厂员工的死亡人数。

上述表格中的数据只包含了相关事故中承包商员工的死亡人数，没有包括事故中工厂员工的死亡人数。例如，在本章引用的事故案例中，该次事故导致 23 人死亡，除了 2 名承包商员工外，有 21 名是工厂员工。因此，如果承包商作业过程中存在不安全的行为或者不安全的条件，一旦发生事故，不但对承包商员工造成伤害，而且可能对工厂员工、工艺设施甚至周围社区造成灾难性的后果。发生在印度博帕尔的MIC灾难性事故和发生在北海的Piper Alpha平台沉没事故(请参考本书第十一章)都是典型的例子。

尽管承包商对其员工的安全绩效和行为负责，为了减少与承包商作业关联的事故，工厂也需要向承包商提供必要的支持并进行适当的监督。例如，给予承包商管理人员及员工必要的培训、限制承包商员工进入无关的工艺区域、加强现场作业的风险管理、与承包商保持有效的沟通、定期对承包商的安全绩效进行评估。此外选择适当的承包商也是消除承包商关联事故的重要环节。

4.2 安全资格预审

对承包商的有效安全管理始于招标阶段，很多承包商在投标时，不了解工厂对安全的要求，等到在现场实际作业时，往往出现双方对安全要求和标准的不同理解和争议，这种现象相当普遍。最好的解决办法，是在招标阶段就向承包商说明工厂对安全的要求；并且在招标阶段就对承包商的安全管理能力和管理系统进行评估，选择安全管理系统健全、安全绩效满意的承包商。

在采购招标过程中，需要综合考虑候选承包商的安全作业状况、技术水平、财务能力和服务品质。对候选承包商的安全资质评审应该成为选择承包商(或采购过程)的一个基本环节。许多跨国企业在选择承包商时，将安全的评审作为第一道门槛，只有通过安全评审并达标后，候选承包商才能获得进一步参与商务竞标的资格。

对候选承包商进行安全资格预审，有助于选择最容易达成安全目标的承包商来完成工厂的建造或维修作业任务。安全资格预审的过程也有助于承包商完善自身的安全管理系统，并了解工厂安全作业相关的要求和标准。

工厂需要建立一套对候选承包商进行安全资格预审的制度，在招标过程中，根据安全相关的指标对候选承包商进行资格预审，诸如：

(1) 以往与本工厂合作的历史及安全绩效(如果有过合作)；

(2) 候选承包商管理层对于安全工作的认知、认可和承诺；

(3) 所提议的现场管理人员的履历；

(4) 候选承包商最近三年来的安全生产记录；

(5) 其他工厂的反馈意见(可以咨询候选承包商以前服务过的工厂)；

(6) 安全与健康管理系统或计划；

(7) 员工培训制度及执行情况(可以检查培训记录)；

(8) 员工个人安全用品的发放和使用情况(可以到正在服务的其他工厂进行实地考察)；

(9) 主要工具与设备的使用、维修和管理状况(可以到正在服务的其他工厂实地考察)；

(10) 所取得的安全作业资质和许可证；

(11) 政府或者行业的安全奖励、惩罚、通报或者起诉；

(12) 内部安全监督、审计和事故报告制度(可以检查相关的记录)。

对承包商当前正在进行的项目进行实地考察，以及与承包商的安全负责人、项目负责人进行面对面的交流，能获得许多从文件中看不到的东西。安全绩效好的承包商，良好的安全意识应该已经成为企业文化的一部分，所以，对候选承包商正在作业的现场进行视察，可以了解更多的第一手资料。

给每一项考评承包商安全状况的指标分配一定的分值(或权重)，然后给候选承包商打分，得分的高低应能较好地反映出承包商的安全管理能力和绩效，从而确定是否给予该候选承包商商务投标的资格。

4.3 安全培训

工厂需要建立一套承包商培训和再培训的管理办法，以确保所有进入工厂工艺区域作业的承包商员工(包括分包商的员工)在正式工作之前，都接受过必要的安全培训，并通过相关的考核，这是承包商管理的一个重要环节。

给予承包商员工的培训应该有助于他们了解以下知识：

(1) 工厂安全规章制度。如作业许可证、能量隔离和受限空间作业等相关的规定。

(2) 与作业相关的工艺单元的危害。如工艺系统存在的易燃物料、高压设备等等。

(3) 承包商作业本身存在的危害。如在工艺区域内进行吊装作业和动火作业。

(4) 紧急情况下的应急反应程序。

(5) 事故、未遂事故与不安全状态的报告方法。

(6) 当地法规的特殊要求。

承包商员工在进入工厂之前，需要接受基本的入厂安全培训，主要包括工厂基本的安全要求和作业现场的安全要求。

工厂基本的安全要求通常包括：

(1) 个人的安全责任，强调严格遵守工厂安全规定的重要性；

(2) 基本作业安全和作业许可证制度；

(3) 应急反应程序，包括紧急情况时的报警、紧急集合点和紧急集合的要求；

(4) 事故(含未遂事故)的报告方法以及如何获得医疗急救服务；

(5) 化学品储存和使用的管理规定；

(6) 车辆使用和停泊的规定；

(7) 保安制度，如出、入工厂和工艺区域的控制；

(8) 个人防护用品的使用要求；

(9) 个人日常生活的规定(着装、饮食、作息和吸烟等)；

(10) 其他事项。

作业现场的安全要求通常包括：

(1) 作业现场潜在的化学和物理危害；

(2) 工艺系统存在的危害；

(3) 作业许可证的要求，特别是对动火作业的要求；

(4) 能量隔离和进入受限空间作业的要求；

(5) 应急反应的方法，包括工艺区域、车间和建筑物等处的紧急逃生路线；

(6) 与工厂现场操作人员协调作业的程序或要求。

除了常规的安全培训外，如果承包商员工参与工厂的生产操作或维修作业，还需要安排他们接受相应的生产操作和维修作业培训。如果承包商或分包商的人员需要离开工厂一段时间，当他们在超出规定的期限(如6个月)后重新回来从事现场作业，则需要重新接受所规定的培训后，才能再次进入工厂现场执行作业任务。

如果条件允许，还可以印制安全手册或安全作业指南，分发给所有的承包商员工。

完成对承包商员工的安全培训后，工厂需要保存相关的培训记录。培训记录需要说明以下内容：

(1) 培训员的姓名；

(2) 接受培训的承包商员工的姓名；

(3) 完成培训的日期；

(4) 培训的主要内容（涉及的培训主题）；

(5) 检查培训效果的方式，如书面考试、现场测试；

(6) 培训结果（说明承包商员工是否通过培训）。

为承包商的员工提供工厂相关危害和安全作业程序的培训，有助于减少伤亡事故，包括减少承包商员工的误工事故，工厂也能从中受益，更重要的意义在于，给予承包商必要的培训有助于避免灾难性的工艺安全事故。

4.4 承包商员工活动范围

当有承包商员工在工厂范围内从事作业活动时，工厂需要建立相关的制度，限制他们进入与作业无关的工艺区域。

通常，承包商员工的活动范围仅限于相关的作业区和其他非控制区域。严格控制承包商员工进入与其作业无关的工艺区域及控制室，一方面是为了防止他们对正常生产活动的干扰，例如，承包商员工可能出于好奇心扳动工厂的阀门或仪表，或者带入着火源；另一方面也是为了避免承包商员工发生意外，因为他们可能对其他工艺区域潜在的危害缺乏了解，例如，在某些区域可能存在氮气窒息的危害，冒然进入这些区域，可能危及他们的安全。

工厂可以通过物理措施控制无关人员（包括承包商员工）进入关键工艺区域，例如采用铁丝网围栏将关键工艺区域包围起来。对于工厂的改、扩建项目，临时的铁丝网围栏是防止非授权进入关键工艺区域的有效办法。

还可以采用行政手段，控制非授权进入关键工艺区域，例如进厂登记与通行证制度。在承包商员工接受培训并考试合格后，工厂可以发给他们相应的通行证，凭此通行证，持证人可以进入规定的区域，不能进入其他受限制的区域（数字化的通行证非常容易实现这样的功能）。而且可以用不同的颜色来区分承包商员工与工厂员工的通行证，例如承包商员工的通行证都是红色，而本工厂员工的通行证都是蓝色，当承包商员工进入受控制的工艺区域时，就很容易被工厂员工及时识别。如果工厂采用数字化的通行证，承包商员工所持有的通行证还有助于在紧急情况下统计撤离到紧急集合点的人数。除了通行证外，还可以考虑在工厂员工和承包商员工通过相关培训后，发给每人一个可以粘贴在安全帽上的徽标，并要求将它贴在安全帽上，这样也有助于辨别出没有接受培训就进入现场作业的承包商员工。

落实作业许可证制度也有利于限制承包商员工进入与他们无关的工艺区域。

4.5 现场作业的风险管理

(1) 作业危害分析

在承包商开展某项现场作业之前，工厂可以要求承包商对作业本身进行必要的作业危害分析（Job Hazard Analysis）。作业危害分析是针对单项作业任务开展危害分析的非常可取的方法，对于某项作业任务，将它的执行过程分解成若干个步骤，针对每一个步骤，找出潜在的危害，确认当前已有的危害控制措施；如果现有的危害控制措施不足，则进一步提出危害控制措施。有些工厂在向承包商签发作业许可证之前，要求完成相关任务的作业危害分析，分析工作由承包商的作业负责人和工厂相关人员一起完成，并在签发许可证时明确作业危害分析提出的危害控制措施。通常只需要花费20~30min左右的时间，完成一起不太复杂的作业任务的危害分析。作业危害分析的过程可以帮助承包商的作业负责人加深了解准备开展的作业任务的危害，并及时采取必要的危害控制措施，虽然花费一些时间也是值得的。

(2) 作业许可证制度

工厂需要对动火作业、进入受限空间作业、带电作业和管路断开作业等执行严格的作业许可证制度；承包商需要接受有关的培训并严格遵守这些制度。在签发作业许可证之前，工厂的相关负责人需要证实作业现场已经具备安全作业的条件，而且承包商需要针对潜在的作业危害，采取必要的控制措施。通常，要求承包商在作业过程中将作业许可证放置在作业现场现眼的地方，这样即便于作业人员在开工前及时阅读并落实作业许可证上要求的安全事项，也便于对作业现场进行安全检查和管理。工作完成后，承包商需要及时将作业许可证返还给工厂相关的负责人。

(3) 化学品的储存、使用和处理

工厂相关负责人需要了解承包商在现场存放的各类物品的性质，对于易燃、易爆、有毒和腐蚀性的化学品，要确认承包商已经采取了妥当的存储方式，并配备了必要的应急处理设施。可以要求承包商在向工厂现场运输、储存、使用和处理化学品和其他类似物品之前，向工厂相关的负责人提交化学品的安全技术说明书(MSDS)，并说明计划如何储存、使用和废弃处理这些化学品。只有获得工厂相关负责人的许可后，承包商方可将这些化学品运入工厂。同样地，只有经过工厂管理人员的批准，承包商才可以从工厂往外运出任何化学品或废弃物；通常，废弃化学品的处理方法也应该获得工厂管理人员的批准。工厂相关的负责人需要将承包商化学品储存和使用的情况通知工厂其他相关的管理人员。

(4) 作业工具和设备

承包商需要向其员工提供必要的、安全可用的工具和设备，并且在其员工作业之前给予他们必要的培训，使员工掌握这些工具和设备的正确使用方法。承包商应该有证据表明，他们对自己现场使用的工具和设备进行了必要的维护或检验，确保它们处于安全和可以使用的状态；对于特殊设备，需要有相关的检验证明。不使用的设备和工具要妥善保管或从现场移走。

(5) 承包商车辆

在美国的数次灾难性工艺安全事故中，承包商的车辆被认为是引燃泄漏蒸气的着火源，肇事的车辆要么是停在工艺区域内，要么是在工艺装置附近的地方。因此，工厂应该要求承包商将车辆停放在指定的地方，并规定车辆在工艺区域内行驶的安全要求。

(6) 个人防护装备(用品)

通常工厂会要求承包商自己准备常规的个人防护用品，例如安全帽、安全工作服、安全眼镜和安全鞋等。如果现场存在特殊的危害，工厂需要向承包商提供一些专门的防护设备，如在氢气区域作业时所需的防火服、在受限空间内作业需要使用的空气检测仪等等。在某些对个人安全防护用品有特殊要求的区域，应该在进入这些工艺区域的地方安装明显标志，说明所要求的个人防护用品。

(7) 现场监督

承包商的现场管理人员负责监督管理其员工在现场的作业，工厂的任何员工(包括管理人员和一般员工)都应该主动监督承包商的现场作业，及时报告发现的不安全状况或行为。工厂管理人员需要根据作业任务的具体情况，对承包商的作业进行检查，检查通常至少包括但不局限于以下几项：

① 作业许可证制度的执行情况。承包商是否按照作业许可证的要求在规定的区域作业，

特别是在工艺区域内进行的动火作业、能量隔离作业及受限空间内的作业等；

② 承包商员工是否正确使用工具和设备，是否在工艺区域内使用不合格的工具或设备；

③ 承包商是否安全地储存、使用和处理各类带入现场的化学品；

④ 重大危害作业的控制。对于存在重大危害的作业活动，如在工艺设备上方的吊装作业和在工艺区域内的动火作业，是否事先完成作业危害分析并落实危害控制的措施；

⑤ 个人防护设备(用品)情况。承包商是否向他们的员工提供必需的个人防护设备、是否给予他们必要的培训、员工是否懂得正确使用这些防护设备或用品；

⑥ 作业场所情况。设备、材料等是否整齐堆放；作业现场有没有散乱的作业工具、材料或化学品。

工厂需要要求承包商每天召开班前安全会，时间通常约为5~10min，由承包商管理人员向工人说明将要开展的具体作业任务、作业过程中需要特别注意的危害、相关的安全注意事项以及最近作业中的经验和教训等等。

4.6 事故(含未遂事故)报告

工厂需要对在工艺区域内作业的承包商员工进行培训，使他们了解工厂的事故报告制度与报告方法。在现场作业过程中，通常有三种情况需要向工厂管理人员报告，即事故(accident)、未遂事故(near miss)和不安全的状况。工厂需要鼓励承包商及时报告事故或未遂事故，以便及时吸取教训和采取事故防范措施，防止造成事故或发生类似的事故。

4.7 与承包商沟通

与承包商保持良好的沟通，有利于承包商了解工厂的安全要求，也有利于工厂管理层及时了解承包商作业过程中的实际安全状况。以下是一些可以采用的沟通方式：

(1) 书面资料或电子邮件；

(2) 招、评标阶段的相互了解(工厂可以通过实地考察了解承包商的安全管理工作，承包商也可以了解工厂的安全要求)；

(3) 安排承包商参加安全培训；

(4) 定期召开安全会议(每日、每周或每月的安全会议)；

(5) 执行作业许可证制度；

(6) 不定期对承包商的作业情况进行检查；

(7) 定期与承包商的管理人员开展联合安全检查；

(8) 承包商按照事故报告程序，向工厂相关负责人报告发生的事故、未遂事故和不安全的状况。

在招标过程中，工厂需要对投标方(候选的承包商)清楚地说明本工厂的安全、健康与环保要求，明确承包商在执行项目时需要遵守的安全要求和达到的安全标准，最好以书面的形式包含在招标文件里，最终成为与承包商签订合同的组成部分。

在进入现场之前，承包商的员工可以通过工厂安排的入厂安全培训了解工厂的基本安全要求。在现场作业过程中，针对某些具体任务的作业危害分析和签发作业许可证等过程，都是工厂管理人员和承包商管理人员相互沟通的机会。

工厂可以要求负责现场施工、维修或大修作业或类似作业的承包商管理人员参加定期的安全会议。每日、每周或每月的定期安全会议非常有利于工厂和承包商的沟通。双方可以通过开会来了解、研究安全工作的现状、问题及其解决办法，特别是明确存在的问题和需要进一步采取的事故预防措施。工厂管理人员需要根据承包商从事的作业任务的特点(范围及危害），决定安全会议的召开频率。安全会议应该有书面的会议纪要。

4.8 承包商安全绩效评估

工厂需要定期评估承包商的安全绩效。对于长期合作的承包商或者项目周期较长的承包商，可以开展周期性地评估，例如每年进行一次评估。对于短期项目的承包商，可以在中途或项目结束时对安全绩效进行评估。评估有几个方面的意义：一是可以运用评估的结果指导今后的工作，例如可以通过掌握所发生的事故类别，有针对性的采取措施，帮助承包商提升安全绩效。其次，评估结果也可以作为是否在今后继续采纳该承包商所提供服务的参考依据。此外，如果工厂建立了承包商的激励机制，对承包商绩效的评估是落实奖惩措施的一个重要依据。

对承包商的安全绩效进行评估的重要标准，是工厂与承包商事先认可的安全目标，该目标包含可以量化的指标，如死亡率、可记录事故率、误工事故率、急救和未遂事故的数量等。安全目标的确定需要参考工厂本身的综合安全目标。将承包商的实际绩效与其安全目标进行比较，就可以掌握承包商的安全状况。

除了将实际的人员伤害指标与事先设定的目标进行对比外，工厂还需要评估承包商管理层是否有良好的对待安全的态度、是否切实履行了其职责。承包商的管理层需要做以下工作：

（1）给予员工必要的培训，帮助他们掌握安全作业的程序和原则、与他们作业相关的危害（着火、爆炸和有毒物等等）以及工厂的应急反应程序；

（2）保存完整的员工培训记录；

（3）教育员工，使他们遵守工厂的安全规定和制度；

（4）鼓励员工及时报告作业过程中发现的危害；

（5）有效管理分包商的作业（如果存在分包商）。

4.9 小结

承包商是工厂生产活动的重要参与者，他们往往承担危险性较大的作业任务。为了避免承包商作业过程中发生灾难性的工艺安全事故，工厂需要建立适当的承包商管理制度，并给予他们必要的培训和支持。

第十一章　应急预案与应急反应

> 应急反应的出发点是减轻事故发生时的后果，防止意外事件或事故升级成为灾难性的事故。有效的应急预案与应急反应可以帮助我们最大限度地挽救生命和避免财产损失。

1　引言

综观国内、外以往发生的重大工艺安全事故，它们之所以造成重大的伤亡、严重的环境破坏或巨大的财产损失，其中一个很重要的因素是缺乏有效的事故应急反应。发生在印度博帕尔的毒气泄漏事故、Piper Alpha 平台沉没事故以及最近几年发生在我国的一些重大工艺安全事故都说明了这一点。因此，工厂需要编制适当的应对紧急情况的计划，提升员工的实际应急反应能力，以防止小的异常事件或事故演变成大事故或灾难，从而减少人员伤害、减轻环境破坏和免遭财产损失。

有些公司将事故发生后的应对工作分成两个环节：应急反应和事故控制。本章先介绍 Piper Alpha 海上平台沉没事故，然后重点讨论了应急反应的技术准备、应急计划和相关的培训。

2　事故案例(Piper Alpha 海上平台沉没事故)

2.1　事故经过

1998 年 7 月 6 日晚上 10 时，在英国苏格兰东北部城市阿伯丁(Aberdeen)东北约 180km 处，海上石油平台 Piper Alpha 发生了灾难性的爆炸事故，整个平台沉没入北海(North Sea)，造成 167 人死亡。这是海上石油开发领域迄今为止最严重的安全事故。

Piper Alpha 平台将海上油气井生产的油气分离成油、气体和凝液。还有另外三个海上平台与之相连(请参考图 11-1)。Piper Alpha 平台通过直径 30in(750mm)的管道将生产出的油送到一个名叫 Flotta 的油库，凝液被重新注入油管中并输送至岸上；通过直径 18in(450mm)的管道将气体输送到位于另一个平台 MCP01 上的气体总管；有一条直径 16in(400mm)的气体管道和平台 Claymore 相连，以便向该平台输送气体；平台 Tartan 可以通过一条直径 18in(450mm)的管道将气体输送到 Piper Alpha 平台。

在 Piper Alpha 平台上，来自油气井的油、气、凝液和水的混合物经过两个分离器，将气体从油和水中分离出来，再经过三级离心压缩至 44barg(4.4MPa)，然后进入一个两级柱塞压缩机的第一级压缩，压力达到约 99barg(9.9MPa)，凝液分离后气体再进入第二级压缩，压力达到约 118barg(11.8MPa)，此后，平台可以选择不同的工艺流程来处理这些气体。

柱塞压缩机第一级压缩产生的凝液进入一个闪蒸罐，然后经过两台平行的离心加压泵和两台柱塞凝液注射泵 A 和 B 送往输油总管。柱塞凝液注射泵 A 和 B 中有一台总是处于备用状态，在它们的出口管道上各有一个安全阀 PSV504 和 PSV505。

1998 年 7 月 6 日，Piper Alpha 平台上正在进行一系列安装和维修作业。凝液泵 B 在运行中，泵 A 处于停机状态并准备接受维修。有三项针对泵 A 的维修任务：(1)该泵已经运行满 24 个月，需要执行定期的预防性维修；(2)维修泵的联轴器；(3)校验泵出口的安全阀 PSV504。

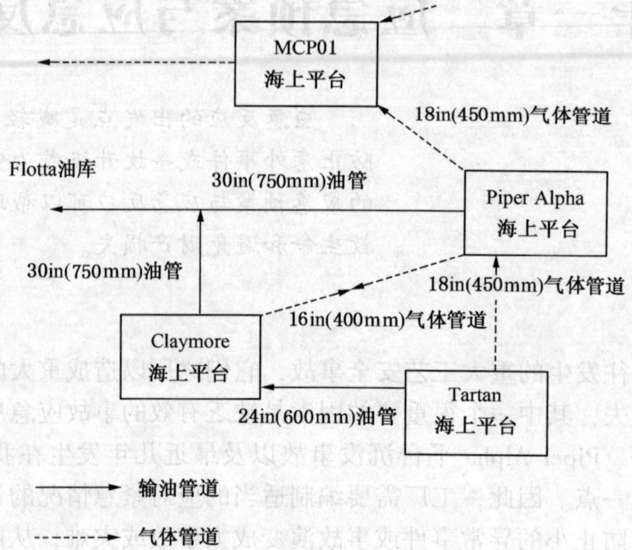

图 11-1　Piper Alpha 平台与临近平台之间的关系

为了校验泵 A 上的安全阀 PSV504，两名承包商员工关闭了泵的入口阀和出口阀(没有安装盲板)，然后将安全阀拆了下来。

16 时 50 分左右，操作人员完成了交接班，维修主管取消了对泵 A 的预防性维修任务。到傍晚时分，承包商员工没有完成安全阀 PSV504 的校验，也没有将它装回去，而是在安全阀拆除位置安装了一块盲板。

约在 18 时，承包商的作业主管到控制室注销作业许可证，承包商人员暂时离开了现场并准备第二天将安全阀 PSV504 复原。

约在 21 时 50 分，运行中的 B 泵突然出现故障并停止运转，生产主管和操作员曾尝试重新启动该泵，但没有成功。如果凝液泵停止运转，凝液就会在闪蒸罐内聚集，气体装置可能被迫在 0. 5h 内停产，甚至有可能进一步导致油井停产。

生产主管和维修主管互相商量后，决定启动备用凝液泵 A。生产主管签发了一张作业许可证，在维修主管组织电气操作员完成了一些准备工作后，生产主管与操作人员便尝试启动备用泵 A。

约 21 时 55 分，控制室内的信号显示两台离心压缩机出现停车，随即收到离心压缩机气体低流量报警、第三台离心压缩机停车的信号和其他一系列报警，操作人员还没有来得及处理这些报警，爆炸就发生了。

2. 2　事故后果

首次爆炸发生在晚上 22 点，毁坏了防火墙和控制室。紧急停车系统关闭了输油管道上的紧急切断阀，并将系统内的气体排放至火炬。系统不能自动关闭气体管道上紧急切断阀，设计时没有考虑此功能，因为这样做会导致与 Piper Alpha 平台相连的其他平台停产❶。

❶在 Pipe Alpha 平台上的控制室中有紧急停车按钮，可以通过它关闭气体管道上的紧急切断阀，但控制室在首次爆炸中已经遭到了破坏。

爆炸形成了一个很大的火球并导致油管泄漏，泄漏的油燃烧形成池火。池火产生的烟笼罩了生产甲板区。当时大部分人都在生活甲板区，燃烧产生的烟隔断了他们前往救生船的通道。

爆炸还摧毁了位于 Piper Alpha 平台上的通讯系统，其他平台无法和 Piper Alpha 平台上的人联系，虽然他们知道该平台已经着火，但没有预见到会如此严重，仍然继续往该平台输送产品。这使得情况更加恶化，否则或许可以避免后续发生的爆炸。

爆炸发生后，消防水系统没有正常运转。首次爆炸破坏了供电系统，也损坏了电动消防水泵和消防水管。平台上有两台柴油消防水泵，通常情况下，当有潜水员在平台下作业时，会将柴油消防水泵置于手动状态，以免将潜水员吸到泵的入口。在事故发生时，柴油消防水泵处于手动状态(事故发生前没有及时转换到遥控状态)，两名操作人员尝试靠近这些消防水泵去启动它们，但他们再也没有返回到避难区域，在事故过程中，柴油消防水泵没有开启过。即使有人能靠近这些消防水泵，也可能无法启动他们，因为四年前就发现消防水管和管嘴等存在非常严重的腐蚀，但其后并没有采取任何改善措施。

2.3 事故原因分析及教训

由于缺乏应急反应培训，在事故发生后，现场人员不知道该怎么做，没有进行有组织的人员疏散，许多人因为吸入烟而致死；一些人则跳入水中被救援船营救。

事故调查表明，造成事故的直接原因是在启动凝液泵 A 时，凝液从泵 A 出口管上的安全阀拆除处泄漏了出来，并引起爆炸。调查还发现，造成大量人员死亡的重要原因是缺乏有组织的人员疏散，救援工作没有凑效。

此次爆炸是该平台安全管理系统存在一系列缺陷的结果，一些管理环节存在的缺陷值得我们从中吸取以下教训：

(1) 作业许可证制度

当承包商员工不能完成安全阀 PSV504 的复原安装时，承包商的主管前往控制室取消了相关的作业许可证(该主管是第一次在平台工作，也没有接受过作业许可证相关的培训)，承包商的主管和平台的生产主管应该在作业完成后对现场进行检查，但是他们都没有这么做。此外，如果在交接班过程中有较好的关于作业许可证状态的沟通，后续班组的人员就会了解备用泵 A 处于维修状态且安全阀 PSV504 未复原安装，在重新启动备用泵之前或许会检查备用泵 A 的状况并发现泵出口安全阀已经拆除，从而改变马上启动备用泵 A 的做法，可能避免本次事故。

(2) 工艺危害分析

平台上气体提升管过分靠近生活区域，生活区域可能暴露于火灾事故中。根据事故调查报告，如果在危害分析时考虑到因此带来的危害，并合理设计消防系统。假如消防系统和喷淋系统正常运转，可能将气体提升管的破裂时间推迟 1~3h，为救援和人员撤离赢得宝贵的时间。

(3) 机械完整性

存在两个问题，一是消防水系统存在腐蚀却未及时修复；一是将柴油消防水泵设置在手动控制状态。当时，在平台附近有潜水作业时就将柴油消防水泵置于手动控制状态，在夏季，该泵约有 50%的时间处于手动控制状态。这种做法使得在事故发生时不能启动柴油消防水泵，否则可以减轻事故的后果并赢得应急反应的时间。

(4) 应急反应

在首次爆炸发生后，没有进行有组织的人员疏散。调查发现，平台上的工作人员没有接受必要的应急反应培训，管理人员也没有接受应对危机的相关培训。本来要求每周进行一次疏散演习，但没有执行。而且在事故发生之前的三年中，都没有举行过整体应急反应演练。此外，当 Piper Alpha 发生爆炸后，其他平台认为 Piper Alpha 平台没有太大的问题，仍然继续向它输送产品达一个多小时，相当于为 Piper Alpha 平台的着火燃烧补充了燃料，恶化了事故的后果。如果当时的应急反应得当，应该可以挽救更多人的生命。

3 PSM 对“应急预案与应急反应”要素的规定

OSHA 颁布的 PSM 要求工厂做好应急预案，并对员工进行培训，使他们具备应对紧急情况的意识，并且能够及时采取正确的对策。工厂需要为全厂编制应急预案并加以落实。此外，应急预案还应该包括处理少量危险化学品泄漏的程序。

4 “应急预案与应急反应”要素相关实践

4.1 尽量避免应急反应

“预防为主”是非常好的实现安全的宗旨，最主动的应急反应是防止出现紧急情况或事故。任何紧急情况或工艺安全事故都起源于非正常的工况或外部的意外影响，使得工艺系统偏离正常的安全操作范围。我们可以通过工艺危害分析辨别出非正常的工况及其可能出现的后果，设法减少出现紧急情况和事故的可能性。从而避免对应急反应的要求。

通过工艺安全管理的各个要素，我们尽各种努力来达到预防事故的目的，减少不必要的应急反应例如：

(1) 对工艺系统进行工艺危害分析，以挖掘出潜在的危害并提出控制措施；

(2) 建立变更管理制度，有效地控制对工艺系统的变更，防止不恰当地改变工艺系统而带来新的危害；

(3) 投产前对工艺系统进行充分的安全检查，以便在投料前消除安全隐患；

(4) 建立机械完整性的管理程序，以保证工艺系统的可靠性和“容纳工艺物料和能量”的功能；

(5) 编制有效的操作程序来防止人为因素相关的事故；

(6) 规范作业区域内的动火作业，以减少发生火灾和爆炸的机会；

(7) 对工艺安全管理系统及其执行情况进行审计，及时弥补管理上存在的缺陷；

(8) 加强员工培训和承包商管理，提高员工和承包商防范工艺安全事故的意识。

所有这些努力都非常有助于工厂的安全运行。尽管如此，存在危险化学品的工艺过程仍然可能在某些情况下偏离正常的设计范畴，并演变成灾难性的事故，出现这种情况的可能性大小取决于上述工艺安全管理要素的执行力度。因此，工厂需要做好应对事故的准备，以便正确地、更加有效地将事故的影响控制在最小的范围内，尽可能减轻事故的后果。

4.2 应急反应环节

应急反应不只是事故发生时的工作，图 11-2 所示是应急反应各个环节的关系。应急反应是一个闭环和持续改进的过程，它包括应急预案、应急反应、恢复和总结改进等步骤。对应急反应过程的总结不但有利于改进应急反应管理系统，提升应急反应的能力，而且可以指导我们有效地预

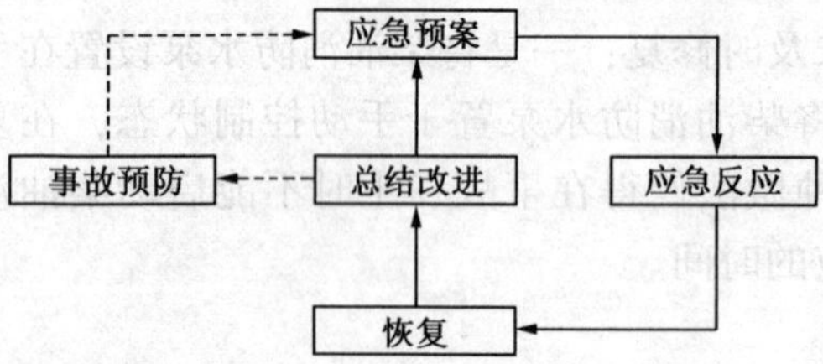

图 11-2 应急反应各个环节之间的关系

防事故。

4.3 应急反应的技术准备

(1) 假想的事故情形

为了更好地应对紧急情况，工厂需要建立一套应急预案，该计划通常会以书面文件的形式从总体上规定工厂该如何应对异常的情况。对于规模较大、工艺较复杂的工厂，除了总体的应急预案外，还需要针对各个具体的假想事故情形制订更加详细的应对措施。

编制有效的应急预案的第一步是辨别出可信的事故情形，然后针对它们的具体情况编制具体的应急预案。

如果工厂对工艺系统开展过工艺危害分析，可以通过仔细阅读现有的工艺危害分析报告，挑选出各种可能的事故情形，并编制出一个包含各种假想事故情形的清单。假如工厂没有对工艺系统开展过工艺危害分析，则可以通过工厂工艺系统相关的图纸和文件来确定假想事故情形，例如工厂平面布置图、主要化学品储存地点及数量(包括装、卸化学品的地点)、工艺流程图、工艺管道仪表流程图、物料衡算表与能量衡算表等等。还可以参考本工厂及类似工厂所发生的事故和重大未遂事故来确定假想的事故情形。通过这些资料，可以列出一个包含假想事故情形的清单。

编制了上述假想事故清单后，可以对这些假想的事故情形进行分析和归纳，选出一个包含更少可信的假想事故情形的清单，针对各个假想的事故情形编制具体的应急对策：常见的做法是通过模拟等手段，对假想的事故情形进行后果影响分析，再根据后果影响分析的结果，提出针对假想事故情形的应急反应措施。

按照事故的后果，可以将假想的事故情形分成三类：

① 轻微事故。只是对工厂局部造成影响。例如管道或阀门的轻微泄漏。

② 严重事故。后果较严重，但影响局限于工厂厂界范围内。例如影响限于厂界内的着火事故。

③ 灾难性事故。后果很严重，影响到工厂以外的公众，例如重大的毒气泄漏或严重的爆炸与火灾事故。

通常需要针对假想的灾难性事故编制应急预案，尤其需要关注那些发生可能性较大的灾难性事故。

(2) 事故后果与影响

在确定需要编制应急对策的假想事故情形后，可以借助一些专业软件，如 ALOHA，PHAST，HGSYSTEM，SAFEER 等对假想事故情形的后果影响进行模拟分析。确定事故发生时距离事故中心不同距离的区域可能遭受的影响和存在的危险，在此基础上提出具体的应急措施。将这些假想事故情形的应急措施汇编在一起，就可以形成一本“应急反应手册”，该手册属于应急预案的重要组成部分，通常存放在应急反应中心，便于应急反应人员参考。

当假想事故情形成为现实时，其后果与影响取决于泄漏源的情况、周围设施的状况、周围人员的活动、是否存在着火源以及气候条件等等。通常可能造成下列一种或多种后果：有毒物质泄漏及扩散、超压爆炸、易燃物质泄漏形成火灾或爆炸。

① 有毒物质泄漏。运用模型对有毒物质的泄漏进行后果影响分析时，主要是进行扩散分析。通常是用泄漏发生一段时间后，离开泄漏点不同距离处的有害物质的浓度来表达它的后果影响。在模拟时，需要考虑泄漏源的情况(泄漏的有害物质数量、浓度、压力和泄漏源的几何特征等等)、当时的气候状况、当地的地形特征以及所泄漏物质的有害浓度标准。

通过有毒物质的扩散模拟分析，可以了解事故发生地点周围多大范围内的人和设施会受到影响。针对每一起具体的假想事故情形，模拟出有毒物质泄漏时各种不同危害浓度的区域，并绘制成水平的或不同高程处的等浓度线。根据这些等浓度线，可以得出相关危害浓度的影响区域的面积，并确认关键设施(如控制室、维修车间和应急反应中心等)是否处在受影响的区域内。根据当地人口密度，可以大致估计受影响区域内有多少人口，还可以了解工厂界区以外的地方(如医院、学校和居民区等)所受影响的程度。

不同物质的有害浓度各不相同，对于有毒物质的泄漏，在确定受影响区域时，需要了解泄漏物质的有害浓度。很多西方的企业参照美国工业卫生协会编制的“应急反应指南(ERPG)”来确定有害浓度。ERPG为同一种物质确定以下三个有害浓度等级：

ERPG-1　在此浓度下，所有暴露超过60min的人员都不会有健康影响。

ERPG-2　在此浓度下，所有暴露超过60min的人员都不会有永久性的健康影响，并且不会影响暴露人员逃离事故现场的能力。

ERPG-3　在此浓度下，所有暴露超过60min的人员都不会致命。

ERPG是按照目标人群暴露60min不出现预期的各种后果的一些估计浓度值，专门为应急反应的目的而编制，但是目前只有有限数目的化学品有这些数据，美国工业卫生协会还在继续编制和增补这些数据。对于缺乏数据的物质，可以参考其他机构颁布的一些参考数据。

在编制应急预案时，通常会考虑ERPG-2对应浓度的影响范围，因为在该浓度下，大部分人都可以在1h的暴露情况下逃离事故现场。

图11-3是一个对假想事故情形进行模拟的例子，它表达的是当苯从一个储罐发生泄漏时，泄漏点周围不同浓度所覆盖的区域：

红色区域　79m（ERPG-3）

橙色区域　273m（ERPG-2）

黄色区域　544m（ERPG-1）

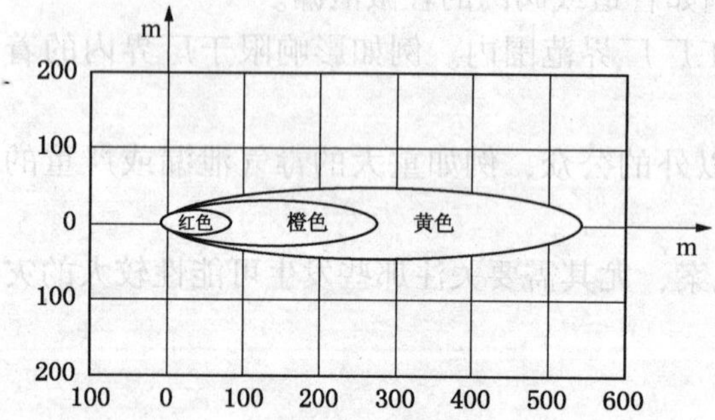

图11-3　苯从某储罐泄漏时存在的不同浓度区域

②易燃物或可燃物泄漏。它们泄漏时常见的结果是着火和(或)爆炸，一般用热通量或超压来表示事故的影响程度。如果发生火灾，在确定受事故的影响区域时，主要关心的是热通量的大小；如果发生爆炸，则主要关心超压的情况。无论是着火或爆炸，气候对后果的影响相对有限，所以受影响的区域往往都是以物料引燃地点为圆心的圆形。

着火　常见的着火类型包括喷射燃烧(Jet Fire)、沸腾液体膨胀蒸气爆炸(BLEVE)、池火(Pool Fire)、闪火(Flash Fire)和蒸气云爆炸(Vapor Cloud Explosion)等。在确定事故后果影响时，对于发生闪火的情形，通常用爆炸下限(LEL)或爆炸下限的百分数作为标准来决定危害区域；对于其他着火的情况，通常以热辐射水平作为划分危害区域的标准。

着火时形成的热辐射是非常有害的，例如可燃蒸气云着火形成的火球，暴露在5kW/m^2的热通量下60s可能造成2度烧伤。热辐射还可能导致周围设施发生着火和爆炸事故。在模拟着火造成的热辐射效果时，可以根据不同热辐射的通量，围绕着火点来划分不同的区域。例如，ALOHA软件参考了一些权威机构(如美国化学工程师协会、联邦应急管理机构)的资料，根据下列热辐射的水平划分存在热辐射危害的区域：

红色区域　$10kW/m^2$(暴露在该区域 60s 以内可能有生命危险)；

橙色区域　$5kW/m^2$(暴露在该区域 60s 内可能导致 2 度烧伤)；

黄色区域　$2kW/m^2$(暴露在该区域 60s 内可能出现疼痛)。

不同热辐射水平数据所对应的区域意味着不同的危险等级。热辐射导致的后果与暴露时间有密切关系，即使热辐射的水平不高，如果暴露时间过长，同样可能造成严重的身体伤害。图 11-4 是苯从一个储罐泄漏形成的池火的影响。通过模拟可以知道不同危害的区域是：

① 红色区域　33m (10.0kW/m^2，60s 内可能致命)；

② 橙色区域　47m (5.0kW/m^2，60s 内 2 度烧伤)；

③ 黄色区域　73m (2.0kW/m^2，60s 内感到疼痛)。

喷射燃烧　易燃化学品从容器的开口处泄漏时立即着火，就形成喷射着火，犹如点燃的喷灯的火焰。热辐射是喷射着火的基本危害，其他的危害包括导致周围区域产生二次着火或爆炸、燃烧产生烟和有毒物质等。有时候，喷射燃烧可能导致着火的容器彻底破裂。

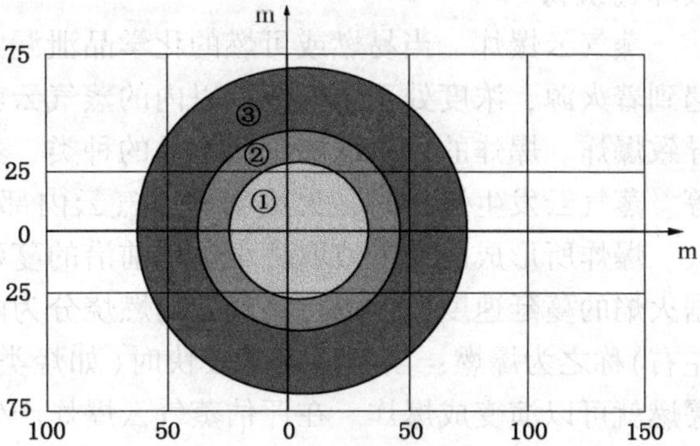

①≥10.0kW/m^2；60s内可能致命

②≥5.0kW/m^2；60s内2度烧伤

③≥2.0kW/m^2；60s内感到疼痛

图 11-4　苯从一个储罐泄漏所形成的池火的影响

沸腾液体膨胀蒸气爆炸(BLEVE)　通常发生在包含液化气体的密闭储罐，液化气体经加压而液化，或者经冷冻至低于其沸点而液化。当装有液化气体的容器暴露在火中时，内部的液体被加热气化，容器内压力不断升高，直到容器破裂爆炸和所容纳的物料都泄漏出来。值得注意的是，无论是易燃的液化气体还是不可燃的液化气体，都可能发生 BLEVE。如果爆炸容器内的物料属于易燃物质，它泄漏出来后会迅速闪蒸，蒸气燃烧时可能形成火球。BLEVE 的危害主要是热辐射，其他危害还包括冲击波、爆炸碎片、烟和燃烧时产生的有毒物质等等。BLEVE 发生时，高压容器的爆炸通常导致容器变成碎片，碎片飞出撞击到周围区域的设施进一步破碎产生更多的碎片。在可能发生 BLEVE 的情况下，首批应急反应人员需要采取措施防止冲击波和危险碎片的伤害。

池火　当液体泄漏在地面上形成一洼液体并且着火燃烧，就会形成池火。如果池火发生在泄漏容器附近，有可能演变成 BLEVE，使发生泄漏的容器彻底破裂。池火的危害还包括在周围区域产生二次着火或爆炸、燃烧产生烟和有毒物质等。池火发生时，暴露在 $4kW/m^2$ 的热通量下 90s 就可能造成 2 度烧伤。

闪火　当易燃蒸气云遇到着火源时，蒸气云会被点燃并快速燃烧，称为闪火。闪火的主要危害包括热辐射、产生烟和有毒燃烧产物等。泄漏物本身的爆炸极限会影响闪火燃烧的区域：通常用可燃蒸气或气体在空气中的浓度来表示爆炸极限，如果可燃物质遇到着火源，只有当它们在空气中的浓度处于最低爆炸极限(LEL)与最高爆炸极限(UEL)之间时，才会发生燃烧。闪火发生的范围也处于最低爆炸极限与最高爆炸极限之间。对于闪火的情形，在考虑应急反应时，可以按照易燃物的最低爆炸极限的体积分数来划分不同的危险区域，例如 ALOHA 软件按照下列浓度来确定存在危害的区域：红色区域为 60% LEL；橙色区域为 10% LEL。

爆炸　是突然的能量剧烈释放，爆炸发生时会产生很大的噪音，通常有三种危害：热辐射、冲击波和飞出的爆炸碎片。它还会导致周围其他工艺设施发生泄漏，形成更多的可燃蒸气云和后续的爆炸及火灾。

冲击波是爆炸的一种主要危害。它源自爆炸发生时的能量释放，是爆炸发生后形成的突然超压，犹如一股空气脉冲向四周传播，传播速度几乎和音速相当，并摧毁挡在它途中的物体，产生具有危害的碎片。越靠近爆炸的中心，破坏力越强。这种超压的危害很大，它可以摧毁建筑物甚至将它们夷为平地，造成其中的人员伤亡。例如，冲击波的超压峰值为 7kPa 时建筑物可能出现局部损坏；超压峰值为 16kPa 时，耳膜可能破裂并可能破坏构筑物。

蒸气云爆炸　当易燃或可燃的化学品泄漏并在空气中传播时，会扩散形成蒸气云。假如遇到着火源，浓度处于爆炸范围以内的蒸气云就会燃烧，如果燃烧非常快速且剧烈，就可能导致爆炸。爆炸的后果取决于化学品的种类、蒸气云被点燃时的规模及泄漏化学品的浓度等等。蒸气云发生爆炸时，火焰会向蒸气云内部蔓延，并引燃处于爆炸极限范围内的其他蒸气。爆炸所形成的冲击波取决于火焰前沿的蔓延速度，速度越快，冲击波的破坏力越强。根据火焰的蔓延速度，可以将蒸气云的燃烧分为两种情况：当火焰的蔓延速度很慢时(如 1m/s 左右)称之为爆燃；当蔓延速度较快时(如烃类蒸气云火焰的蔓延速度可以达到 2500m/s)，爆燃就可以演变成爆炸。在评估蒸气云爆炸产生的冲击波的影响时，可以根据超压的程度将爆炸区域划分成危害程度不同的区域。例如 ALOHA 软件根据下列超压的程度确定存在危害的区域：

红色区域　约 56kPa 毁坏建筑物；

橙色区域　约 25kPa 可能造成严重伤害；

黄色区域　约 7kPa 使玻璃破碎。

爆炸产生的碎片是爆炸的另一种主要危害。碎片可能来自发生爆炸的容器本身，也可能来自周围的环境。碎片可能飞到比冲击波更远的地方，并可能导致严重的人身伤亡，因此在事故的初期，应急反应人员需要留意它的危害。由于难以清楚地知道爆炸发生时所形成的爆炸碎片数量，因此很难准确地模拟爆炸碎片的分布情况。

③ 可燃且有毒的化学品发生泄漏。如果可燃且有毒的化学品发生泄漏，可以先模拟有毒气体扩散的情形，得出受影响的区域(俯视时的面积和形状)，然后模拟着火和爆炸的情形，同样得出人员受威胁的区域(俯视时的面积和形状)。考虑两种情况下的模拟结果并结合设施现场的具体情况，确定假想事故情形的危险区域。对于可燃且有毒的化学品泄漏，毒性导致的危害区域通常大过着火和爆炸所形成的危害区域。

4.4　应急预案

应急反应系统有助于防止意外事故升级为灾难性事故、保护员工的安全和健康并避免对公众和环境造成严重的后果。应急预案是工厂应急反应系统的一个重要组成部分。

应急预案是一个重要的文件。原则上，所有生产或储存危险化学品的工厂都需要编制应急预案，国内外的法律和法规都有相关的规定，如我国的《安全生产法》、美国 OSHA 颁布的工艺安全管理法规等。

应急预案一般需要包括下列方面：

① 总体说明；
② 紧急情况的类别及响应条件；
③ 应急反应小组及其职责；
④ 应急反应程序的启动与解除；
⑤ 紧急联络方式(电话清单)；
⑥ 撤离及紧急逃生；
⑦ 现场具体的应急反应程序；
⑧ 应急设备及供应；
⑨ 安全区域的位置；
⑩ 急救和医疗抢救；
⑪ 外部救援；
⑫ 培训和演练。

还可以在附件中包括其他有用的信息，如：
① 工厂周边环境示意图；
② 工厂总平面布置图；
③ 工厂设备布置图；
④ 生产工艺流程图；
⑤ 主要危险化学品的安全技术说明书(MSDS)；
⑥ 消防设施分布图；
⑦ 紧急撤离路线和紧急集合点示意图；
⑧ 与当地政府部门或相关机构签订的应急反应备忘录；
⑨ 应急反应手册(包含工厂各类假想事故情形的后果分析及应对措施)。

4.5 应急反应小组

应急反应小组通常是由工厂人员(有时也包括外部成员)组成的一个应对紧急情况的小组。该小组包括各个专业的代表，例如生产操作、安全、消防、工艺、维修、后勤供应、保安、人事与急救等。

需要由一位应急反应小组的组长全面指挥应急反应工作，同时需要指定一名副组长，当组长因为休假、生病或出差等原因离开时，确保仍有人负责领导应急反应工作，使之有序进行。如果工厂规模不大，可以由厂长担任应急反应小组的组长，全面负责应急反应的指挥工作，同时指定一个副组长。如果工厂规模较大，可以安排若干个应急反应小组，轮流负责(如一共组建两个组，每个组轮流负责两周)，每个小组都有一个总的负责人和各个专业的成员。

应急预案需要明确说明应急反应小组中各个成员的角色和职责，确保成员对于责任和授权不存在疑问。工厂应该总是保持一份最新的应急反应组织机构图，可以在该图中包含应急反应成员的姓名、角色和联络方式等。

4.6 启动应急反应

应急预案需要明确启动应急反应程序的条件。它需要说明如何针对某类事故启动相关的计划或程序。

及时通知相关人员是启动应急反应的基本步骤，应急预案通常需要说明：
① 如何通知现场的人员和工厂以外的相关人员；

② 向受影响人群通知事故的方式，如电话、警报、流动广播等；

③ 事故通知或报告的时间要求（针对工厂操作人员、公众和政府等不同的对象，通知的时间要求会有差别；对于不同的事故，通知的时间要求也会不同）；

④ 正式发出通知或报告事故的负责人的姓名和职务；

⑤ 负责联络当地消防、公安、医疗机构与媒体的负责人的姓名和职务；

⑥ 与员工家属沟通的方式，如专用的接待地点、为员工家属提供资讯的电话号码等。

4.7　人员撤离

工厂应该明确规定紧急集合点、急救区，并且说明如何在紧急集合点统计本厂员工、承包商员工、访客和其他可能进入工厂范围的人员。

对于存在危险化学品的工厂，可以编制应急反应手册，它包含针对不同假想事故情形的模拟结果，具体说明了假想事故情形下存在各种不同危害程度的区域，并且提出有针对性的、具体的应对措施。紧急情况发生时，相关的负责人可以根据应急反应手册，确定安全区域，并指挥人员撤离到安全的地方。

在其他人员撤离时，应急小组成员需要根据以往培训获得的技能，或借助应急反应手册的指导，启动针对工厂工艺系统的应急操作，例如完成紧急停车、操作应急阀门、切断电源、开启消防设备、控制无关人员进入控制区域等等。工厂应该授权这些人员，在紧急情况下，有权根据需要将工艺系统停车，并且在他们自已认为必要时撤离现场。

4.8　恢复

工厂的应急预案需要说明如何结束紧急状态和恢复至正常的运行状态。需要说明由谁负责作出决定、如何确认重新进入工厂的相关区域是否安全（恢复期间可能需要依据有关的标准对事故区域的环境进行检测）。还需要明确该如何将解除紧急状态的消息通知已经撤离的人员。

4.9　备忘录签订

对于复杂或后果严重的安全事故，工厂需要寻求当地政府部门或相关机构的协助与支持，以便协同开展紧急救援工作以减轻事故的后果。

工厂可以和相关的部门或机构协商，了解在紧急情况下他们能够提供的帮助，并且尽可能明确这些外部救援组织如何进入工厂区域、与工厂之间如何联系以及他们接受谁的指挥等等，必要时可以签署合作备忘录，并将这些备忘录作为应急预案的附件一起保存。

4.10　应急反应中心

工厂需要建立应急反应中心。应急反应中心应该设置在不易受到事故影响的地方，如选择距离工艺装置适当距离的会议室或培训室。对于规模较大的工厂，可以考虑设置两个应急反应中心，它们具有相同的配置，其中一个可以是位于控制室附近的会议室，以便处理小规模的紧急情况，另一个备用的应急反应中心可以设在工厂行政办公楼内的会议室或培训室。

应急反应中心内通常需要配备下列书面资料和设备：

① 反映工厂周边情况的地图；

② 全厂的总平面布置图；

③ 化学品的安全技术说明书（MSDS）；

④ 会议桌、椅；

⑤ 应急救援相关的电话号码清单；

⑥ 供书写的黑板或白板（包括书写笔）；

⑦ 电话(如果条件允许可以设单独电话间)；

⑧ 步话机，包括电池和备用电池(根据情况决定是否配置)；

⑨ 能够连接电脑的投影仪(根据情况决定是否配置)；

⑩ 应急反应手册(包含具体假想事故情形的后果分析及应对措施)。

4.11 紧急救援设备

如果没有足够的应急反应设备和物资，如个人防护设备、消防设备和泄漏收集清理设备等，即使是一支训练有素的应急反应小组，也不能有效地控制事故的不良发展。使用错误的或不合格的设备，还有可能导致严重的人员伤害，受到伤害的人员不仅仅限于应急救援人员，也可能涉及其他员工和公众。因此，工厂需要准备必要的应急救援设备，并定期检验、维护或补充。常用的应急救援设备通常包括：

① 火灾抑止和灭火设备，如消防车、泡沫罐、灭火器；

② 应急照明系统；

③ 收集和净化设备，如紧急收集桶、吸油棉；

④ 备用电源，如柴油发电机；

⑤ 个人防护设备，如呼吸保护设备、化学防护服、防火服；

⑥ 运输工具，如叉车、人员运输车辆等。

工厂需要储存必要的应急反应设备、工具和物资。为了确保足够的储存，可以编制一个书面的储存清单，列出所有的项目并及时更新，以反映当前的实际库存情况，并在消耗后及时补充。有条件的工厂还可以采用计算机，利用简单的数据库对应急反应设备和物质进行有效的管理。

4.12 培训与演练

工厂需要给予普通员工和承包商员工基本的应急反应培训，帮助他们在面对紧急情况时，知道如何正确地处理。培训内容应该有助于他们了解：

① 工厂可能发生的紧急情况；

② 如何报告所发现的紧急情况；

③ 工厂的平面布置、紧急撤离路线和紧急出口；

④ 安全警报及其应急响应的要求；

⑤ 紧急集合点的位置及清点人数的要求；

⑥ 应急反应的要求(如：紧急情况下停止工作立即撤离到紧急集合点)。

定期培训应急反应小组的成员，有助于他们获得和保持应对紧急情况和控制事故的知识及能力。除了接受上述针对普通员工的培训外，应急反应小组的成员还需要接受更多关于如何执行应急反应程序的培训，并参与实际的演习。

在面对真正的紧急情况时，经常会发现应急反应程序失效的情况。发生这种情况的主要原因是工厂的应急反应程序只是停留在纸面上，没有经过实践的检验，有些地方不完整或不切实际，或者是使用它们的应急反应人员不熟练。因此，工厂需要定期举行应急反应演习，例如，应对危险化学品泄漏的演习、工艺系统着火或爆炸的应急演习等等。演习有以下几个方面的意义：

① 暴露应急预案存在的不足之处，以便在事故出现之前加以改进和完善；

② 有助于帮助所有员工熟悉紧急情况时的报警和撤离要求；

③ 有助于应急反应小组的成员增加应急反应所需的知识、提升应对紧急情况的能力、

更熟练按照要求完成应急任务和增加参与应急反应工作的信心；

④ 如果与当地政府部门及相关机构一起演习，可以解决彼此沟通和配合中存在的问题，提升协作应对紧急情况和事故的效率。

除了在工厂现场进行实际的演习外，为了减少对生产活动的影响并节约费用，工厂还可以进行事故模拟练习。事故模拟练习使用各种信息传递手段(电话、广播、口头传达等形式)，创造一个真实的事故环境；它模拟主管部门在紧急情况时的决策和相互协调过程。这类练习对于测试指挥和控制功能，评价总体应急反应系统的协调能力非常有用。

此外，还有一种更加简单的练习方式，称为“圆桌演练”，这种方式简便易行，只需要应急小组的所有成员围坐在一起，然后假想工厂发生了某起事故，参与练习的每个人表述自己如何应对当时的、以及后来发展而形成的情景。如果需要涉及工厂以外的人员参加，可以通过电话会议来协助完成此类演习。此类演习非常有助于加强成员之间的沟通，并帮助他们熟悉自己在应对紧急情况时的职责。

工厂需要根据实际情况决定，是否有必要针对可能发生的紧急情况与工厂附近的邻居(包括相邻的工厂和居民等)进行交流，或给予他们必要的培训。通常可以使邻居了解下列信息，以便在发生紧急情况时，他们知道如何撤离和保护自己。

① 工厂的基本情况(如从事的主要生产活动)；

② 工厂生产过程中存在的主要危害；

③ 工厂目前采取的主要安全措施；

④ 紧急情况或事故发生时会给工厂周边的邻居带来什么影响；

⑤ 紧急情况或事故发生时，周边的邻居应该如何正确应对(如撤离)。

4.13　小结

应急反应是防止紧急情况演变成为重大事故以及减轻事故后果的重要途径，非常有助于减少事故中的人员伤害、环境破坏和财产损失。

应急预案是高效开展应急反应工作的指南，工厂可以针对可能的事故情形，通过软件模拟来了解相关的后果，在此基础上编制应急反应手册，作为应急预案的重要组成部分。

为了提高应急反应的效率，工厂需要给予一般员工(包括承包商的员工)和应急反应小组成员必要的培训，并定期开展实际的演练。

第十二章　事故调查

每一起工艺安全事故都是一种或多种根源所导致的结果，这些根源往往是管理系统本身存在的缺陷。发掘这些导致事故的根源并及时改进管理系统，不但可以预防类似的事故，还有助于预防这些管理系统缺陷可能导致的其他事故。

1　引言

在化工和石化的发展过程中，国内、外都出现过一些灾难性的工艺安全事故。如果回顾以往这些事故，我们或许会发现，导致这些灾难性事故的原因与一些普通事故(包括未遂事故)的原因具有某些相似性，这些相似的原因之所以存在，很大程度上是由于公司或工厂的管理系统存在某方面的缺陷。因此，如果我们能够对普通事故或未遂事故进行必要的分析，辨别出造成它们的原因(这些原因也可能导致灾难性的事故)，就可以帮助我们预防灾难性的工艺安全事故。

从表面上看，事故调查是对事故的管理，实质上，它是一种事故预防的途径，是完善管理系统和预防类似事故重复发生的重要机制。

本章我们首先了解一起接收罐维修时发生的事故以及 OSHA 工艺安全管理系统对于事故调查的相关要求，然后讨论如何有效地开展事故调查工作。

2　事故案例(聚合物接收罐维修事故)

2001 年 3 月 13 日凌晨 2 时 40 分左右，B 公司位于乔治亚洲的一间聚合物工厂中，两名操作人员及一名维修人员正尝试拆除收集罐 KD502 一端的法兰，就在 44 个螺栓中的一半被拆除时，其余螺栓突然断裂，法兰盖飞出，带压物料从罐内喷出来，在场的三名工人因被飞出的盖子击中或暴露于喷出的物料中而死亡。

2.1　发生事故的工艺装置

本次事故涉及的产品是一种高性能塑料，它由二胺和二羧基酸聚合而成。

请参考图 12-1 所示的工艺流程简图。将固体原料配制成溶液后，加入带压的预反应器，在其中物料被加热到 190~230℃，并完成部分合成。预反应器中的工艺物料由泵输送流经预加热器，物料温度提高到 290~340℃，再经过一个孔板，物料压力降低，其中的部分水汽化。接着物料(包括蒸气)进入一个管式反应器，在该反应器内的停留时间不超过 1min。在离开该反应器时，总的反应转化率达到 80%以上。反应产物进入挤出机和切碎机，并经冷却后包装送往仓库。

在正常生产期间，从反应器中出来的物料被送往挤出机及下游设备。但在系统开、停车期间以及挤出机出现故障时，这些物料(主要是聚合产物)被送往收集罐 KD-502。物料从收集罐法兰盖上的 4in(100mm)管道进入罐内；进入收集罐后，物料的流速显著减慢，聚合产物留在罐内，蒸气则经罐顶部一条 6in(150mm)管道排出。在收集罐的上部还有三条接管，

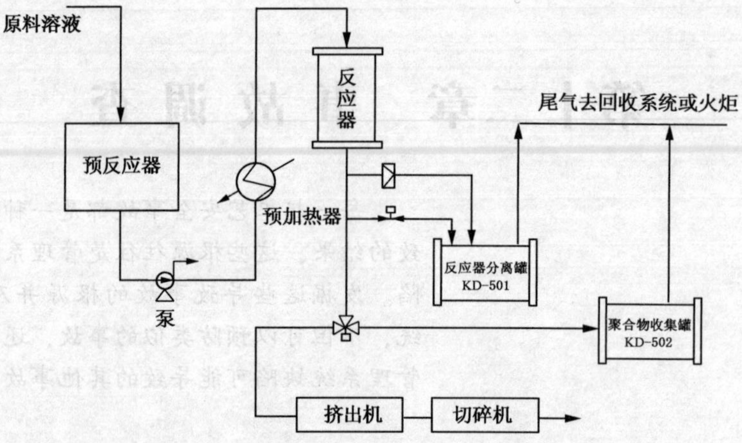

图 12-1　发生事故的工艺系统的流程简图

其中一条连接安全阀，另外两条则连接氮气和工艺水。

系统开车时，在将反应器中物料送入挤出机之前，通常将最初 50min 的反应物料临时送往收集罐 KD-502。

系统停车时，先切断原料，然后用一种溶剂置换、溶解和清洗系统中的聚合物。在开始停车的阶段，反应器中的物料继续进入挤出机，当在挤出机中检测到溶剂后，就将物料切换到收集罐 KD-502。物料进入收集罐时，压力减小，溶剂几乎完全汽化并从罐顶部的放空管离开；聚合物则沉淀在罐内，与投产时进入罐内的聚合物混合在一起。

从反应器进入收集罐 KD-502 的是热物料。由于收集罐本身没有设计加热和冷却设施，物料在收集罐内的冷却情况主要取决于罐内的物料量和周围的环境状况，溶剂清洗也会降低罐内的温度。残留在罐内的物料通常会凝固，当它们累积到一定数量后，操作和维修人员就会打开收集罐的盖子，将罐清理干净。

反应器分离罐 KD-501 和收集罐 KD-502 的设计类似。当收集罐 KD-502 内的物料过多时，可以将来自反应器的物料切换到分离罐 KD-501 中。

2.2　事故经过

2001 年 3 月 11 日，维修人员打开聚合物收集罐 KD-502 的盖子，并清除了其中累积的聚合物。在封闭收集罐时，拆除了它的液位计（液位计存在故障）。

3 月 12 日早上，操作人员重新启动工艺系统。根据开车的操作程序要求，在启动反应系统之前，需要将挤出机试运转 1～2min，以确认它是否正常工作。考虑到在当日凌晨吹扫清理挤出机时，曾运行过一段时间，因此操作经理觉得没有必要在开车前再试运转该设备。

13 时 29 分，原料开始进入反应系统。根据操作程序的要求，最初 50min 来自反应器的物料被送入收集罐 KD-502，然后才切换到挤出机。

14 时 17 分，当操作人员在启动挤出机时，发现挤出机的螺杆不能转动，维修人员立即对该设备进行维修。此期间，来自反应器的熔融的聚合物持续进入收集罐。

14 时 35 分，操作主管宣布启动工艺系统失败，停止往反应系统进料。

14 时 41 分，开始用溶剂清洗管道和设备内积累的聚合物，由于挤出机未曾运转，清洗出来的所有聚合物都进入了收集罐。清洗操作约持续到 15 时 45 分，直到一名工程师发现有蒸气从收集罐顶部的法兰处泄漏出来，才在15时55分停止向收集罐继续进料，并将上游来的物料转入聚合物分离罐KD-501，往聚合物分离罐中进料很短一段时间后，也从其顶部法兰处发现有蒸气泄漏。

18时53分，完成了溶剂清洗，并用水在系统内循环，到23时21分，完成了系统的停车过程。夜班交接班时，要求夜班操作人员清空聚合物收集罐KD-502和分离罐KD-501。

13日凌晨2时15分，维修人员到现场开始清理收集罐KD-502。操作人员关闭了进罐氮气管道上的阀门并按照工厂“上锁/挂牌”的规定在阀门上挂牌。除了氮气管道外，没有对其他管道采取特别的隔离措施(没有记录说明，操作人员是否曾打开收集罐上的放尽阀，来检查罐内是否带压或存在液体)。

凌晨2时25分，在两名操作人员的陪同下，一名维修人员用气动扳手拆除收集罐KD-502端部48in(1.22m)法兰盖上的螺栓。在凌晨2时36分，当22个位于时钟1：30至7：30位置处的螺栓被拆除后，其他螺栓突然断裂，重约790kg的法兰盖从收集罐飞出，撞击到雨棚的钢桁架后落在离原来位置约4m远的地方。大量高温聚合物从收集罐KD-502中喷出，喷向现场作业的三名操作人员和一名维修人员，其中两人当场死亡，另一人在送往医院抢救途中死亡。

大量物料涌出时产生的反冲力使得收集罐向后移动，与之相连的一段导热油管发生扭曲并破裂，导热油泄漏后形成蒸气云，大约在凌晨2时42分，蒸气云被未知的着火源点燃发生爆炸，形成桔红色的大火球。持续泄漏的导热油不断燃烧。应急反应小组和消防人员利用消防雨淋系统和消防软管控制大火，直到13日早上8时15分才将大火扑灭。

2.3 事故原因及教训

事故调查发现，在事故发生时，收集罐中的大部分物料都喷了出来，一层厚约75～130mm的聚合物层附着在罐内壁上。罐的管道连接处(包括放空管的入口)都被聚合物完全堵塞，在放空管中也发现了大量的聚合物。

正常开车时，进入收集罐中的物料不到容积的一半。在本次事故发生前，进入收集罐的高温聚合物的数量大约是正常情况下的两倍。罐内聚合物的数量超出设计所期望的正常液位以后，蒸气从聚合物中分离出来的效率降低，聚合物更加容易被蒸气夹带进入放空系统，沉淀在放空管壁上并硬化。聚合物在放空管内的持续积累使得管道部分堵塞，妨碍蒸气流入放空系统，使收集罐内压力升高(请参考图12-2)。3月12日15时45分时，操作人员观察到收集罐顶部法兰连接处有蒸气泄漏，正是因为罐内压力升高所造成的。

在完成溶剂清洗后，3月12日20时10分，聚合物分离罐KD-501上的泄压安全阀曾起跳，也说明了放空管超压，可能是公用的放空管被堵塞的结果。在停止生产后，温度冷却使得放空系统的堵塞情况持续恶化。

事故调查小组对挤出机的故障也做了分析。发现挤出机中有燃烧后留下的灰尘，推断残留的清洗物在挤出机内部曾经发生着火。该挤出机不能处理粉尘，在本次事故发生前未能正常启动挤出机，可能是由于存在灰尘的缘故。

事故的根本原因：

(1) 在开发工艺系统时，没有充分审查工艺设计并识别化学反应相关的危害。

B公司的研发部门和工艺设计部门都没有建立系统的程序来确定不希望发生或不可控制的化学反应，并控制它们的危害。工艺开发小组没有对工艺系统中的正常反应和不可预见的反应可能存在的危害进行研究。1994年，为了改进工艺条件，进行了一项研究，研究结果表明，当将工艺系统中的聚合物加热到335℃后持续8min，就会分解产生挥发性的组分。然而，工艺开发人员没有充分重视这项与工艺安全相关的重要信息，也没有针对这一现象对工艺系统进行必要的改进，只是在产品的安全技术说明书（MSDS）中说明该产品在349℃时会发生分解，建议避免高温以防分解反应。而工艺生产中的实际温度很接近此分解温度。

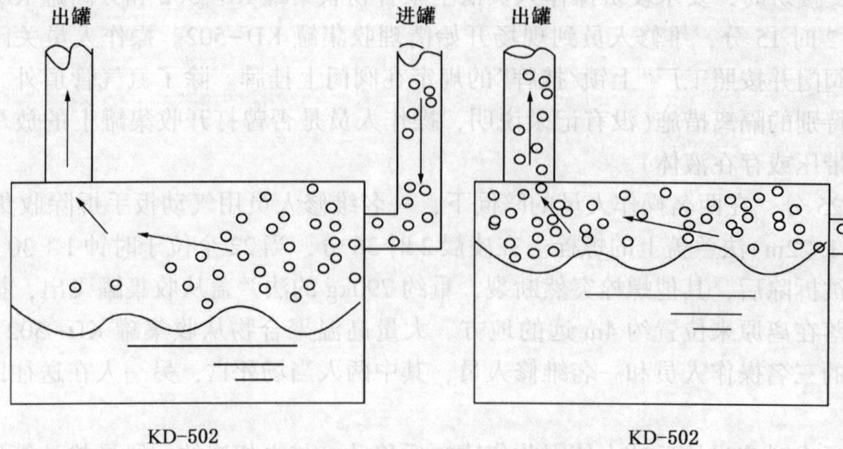

图12-2　收集罐内液位的高低对于分离效果的影响示意图

工厂现场的操作人员和技术支持人员都普遍认为，在物料进入收集罐后不会发生任何反应。但是，在本次事故发生后，研究发现，在收集罐内可能存在分解反应，使得罐内压力升高。

（2）工厂缺乏适当的设计审查程序来纠正工艺设计上存在的缺陷。收集罐KD-502存在多处设计上的缺陷，但是它们没有被及时纠正。

① 收集罐的阀门易堵塞，不能通过它确认罐内是否存在压力。在收集罐KD-502两端的法兰上都设计安装了阀门，用来排尽或放空，经过一段时间后，固体聚合物进入阀门使关闭阀门变得很困难，而且罐内的聚合物会堵塞阀门的入口。在这种情况下，不可能通过它们正确判断罐内是否存在压力，或者是否存在物料。事实上，在事故当天，这些阀门是堵塞的，且不能操作。

② 收集罐的容积太小，不能满足工艺故障时的需要。曾经发生过多次收集罐物料过量的情况，在每次物料过量时，聚合物都被夹带进入放空系统。放空管和安全泄压装置可能被堵塞，而上游反应系统的压力远高于收集罐能够承受的最大压力，可能造成收集罐超压。1993年以后，工厂运营的管理人员就意识到了收集罐KD-502的容积太小，但是没有充分认识到物料过量的不良后果。

③ 收集罐KD-502的液位计不可靠。它在清空收集罐时经常遭到破坏，而且往往在重新启动系统时没有及时更换或修复。操作人员没有可靠的方法来了解罐内的液位。

（3）工厂的事故调查没有充分找出事故或未遂事故的原因，未及时纠正设计和操作中的缺陷来防止类似事故。

① 工厂将事故或未遂事故当作独立的事件对待。工厂没有建立对事故趋势和类别进行分析的系统。在发生本次事故之前，曾经发生过多起涉及挤出机及其附件的着火事故。1997年至发生本次事故期间，陆续发生了21起挤出机内聚合物因分解而着火的未遂事故报告，这些未遂事故都没有造成损失，它们通常发生在空气进入挤出机的时候。但是发生在2000

年的一次挤出机内部着火事故，使放空管的管道都变红了，而且引燃了管道外的保温材料。2001 年 3 月，置换的介质着火导致挤出机故障和开车失败，火被扑灭以后，没有形成相关的事故报告。尽管这些事故或未遂事故多数都如实报告了，但是工厂没有对它们进行深入的调查，因此没有意识到工艺产品本身分解是导致这些事故的一个重要原因。

② 工厂没有建立系统的事故分析制度和防止类似事故再次发生的机制。在以往，有两次打开收集罐 KD-502 和分离罐 KD-501 时，其中的物料发生过自燃；另外有两次，从这两个罐内清理出的聚合物发生了自燃。对这四起事故进行调查时，没有注意到类似事故重复发生的特征，没有发现工艺系统中的聚合物分解并产生易燃的挥发性物质是导致事故的重要原因。否则可能认识到收集罐 KD-502 和分离罐 KD-501 内大量聚合物累积的危害。

事故的辅助原因：

(1) 工艺危害分析不完整或没有及时落实改进措施。经过多年的生产运行以后，B 公司运用危险性与可操作性研究(HAZOP)方法对本工艺系统进行过多次工艺危害分析。虽然识别出了收集罐可能超压的情形，但是没有提出好的解决方法。

(2) 工艺安全信息缺失。工艺描述没有充分说明收集罐 KD-502 的设计基础和操作原则，工厂的操作人员不了解收集罐的一些重要操作原则，因为它们没有反映在工艺安全信息相关的文件中，例如：

① 设计文件没有说明收集罐 KD-502 还需要起分离的作用，当超出一定的液位后，液体聚合物会被蒸气夹带进入放空系统，也没有明确说明影响分离效果的一些关键参数(如运行时的液位)。

② 设计文件只说明了在清洗操作时需要使用收集罐 KD-502，没有说明在开车和工艺系统故障时的使用要求。没有说明罐内需要预留多少空间，以满足下游工艺系统出现故障时的需要。

③ 没有资料涉及物料在罐内产生泡沫的情况。工厂操作人员在计算罐内容积时，根据正常情况下的密度来计算。但是产生泡沫会使物料的密度变小，相同的质量流量下，更容易将罐充满。

在事故发生当天，收集罐 KD-502 内的物料超出了正常的工作容积范围，它不再具备分离的功能，使得液体聚合物被蒸气夹带进入放空系统。因此，物料过量是导致事故的一个重要的影响因素。

关于收集罐 KD-502 有限的工艺安全信息，使得操作人员无法了解超出设计操作范围以外的不良后果。如果有足够的工艺安全信息，或许操作人员会采取措施防止收集罐的物料过量，从而避免这次超压事故。

(3) 维修程序没有明确说明，在安全状况不明确时该采取哪些措施。在事故发生当天以及以往的很多时候，由于压力表不可靠以及放尽阀经常被聚合物堵塞，操作人员无法按照工厂正常的能量隔离要求(挂牌/上锁)来完成进罐作业前的准备工作。对于这种情况，工厂没有适当的制度，要求对这种特殊的情形进行审查和批准，维修人员经常在没有确认罐内是否存在压力的情况下，径直打开罐的封头盖子。

(4) 对操作程序的改变没有遵守正常的变更管理程序。在 20 世纪 90 年代，工厂启动工艺系统时，将反应器到收集罐 KD-502 的进料时间从 30min 增加到了 50min。这一改变使得开车期间有更多的物料累积在收集罐 KD-502 内；而当工艺系统出现故障时，收集罐只能从反应器接收更少的物料，增加了罐内物料过量的机会。工厂有一套工艺系统变更管理的制度，但是只针对工艺系统硬件设施的变更，没有包含操作程序和操作实践准则变更相关的管理要求。因此，尽管将物料进入收集罐内的时间从 30min 增加到了 50min，但没有进行过必要的变更审查。

3 PSM 对“事故调查”要素的规定❶

OSHA 认为，对发生的事故进行全面的调查，掌握发生的经过和原因，并提出和落实改进措施，可以有效地防止类似的事故。事故调查是工艺安全管理系统的重要组成部分，OSHA 要求：

(1) 雇主应该调查每一件造成(或可能造成)灾难性后果的危险化学品泄漏事故(或未遂事故)。

(2) 事故调查工作要及时开展，且不得晚于事故发生后 48h 内进行。

(3) 事故调查需要由一个调查小组来完成，至少有一名小组成员熟悉相关的工艺，其他小组成员有事故调查与分析相关的知识与经验。如果事故涉及承包商，事故调查小组需要包括一名承包商的员工。

(4) 事故调查完成后，需要编制调查报告，该报告至少应该包括：

① 事故发生的日期；

② 开始调查的日期；

③ 对事故的描述；

④ 造成事故的原因；

⑤ 调查过程中提出的改进措施。

(5) 雇主应建立相关的制度，及时解决事故调查所发现的问题，并落实提出的改进措施。应该以书面形式记录解决问题的办法和所完成的改进措施。

(6) 事故调查报告需要经过那些工作任务与事故调查结果相关的人员(包括承包商的员工)的审阅。

(7) 应该将事故调查报告至少保留五年。

4 “事故调查”要素相关实践

4.1 事故调查概述

从报纸或者杂志上读到“事故”这两个字，或者从电视里听到它，我们通常会联想到“有人员伤亡”，并将它们与“意外事件”联系起来。“意外事件”是人们不愿意接受但却意外发生的事情，它会妨碍人们正常的活动，并造成或者可能造成人员伤亡、环境破坏、财产损失或生产中断。

对于生产工厂，“意外事件”可以分成三个类别，即事故、未遂事故和生产事故。

事故 造成了人员伤亡、财产损失和(或)环境破坏的意外事件。

未遂事故 没有造成人员伤亡、财产损失、环境破坏或生产中断的意外事件；但是如果环境条件有些许改变，就可能导致以上一种或多种后果。

生产事故 发生的意外事件，它对生产的产量或产品品质造成了影响。

事故调查的首要目的是弄清楚造成事故的原因并提出改进措施，以防止今后再次发生类

❶在我国，有专门关于事故调查的法规，工厂需要满足我国相关法规的要求，OSHA PSM 的要求只是仅仅作为一种实践的经验供参考。

似的事故。此外，事故调查还可能发现一些其他的安全隐患，及时将它们消除，也有助于防止发生新的事故。对事故进行调查，也是安全生产法规的要求，如果发生事故，工厂应该及时对事故进行调查，必要时需要积极配合有关政府部门开展事故调查工作。事故调查还可以满足某些特殊情况的需要，例如出于保险索赔的目的，需要弄清楚事故原因和造成的损失，以便于保险理赔的取证和调查。在事故调查中，必然要对生产过程和作业现场进行深入的调查和分析，因此，开展事故调查还有助于改进作业场所的安全条件、改进操作程序和安全作业程序、提高生产效率以及员工的安全意识。工厂对安全事故的及时积极调查，也反映出工厂承担起对员工安全和切身利益的责任！

图 12-3 列出了事故调查工作的几个阶段：

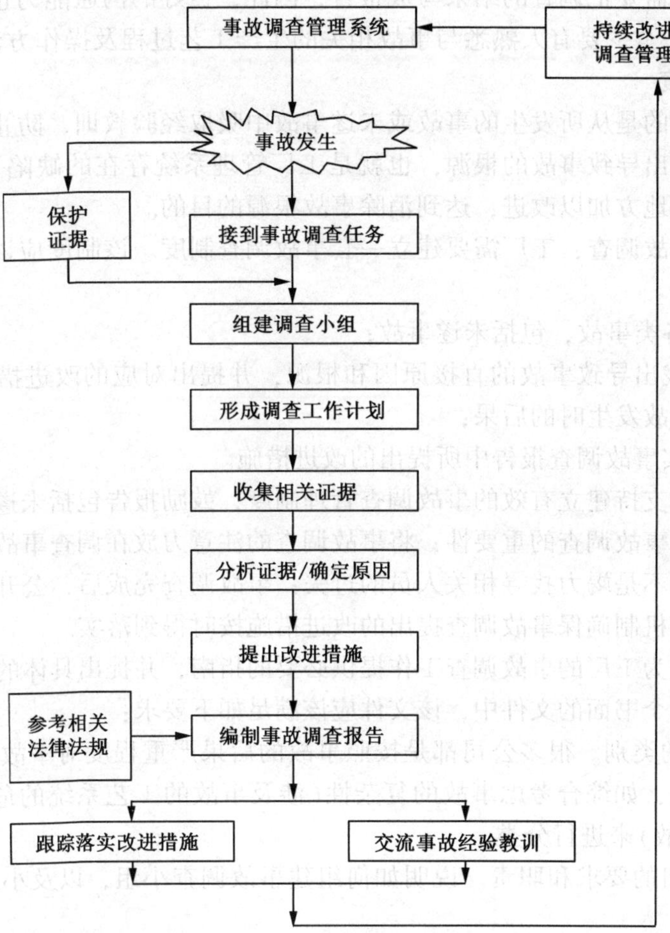

图 12-3　事故调查的基本步骤

（1）工厂需要建立必要的事故调查制度，做好事故调查的准备；

（2）组建事故调查小组，收集和分析事故相关的事实和证据，应用适当的分析方法找出事故的直接原因和被表面现象所掩盖的事故根源；

（3）根据调查分析的结果，编制事故调查报告。事故调查报告是事故调查工作的“成果”，所有调查的收获都将反映在事故调查报告当中，包括详细的事实说明、所发现的问题和提出的改进意见。

以上三步已经完成了事故调查的工作，但是对于工厂而言，至关重要的是按照事故报告提出的改进意见，跟踪和落实改进措施。工厂需要有相关的制度，确保按照要求在规定的时间内完成各项改进措施。

在开展事故调查工作时，调查人员需要了解事故发生的详细过程、挖掘出隐藏的事故根源并且提出有效的改进措施，所以，对于参与事故调查的人员有一些基本的要求：

① 需要经过培训。事故调查是细致而且系统的工作，如果没有经过系统的培训，仅仅凭直觉或感觉，很难找出事故真正的根源和有效地完成调查工作。

② 理解事故调查的重要性以及基本的工作流程和方法。

③ 要有一定的沟通能力。在事故调查过程中，调查人员需要和许多相关的人员进行交流，而且调查完成后，需要把调查的结果写成报告，因此，良好的沟通能力也是必要的。

④ 在调查小组中，至少要有人熟悉与事故相关的生产工艺过程及操作方法。

4.2 事故调查制度

事故调查的基本目的是从所发生的事故或未遂事故中吸取经验教训，防止类似的事故再次发生。它的重点是找出导致事故的根源，也就是工厂管理系统存在的缺陷。在此基础上，对管理系统存在缺陷的地方加以改进，达到消除事故根源的目的。

为了有效地开展事故调查，工厂需要建立一套事故调查制度。该制度应该有助于实现下列目标：

① 鼓励员工报告各类事故，包括未遂事故；

② 通过事故调查找出导致事故的直接原因和根源，并提出对应的改进措施，以防止发生类似的事故或减轻事故发生时的后果；

③ 及时跟进、落实事故调查报告中所提出的改进措施。

工厂的管理层需要支持建立有效的事故调查管理制度，鼓励报告包括未遂事故在内的各类事故，并强调对未遂事故调查的重要性；将事故调查的注意力放在调查事故的原因及发现管理系统的缺陷上，而不是竭力找寻相关人员的过失；事故调查完成后，公开地进行事故教训的交流；建立必要的机制确保事故调查提出的改进措施按时得到落实。

事故调查管理制度为工厂的事故调查工作提供必要的指南，并提出具体的要求。这些指南和要求需要反映在一个书面的文件中，该文件应该满足如下要求：

① 清晰定义事故的类别。很多公司都是按照事故的后果严重程度对事故进行分类，也可以考虑其他分类方法，如综合考虑事故的复杂性(涉及事故的工艺系统的危害程度)和事故的种类(包括未遂事故)来进行分类。

② 明确对调查小组的要求和职责。说明如何组建事故调查小组，以及小组成员特别是组长的职责。

③ 说明与事故调查相关的培训要求，包括对管理人员、普通员工(含承包商员工)、事故调查小组成员及组长的培训要求。管理人员需要了解事故调查的政策与各自的职责；普通员工需要掌握如何报告事故和保护事故现场；事故调查小组成员及组长需要掌握收集证据、分析证据等方面的知识以及事故根源分析的方法。

④ 说明收集证据、分析事故根源、提出改进措施、跟踪落实改进措施等相关的要求。

⑤ 说明事故调查的文件要求。明确需要编制和保存哪些与事故调查相关的文件，哪些文件需要有律师审阅。鉴于事故调查报告不同于一般的工作报告，宜规定统一的事故调查报告格式。

⑥ 说明如何通过回顾事故调查工作，持续改进事故调查管理制度。

事故调查(特别是对于未遂事故的调查)可以有效地避免灾难性的工艺安全事故。在工厂建立了事故调查管理制度之后，需要给予员工必要的培训，鼓励他们主动报告发现的事故，并参与落实事故调查提出的改进措施。

对于规模较大的公司，可以建立事故和未遂事故数据库，允许员工访问该数据库，从中学习以往事故的经验教训，这样也利于预防类似的事故。

4.3 事故调查方法

可以选择的事故根源分析方法有很多种，每种方法都有各自的优点和局限性。在实际开展事故调查分析时，可以同时采用多种分析方法。限于篇幅，以下只对常见的一些分析方法做初步的介绍：

(1) 头脑风暴法(brainstorming)

这种方法依靠参与者的脑力激荡，提出关于事故原因的看法。通常的做法是一组人围坐在一起，大家先了解事故发生的经过，然后围绕所发生的事故，提出对于事故原因的看法，并对这些看法进行讨论，找出事故的原因。

这是一种非系统化的事故原因分析方法，讨论得出的结论在很大程度上取决于参与者的知识与经验，不同的小组得出的结论可能不尽相同。如果参与者的经验不足，得到的事故原因可能是不完整的，或找出的不是事故的真正根源。为了克服“非系统化”这一缺点，可以采用“5 个为什么”方法帮助参与者思考，这种方法要求参与者针对某一方面的原因连续问 5 次“为什么”，通过串级提问的方式找出事故的根源。

(2) 时间线法(Timelines)

时间线本身不能确定事故的根源，但它是帮助探寻事故根源的有用工具。事故调查小组可以根据收集到各种证据以及与相关人员面谈得到的信息，将事故发生前的一系列事件按照时间的先后顺序进行排列，以便于开展根源分析。

在事故调查期间，在获得更多的证据或资料后，可以对已经编制的时间线进行修正。时间线也有助于防止遗漏收集重要的证据。

表 12-1 是一个简单的时间线的例子。操作人员往配料罐 D-300 添加固体物料时，忘记开动配料罐的搅拌器，结果进入配料罐的固体物料聚集在它的底部，因此固含率的测量仪表没有反映罐内的实际情况，等到操作人员突然发现忘记开动搅拌器后，立即将它启动起来。经过搅拌，配料罐底部的固体和其中的溶液混合，溶液中的固含率超过了设计的范围。在配料罐至反应器之间有一系列的换热器，它们的作用是通过加热将固体物料完全溶解。由于配料罐内的固含率太高，超出了换热器的能力，结果固体浆料进入反应器，堵塞了反应器催化剂床层(催化剂的毛细小孔)，损坏了整个催化剂床层。

表 12-1 催化剂床损坏的时间线表

时　间	操作内容
17 : 55 : 12	开始从配料罐 D-300 经过换热器向反应器中送料
17 : 56 : 00	确认配料罐中的浆料固含率过低(18%，根据 DCS 记录)
18 : 12 : 33	开动加料螺杆机往配料罐 D-300 进料
18 : 39 : 08	发现未启动搅拌器
18 : 42 : 17	按程序启动搅拌器

续表

时　间	操作内容
18：43：01	配料罐的固含率 TSH-300(高)报警
18：44：53	立即停止加料螺杆机，不再往配料罐中进料
19：11：02	填料床反应器压差计 PDI-330(高)报警
19：48：00	操作人员确认反应器内的催化填料床堵塞

(3) 事故原因图表(Cause Factor Chart)

这种方法运用图表的形式，按照事故发生的时间顺序组织相关的证据。在图表中，将事故发生过程中的"事件"描述在长方形的框内，用箭头按照时间先后次序连接。所谓的"事件"应该是事故发生之前的某个行为，不是状态。将对应的状态记录在椭圆形的框内(如果证据需要进一步确认，则用虚线椭圆)，并用虚线与对应的"事件"连接。图 12-4 是上述损坏催化剂床层的事故原因图表。

不能直接通过这种方式找出事故的根源，但它有助于调查人员按照合乎逻辑的方式组织、理解现有的证据，并且有助于不同调查人员之间相互沟通。

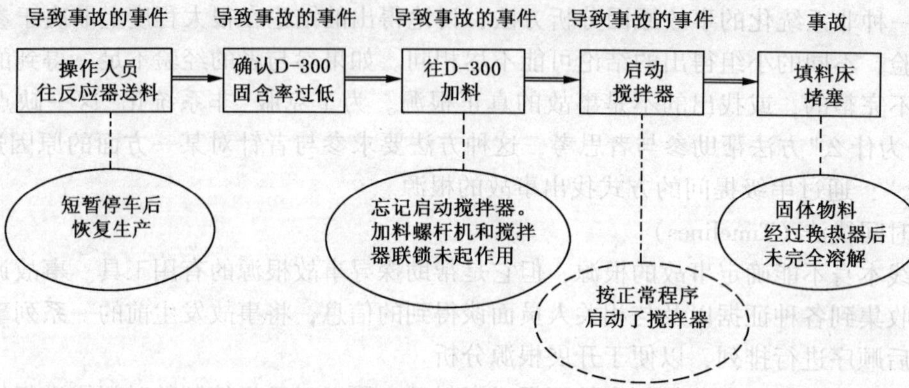

图 12-4　损坏催化剂床层的事故原因图表

(4) 逻辑树方法(Logic Tree)

头脑风暴、时间线和事故原因图表等可以帮助我们掌握事故相关的背景和证据，但它们不利于系统地发掘事故的根源。工艺安全事故通常比较复杂，其根源往往涉及多处管理系统上的缺陷，需要通过系统地分析才能找出这些缺陷。逻辑树方法是系统、全面地确定事故根源的方法，可以采用它推演出事故的直接原因及根源。常见的逻辑树方法有故障树分析(Fault Tree Analysis)和"为什么树"(Why Tree)。以下以损坏催化剂床事故的故障树分析为例简单介绍故障树分析，如图 12-5 所示。

在工艺危害分析时，可以运用故障树分析方法评价某种不利结果出现的可能性大小，同样地，可以将这种方法应用于事故调查。这两种用途的区别是，前者中事故的结果是假设的，而后者已经出现了后果。此外，采用故障树分析方法开展危害分析时，一般较多地是通过定量计算来改进设计，或考察现有的设计是否满足公司或工厂规定的风险标准；而在运用它进行事故调查时，主要是运用这种方法定性地推演出事故的原因，偶尔也进行定量的分析。

故障树分析方法的具体做法：针对某个结果，采用逆推的方式，借助"与"门和"或"门的逻辑运算，反推演出该结果出现之前的事件，推演得出的某个事件又可以是下一层其他事

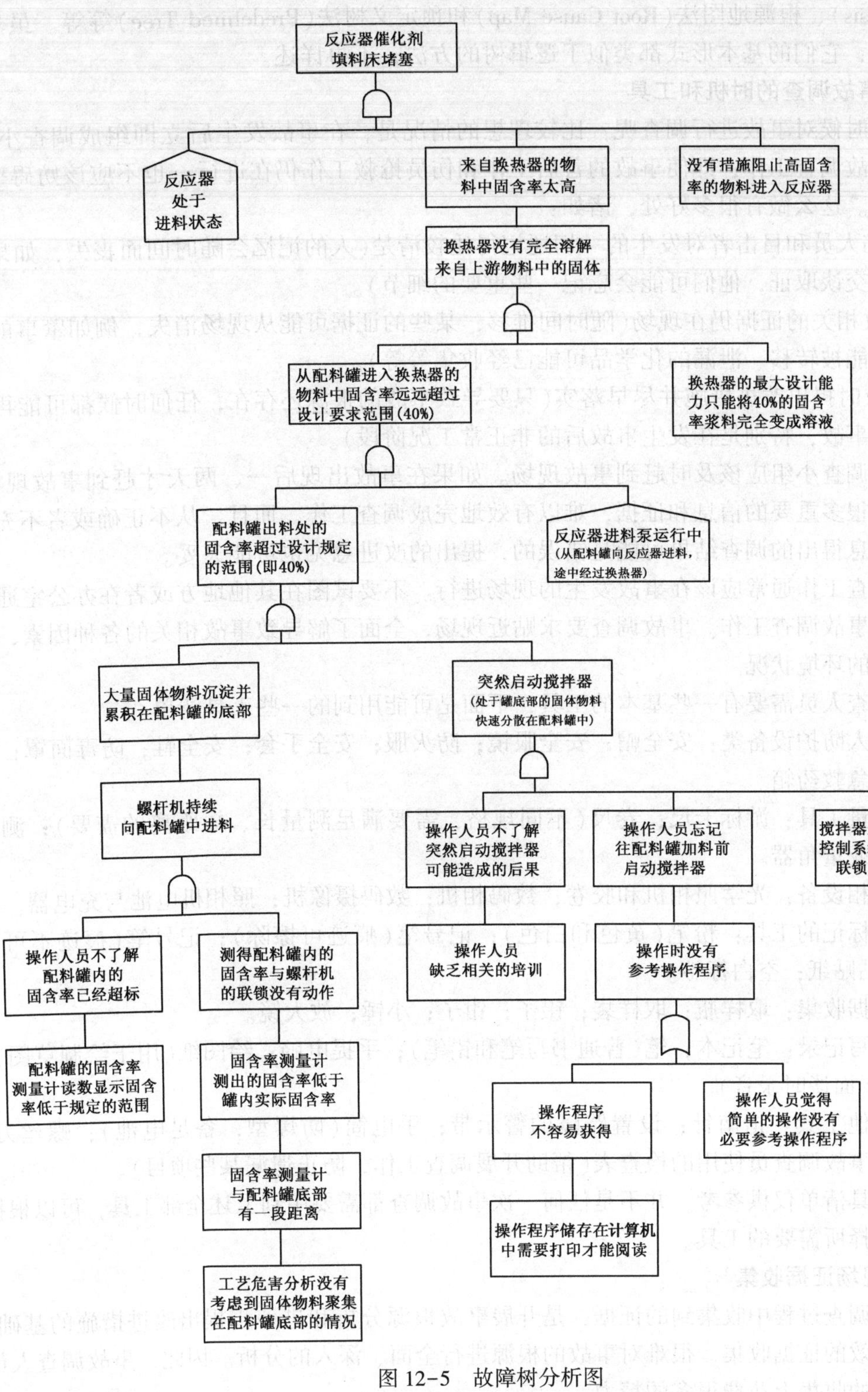

图 12-5　故障树分析图

件发生的结果。

(5) 其他方法

目前，还有一些广泛采用的其他事故调查方法，诸如阿波罗根源分析法(Apollo Root

Cause Analysis)、根源地图法(Root Cause Map)和预定义树法(Predefined Tree)等等。虽然这些方法各异，它们的基本形式都类似于逻辑树的方法，不再详述。

4.4 事故调查的时机和工具

在什么时候对事故进行调查呢？比较理想的情况是，在事故发生后立即组成调查小组，尽快开展事故调查工作；即使事故的善后工作和伤员抢救工作仍在进行，也不应该妨碍事故的及时调查。这么做有很多好处，诸如：

① 受伤人员和目击者对发生的一切还记得比较清楚(人的记忆会随时间而丧失，如果不及时与他们交谈取证，他们可能会忘记一些重要的细节)。

② 事故相关的证据仍在现场(随时间推移，某些的证据可能从现场消失，例如肇事的设备和工具可能被转移、泄漏的化学品可能已经收集等等)。

③ 能及时提出改进措施并尽早落实(只要导致事故的根源还存在，任何时候都可能再次发生类似的事故，特别是在发生事故后的非正常工况阶段)。

因此，调查小组应该及时赶到事故现场。如果在事故出现后一、两天才赶到事故现场，可能会丧失很多重要的信息和证据，难以有效地完成调查工作。而且，从不正确或者不充分的证据和信息得出的调查结果可能是错误的，提出的改进意见也可能欠妥。

事故调查工作通常应该在事故发生的现场进行。不要试图在其他地方或者在办公室通过电话来完成事故调查工作。事故调查要求贴近现场，全面了解导致事故相关的各种因素，包括事故现场的环境状况。

事故调查人员需要有一些基本的工具，下面是可能用到的一些工具清单。

(1) 个人防护设备类：安全帽；安全眼镜；防火服；安全手套；安全鞋；防毒面罩；耳塞或耳罩；急救药箱。

(2) 测量工具：游标卡尺；卷尺(不同规格，需要满足测量长、短距离的需要)；测温计；直角尺或量角器。

(3) 照相设备：光学照相机和胶卷；数码相机；数码摄像机；照相机电池与充电器。

(4) 做标记的工具：粉笔(黄色和白色)；记号笔(痕迹可擦除)；记号笔(痕迹不可擦除)；标识粘贴纸；空白标签。

(5) 证据收集：取样瓶；取样袋；镊子；钳子；小锤；放大镜。

(6) 书写记录：笔记本；笔(普通书写笔和铅笔)；手提电脑；绘图纸(用于绘制草图)；录音机(用于面谈时录音)。

(7) 其他工具：指南针；设置路障的警示带；手电筒(防爆型，备足电池)；螺丝刀；小玻璃镜；事故调查员使用的检查表(帮助开展调查工作，防止遗漏某些项目)。

上述工具清单仅供参考。并不是任何一次事故调查都需要用到上述全部工具，可以根据具体情况选择所需要的工具。

4.5 现场证据收集

在事故调查过程中收集到的证据，是开展事故根源分析和进一步提出改进措施的基础，如果没有有效的证据收集，很难对事故的根源进行全面、深入的分析。因此，事故调查人员需要在证据的收集上花费很多的精力。

对于火灾和爆炸等后果严重的事故，可能政府部门(安全、公安和环保等等)也会介入，进入事故现场会受到严格的控制；其他相关方如保险公司、律师等也可能很关心调查的进展。这些因素都可能影响调查的取证过程。此外，工厂恢复生产的要求也可能对事故的现场调查增加压力，如果事故没有影响正常的生产，事故调查小组需要争取操作人员和维修人员的协助；反之，如果事故导致生产中断，重新投产的愿望和需求可能会给事故调查工作增加一些紧迫感。

无论事故大小，收集证据的基本步骤是类似的，这里讨论复杂事故的数据收集办法；对于简单的事故，可以适当地进行简化。

在事故调查小组进驻现场之后，要尽可能地收集各类数据和信息，不要轻易放过可能用到的数据和资料，防止在事故调查结束时才发现遗漏了某项重要信息。由于需要获得的数据很多，现场收集证据时，调查小组的成员需要有计划和明确的分工。在工作之前要安排获取数据的计划，确定需要获得哪些证据，并且了解采集证据时需要使用的个人防护用品和有关的安全事项。

进入事故现场时，可以从远处总体观看事故现场，留意是否观察到异常的状况或欠缺的地方，记录所看到的第一印象。请注意，只是记录所见到的东西，不要记录你自己认为事故是如何发生的。需要强调是，在开展事故调查之前，必须事先掌握现场的危险状况，以确保调查人员的安全。

对于那些随时间可能改变的数据或证据，需要优先收集。例如，飞出厂界的爆炸碎片、DCS 或 PLC 控制系统内的工艺数据、工艺物料的样品以及与关键人员的面谈等等。

证据收集可能涉及非常广泛的范畴并超出发生事故的区域。常见的证据来源包括五个方面：

① 物理证据。如设备中残余的物料、未完成分析的样品、事故涉及的设备或仪表等。

② 位置证据。包括事故发生时人、设备等所处的位置，以及工艺系统的某些位置状态。如事故发生时受害人的位置、爆炸碎片的分布情况、储罐内的液位、阀门所处的状态位置等。

③ 电子证据。如控制系统中保存的工艺数据、电子版本的操作程序、各种电子文档的记录，也包括相关人员的往来电子邮件等。

④ 书面证据。如交接班记录、签发的作业许可证、书面的操作程序、检验报告、培训记录和工厂的相关政策和标准等。

⑤ 相关人员。如目击者、受害人、现场作业人员及工厂其他人员。与他们面谈是获得证据的重要途径之一。

（1）物理证据收集

在收集物理证据时，不要仅仅局限于发生事故的工艺区域，还需要考虑与之相关联的辅助工艺系统、相邻的工艺系统以及安全和控制系统等等。

调查小组要对事故现场的设备情况进行调查，了解事故发生时工厂是如何操作的。记录手动阀和调节阀的位置，以及调节阀的选择开关位置。在实际操作时，作为对事故的应急反应，工厂需要开、关某些阀门，调查小组需要向工厂操作人员求证并准确记录在应急反应过程中，是如何对这些阀门进行操作的。

调查小组应该找出并标识出与事故相关的关键设备，在进一步的调查中可能需要对它们进行检查，例如，怀疑内部出现损坏的设备、变送器、触发联锁、报警开关、以及控制阀等等，泵、管道、换热器和容器等设备也可能与事故相关。可以采用挂牌的方法对相关的设备进行标识，防止他人改变这些设备。在完成标识、检查或检验之前，应该限制无关人员出入有关的设备区域。如果需要从工厂拆除某些设备进行特别的检验，在拆除之前和拆除之后，都应该拍照并保存；在对设备进行测试和拆分时，要对每一个测试和拆分的步骤都进行拍照。

如果事故中发生过爆炸，要找出所有的散落爆炸碎片，收集并妥善保管好这些碎片。并且绘制爆炸碎片分布图，给每个爆炸碎片编号并对现场拍照。

可以从工艺装置或者控制室着手收集数据，控制仪表等通常都位于这些地方。调查人员应该围绕控制盘收集数据：记录好仪表的设定值，并且对记录仪和其他指示仪表近距离拍照，尽量能从照片上清晰看见相关的指示结果。有些记录仪采用不同的颜色表示不同的工艺参数，应该记录好每种颜色所对应的工艺参数，便于以后分析。此外，还需要检查控制盘的背后记录仪表的调谐常数(如比例带宽、复位值等)。

另一个物理证据的重要来源是残留在工艺设备中的物料，如液体和固体。事故调查时，要对它们进行取样和分析，在取样前，事先应该采取合理的安全保护措施，防止取样时造成人员伤害。在取样时，要采取正确的取样方法，确保试样具有较好的代表性。可以先取一份较大的样品，然后将它分成若干个相同的样本，对这些样本进行妥善保管和分析。准备多份完全相同样本的好处，是拿到不同的单位进行分析时，不必担心样本的差异。如果分析方法相同，分析的结果应该很接近。假如需要将样品送到工厂以外的地方进行分析，应该按照处理危险品的要求进行输送或邮寄，调查小组中需要有成员了解邮寄危险物品的要求，或者寻求其他人员或服务机构协助。

(2) 位置证据收集

位置证据涉及事故发生时人的位置及一些物的位置或状态。事故发生时人的位置，诸如操作人员所在的位置、目击者所在的位置以及受害人所在的位置等等。物的位置和状态，诸如阀门的位置、储罐的液位、控制开关的位置等等。

位置证据的一个特点是容易被改变。例如，应急反应时对阀门的操作、对伤员的救助和对储罐内物料的转移等等。

了解位置证据时，需要向相关的操作人员、维修人员咨询，并尽可能拍照记录。参考或利用工厂平面图或设备布置图，绘制人员、设备、物料和爆炸碎片等的分布图也是记录位置证据的好方法。

收集物理证据或位置证据时，可以对现场进行拍照或者录像。这是收集证据的另一个重要途径。常见的有两种拍照方法，一种是传统的光学拍照，另一种是数码拍照。

数码拍照很方便，而且拍摄完成后立即就可以看到拍摄的效果。但是数码照片容易被编辑和改变，所以需要将拍摄的照片存放在安全的地方，妥善保管。

光学照片的一个好处是不能轻易改变它的底片，如果需要做成电子版本，可以将照片扫描进计算机。缺点是拍摄时看不到照片的效果，有可能因为胶卷走带出现故障，根本就没有拍摄到，但拍摄者却没有意识到这种情况；另一个缺点是意外曝光会损坏底片。

光学拍照和数码拍照各有利弊，可以按照实际情况决定采用那种拍照方式，也可以考虑两种方法相结合。数码摄像也是记录现场情况的很好的方法。

调查人员在拍照时，需要对照片进行记录，例如记录胶卷的编号、照片的序号和拍摄的内容。如果照相机能记录日期和时间，最好使用该功能，在每张照片上显示拍摄时的日期和时间，但事先要正确设置好当时的时间和日期；在拍摄时注意显示的日期和时间不要遮住被拍摄对象的关键部位。

如果使用数码相机拍照，不要从相机中删除任何拍摄的内容，即使是模糊的内容也应该一起保留着。

(3) 电子证据收集

要及时保存那些敏感的电子证据，例如计算机里的记录和电子仪表的数据记录。如果担心收集到的证据和资料的安全，可以把它们打印下来或进行备份，并分别保存在安全的地方。

目前，在很多工厂都采用DCS集散控制系统或PLC可编程控制器来实现工厂的自动化控制。DCS和PLC通常将操作数据储存在硬盘或其他设备上。事故发生后，应该立即将这些存储数据保护起来(包括设定值、报警范围等等)，防止破坏或丢失；特别是当供电系统遭到破坏的情况下，不间断电源能够支持的时间可能有限，需要及时保存这些数据。如果条件允许，应该将这些存储设施保管在安全、可靠和干燥的地方。这样做是为了尽可能保存所有的数据，以满足进一步事故分析调查的需要。

DCS系统或控制室内的计算机通常和打印机相连，调查人员需要收集那些打印出来的纸张。除了打印机附近的纸张外，还可能在控制室的工作台、废纸篓、领班或主管的办公室内找出类似的打印纸张，全部收集起来，它们可能包含有用的信息。

以上收集的这些证据，可以帮助我们形象地了解，在事故发生前后工厂的一些活动，以及事故发生前所存在的问题。

(4) 书面证据收集

可以在很多地方找到书面的证据，如控制室、办公室、维修间、现场作业处和工厂的资料室。收集书面证据时，经常会发现所需要的证据只是一大本文件中的一小部分，为了便于事后查阅，应该标明所找到的所有书面材料证据的出处，最好有一个总的清单。为了便于收集相关的文件，可以由调查小组中一名成员专门负责书面资料的收集。对于重大的事故，可能需要将所有相关的原始资料付诸保全控制。

如果发生事故的工厂仍然在采用纸张记录仪，则需要拆出记录仪的记录纸，做好标识并且封存好。不要只封存事故前几个小时的记录，进行事故分析时，可能需要追溯到几天甚至几个星期以前的生产情况，因此需要保留整卷记录纸。如果记录纸是新换的，要尽量找回最近换下的记录纸，它可能被人保存起来了，也可能从废纸篓或操作主管的办公室内找到。

从控制室和办公室，收集操作工和操作主管的生产操作记录和交接班记录。操作工的操作记录通常包括每个班组发生的情况以及维修、设备故障等等；交接班记录通常包括操作工接受到的一些操作指令，如操作条件、进料量、需要准备进行维修的设备、签发的作业许可证等等。对于间隙反应相关的事故，需要收集操作人员的现场操作记录、每个批次的投料记录和作业程序等等。

收集维修记录，如维修申请单和维修作业许可证等。这些信息通常可以在生产主管的办公室、控制室的操作台以及维修作业的现场获得。它们能够帮助我们了解最近完成的和正在进行的维修作业活动，以及事故发生时工厂的生产和维修情况。有些工厂采用计算机系统来管理维修作业，比如SAP系统，该系统记录和保存着所完成的维修任务记录，调查人员可以尽量利用这些系统中保存的信息。

还需要收集与事故装置相关的实验分析报告，包括原料的分析报告。它们一般保存在控制室和分析室。分析报告通常包括产品的质量报告以及生产过程中对工艺物料的在线分析结果。对于间歇操作，它的分析报告通常包含有操作前后的分析结果。

（5）与目击者面谈

与目击者面谈是获得事故相关证据非常重要的途径，通过面谈获得的信息可以为事故调查小组进一步深入了解情况提供有关的线索。

与目击者的面谈要及时，力争在目击者没有遗忘时向他们了解情况，以获取较准确的信息和证据。

这里所指的目击者不仅仅是目睹事故发生的人员，也可以包括那些本职工作和事故相关或者了解事故情况的人，例如：受伤的员工；相关的主管；现场代表；前后交接班的班组成员；安全负责人；工厂经理；新加入公司的员工以及其他任何了解情况的人。

调查人员在和目击者面谈以前，要事先进行必要的准备，包括相关的图纸、照片和提问清单。提问清单包括面谈过程中要提的问题，其内容通常需要包括：

① 接受面谈者的情况（如工作单位、从事的工作及联系电话）；

② 目击者看见什么、听到什么、闻到什么和感觉到什么；

③ 目击者认为事故是什么时候发生的、事故的原因是什么；

④ 目击者对事故有什么看法等等。

面谈时，最好有两个调查小组的成员参加，由一个人负责提问题，另一个人做记录。面谈需要在一个舒适的环境中进行，使面谈的人感到轻松，最好不要在工厂领导或经理的办公室。在面谈前，要消除面谈对象的紧张和对立情绪，最好坐成一圈，在面谈之前首先向目击者解释面谈的方式和面谈所得资料的用途，并说明在事故调查报告中将不会使用他们的名字。

向目击者发问时，先问一些基本的问题，如目击者的基本情况，然后才问与事故相关的具体的问题。交谈时，可以使用工厂或者肇事车间的平面布置图，也可以使用照片，了解在事故发生时，目击者以及其他员工所在的位置，以及他们当时都在做什么：是否有操作程序、实际操作是否遵守操作程序、事故发生时主管是否在场、遭遇事故的人员是否独自在现场工作等等。在目击者说话时，不要打断他。在问完所有的问题后，最后要问目击者是否需要补充什么内容。在完成面谈之前，和目击者一起核对一遍面谈的记录，防止出现误解；然后，将面谈获得的信息整理成正式的文件，请面谈者过目，并签名。

如果需要与几个目击者面谈，应该与他们分别单独交谈。因为同时与几个目击者一起交谈时，目击者在回答问题的时候可能会相互干扰。此外，要为面谈工作准备足够的时间，实际需要的时间可能会比预期的长。

完成面谈工作后，要和其他调查人员分享获得的资料，调查小组要一起对面谈获得的资料进行总结。对于那些重要的信息，如果从不同的目击者获得的信息有矛盾的地方，应该进一步与目击者确认，直到完全弄清楚为止。

调查小组需要对面谈对象所提供的意见保密，这些面谈中获得的信息仅限于事故调查小组内部讨论和参考，不应该泄漏给任何其他人。在事故调查报告中，可以有一个附件包括接受面谈的人员清单，并包括他们所担任的职务。

证据的保全。除了收集证据以外，调查小组还需要妥善保存所收集到的证据，这不仅是法律法规的要求，也是开展事故调查工作的良好实践经验。应该将收集到的物理证据和书面证据进行编号并列成清单。对于物理证据，还可以采用挂标签或用不同颜色标识的方法妥善保管。

4.6 正确对待未遂事故（near miss）

很多灾难性事故的调查工作表明，在大事故发生之前，往往先发生过一些类似或相关的

“意外事件”“轻微事故”或“未遂事故”。

1986 年美国挑战者号航天飞机爆炸失事，公开的直接原因是固体火箭助推器上的“O”形密封圈故障。早在 1982 年，工程师就发现了航天飞机在气温较低情况下离地升空，固体火箭助推器上的“O”形密封圈功能受影响的情况。在事故发生前六个月，由于“O”形密封圈的故障影响过发射计划。曾经有人提出过需要解决这个问题，但未完全落实提出的解决措施。在发生事故的前一天晚上，管理层得到相关的警告，在环境温度低于 11.6℃(53℉)时升空可能造成灾难性的后果(升空时的环境温度是 2.2℃)。“O”形密封圈的故障导致了灾难性的结果，而在此前，已经有足够多的“未遂事故”，只是它们没有被充分重视。

1997 年发生在某炼油厂的爆炸事故，导致 60 人死亡和 10000t 烃类产品泄漏和燃烧，在事故发生前，发生过多起与事故相关的输送管道腐蚀和泄漏的书面投诉。

2001 年，某公司的一个加氢反应器在维修时发生爆炸，造成多名维修工人严重受伤。原因是在打开反应器之前的置换工作不彻底，置换时氢气排放点不是真正的最高点。事故调查发现，该公司另一间类似的工厂在 20 世纪 80 年代末发生过类似的事故，但是在改造这一加氢反应器时没有吸取前一次事故的教训。

在重大的工艺安全事故发生之前所发生的这些“意外事件”“轻微事故”或“未遂事故”因为没有造成严重的后果，所以不容易引起人们的注意。但是，导致它们的直接原因或根源与所发生的重大工艺安全事故有相同或相似之处。假如当时的环境条件发生某些改变，它们就有可能导致不良后果，甚至成为灾难性的事故。

对一些工艺安全事故的调查表明，在事故发生前都存在相当数量的未遂事故。因此，对未遂事故进行调查，找出相关的直接原因特别是根源(通常是管理系统本身存在的缺陷)，并及时提出和执行改进措施，非常有助于防止发生重大事故。与事故发生后才采取补救的改进措施相比较，重视未遂事故的调查是更加经济、主动的事故预防策略。

图 12-6 是工艺安全事故与相关未遂事故的一个关系图；图 12-7 是作业安全事故与相关未遂事故的关系图。图中的数据可能因工厂而异，因为不同工厂对于未遂事故的定义与认定可能存在差别。这种金字塔的形状反映了未遂事故与严重事故之间的某种趋势关系。它们告诉我们，要消除重大事故(金字塔的顶)，重要的是应该设法消除未遂事故(金字塔的塔身)。消除未遂事故的过程，实际上是找出事故的根源(通常是管理系统本身存在的缺陷)并加以改进的过程。

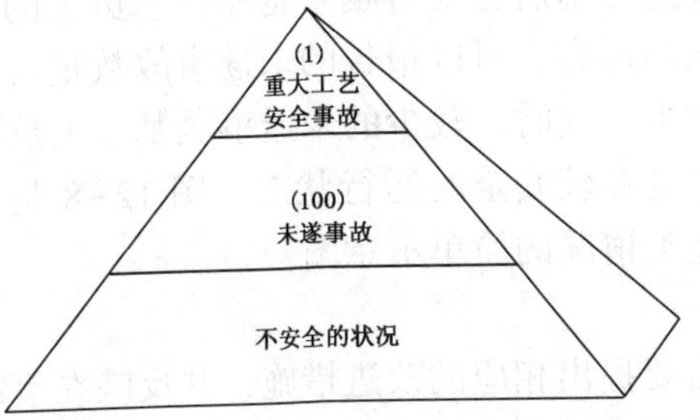

图 12-6　重大工艺安全事故与未遂事故的关系

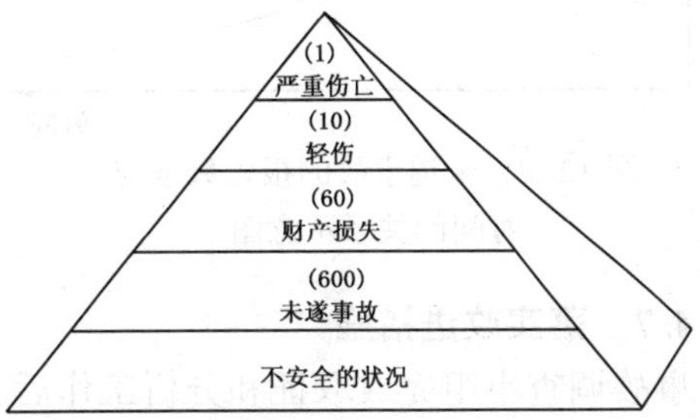

图 12-7　作业安全事故与相关未遂事故的关系

当我们认识到通过调查未遂事故可以预防重大事故的原理后，摆在我们面前的另一个问题，是如何鼓励员工报告未遂的事故。在一些工厂，虽然发生事故，但却从来没有人报告过未遂的事故。不是工厂不存在未遂事故，而是它们虽然存在，但没有人报告；因此，也自然地丧失了及时发现事故根源的机会。除非我们采取积极的引导政策，否则员工一般不会积极报告未遂事故，原因是有很多的方面妨碍他们主动报告未遂事故，诸如：

① 员工害怕报告未遂事故遭到处罚，有隐瞒的倾向。出现这种情形是人之常情，工厂需要有明确的政策鼓励员工报告未遂事故，并且不追究任何未遂事故相关人员的责任。工厂管理层需要认识到，所有的事故(包括未遂事故)的根源都是管理系统本身存在缺陷造成的，只有通过分析员工出现错误的根源(即管理上的缺陷)，并及时消除它们，才能避免其他员工在今后出现同样的错误。反之，即使今天惩罚了某个生产过程中出现错误的员工，在今后的某一天，同样的错误仍然可能发生在其他员工身上，那时候可能不再是未遂事故，而是一场灾难性的事故。

② 员工顾及自己或他人的面子，不愿意报告未遂事故。每一位员工都希望别人认可自己在本岗位的工作表现，很多情况下他们会将“出现未遂事故”与“工作表现不好”相联系。为了帮助员工克服这种心理，工厂需要培训员工，帮助他们认识到报告未遂事故的重要性，使他们认识到发生未遂事故的根源在于管理上潜在的缺陷，报告未遂事故有助于消除这些缺陷，是有意义的工作。

③ 员工不了解如何报告未遂事故，或者没有建立适当的报告途径，或者员工报告了之后没有任何的反馈。这些情况存在时，即使员工认识到报告未遂事故的重要性，想要报告也会放弃。因此，工厂需要建立简单易行的未遂事故报告办法、培训员工以帮助他们掌握未遂事故的定义和报告办法、及时对报告的未遂事故组织调查、与员工分享调查的结果和及时落实改进措施。

值得注意的是，不能将员工所报告的未遂事故的数量多少与工厂的实际安全状况好坏划等号。例如，对于一间新建的工厂或者一间才开始重视未遂事故的工厂，在执行报告制度的初期，报告的未遂事故会相对较少；如果管理层坚持鼓励员工报告未遂事故，经过一段时间，报告的未遂事故数量会增加。这并不是说工厂的安全状况恶化了，恰恰说明员工的安全意识在提高，此前报告的未遂事故少，并不是原来比现在更安全，而是因为员工虽然知道了未遂事故，但没有报上来。经过 2~3 年，未遂事故的报告数量会减少，甚至会相当少。出现这种情况的前提是，工厂认真对待以往员工提出的未遂事故，并采取必要的措施改进管理系统或工艺系统，工厂的管理系统和工艺系统在接受这些改进措施后会变得越来越完善、员工的安全意识愈加提高，可以报告的未遂事故数量自然就越来越少，此时，较少的未遂事故基本上反映了工厂是处在较安全的运行状态。图 12-8 是一个说明此类情况的简单示意图。

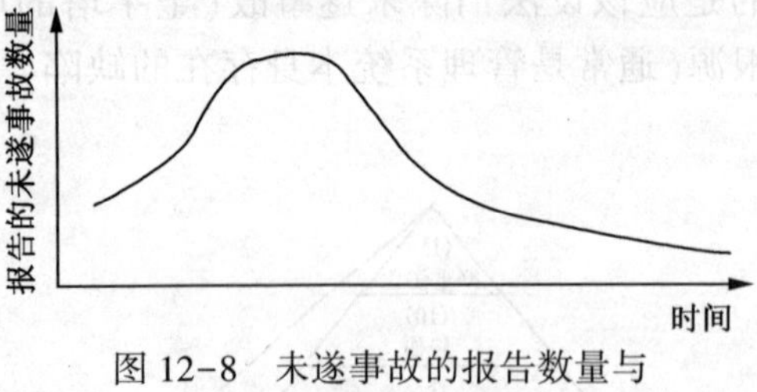

图 12-8　未遂事故的报告数量与时间的关系示意图

4.7　落实改进措施

事故调查小组完成取证和分析工作后，通常需要提出相应的改进措施，并反映在事故调查报告中。工厂管理层应该及时了解、澄清和跟踪落实这些改进措施。

事故调查的重要目的是防止再次发生类似的事故。如果不跟踪、落实事故调查小组提出的改进措施，不但付出许多努力的调查工作前功尽弃、影响员工参与事故调查的积极性，更加重要的是导致事故的根源依然存在，很可能在今后再次发生同样的事故。因此，工厂需要建立相应的书面的程序或制度，规定如何跟踪、落实事故调查小组提出的改进措施。

在落实改进措施时，可以按照当前存在的风险大小，对提出的改进措施进行分级，并确定每项改进措施的完成日期，指定专人负责落实。不要将任何一项改进措施同时分配给几个人或几个部门，这样做可能出现责任不清、“三个和尚没水喝”的情况。针对每项任务，只指定一个负责人，如果需要其他资源来完成任务时，由指定的负责人协调和落实。

在实际执行改进措施的过程中，可能会发现因为客观条件的限制，某些最初提出的改进措施难以实际落实，或者有更好的方案可以采用。出现这种情况时，如果不执行某项改进措施，或采用新的替代方案，都需要有书面的说明和记录。

4.8 事故调查制度的持续改进

完成事故调查后，除了开展内部交流或对外交流外，还需要对事故调查工作进行回顾，让所有参与调查的人员对调查工作进行客观的评价，共同提出改进事故调查管理系统的建议。

评价可以包括值得继续保持的优点，以及需要改进的某些环节。可能涉及的方面有：小组成员的经验及培训、调查的准备工作、调查小组的构成、现场取证及证据保护、沟通方式等等，还可以包括改进措施的提出和执行环节。

对事故调查系统的改进，将影响今后的事故调查策略和方法，因此需要慎重对待。确实需要做出改变时，应该遵守工厂变更管理制度的相关规定。

第十三章　商业机密

开展工艺安全相关的工作需要用到许多工艺系统的资料，这些资料可能属于工厂的技术机密。如何解决好工作需要和技术保密的矛盾，看似简单，其实是非常具有挑战性的一项工作。

1　引言

在工厂的生产、维修以及危害分析和工艺安全管理系统审计等过程中，都需要涉及工艺安全信息，其中有些信息如工艺流程图、操作参数的范围等可能属于需要保密的资料。但是这些信息资料是开展工艺安全管理工作所必需的。如何解决好这一矛盾，看似简单，其实是非常具有挑战性的一项工作。

在某些协会如 CCPS 和 ACC 颁布的工艺安全管理系统中并不包括这一要素。OSHA 作为政府机构，将这一要素包括在工艺安全管理系统中，似乎更多地是以维护员工利益为出发点。

商业机密不仅仅限于工艺安全领域，公司或工厂许多的活动都涉及到商业机密，国内、外的公司在商业机密上的一些管理方法也不尽相同。

鉴于这一要素的特殊性，本章只是列出了 OSHA PSM 相关的要求供参考。

2　PSM 对“商业机密”要素的规定

OSHA 对于商业机密的要求包括：

（1）无论信息资料是否需要保密，雇主应该为从事以下工作的人员提供必要的资料：

① 编制工艺安全信息；

② 协助（或参与）工艺危害分析；

③ 编写操作程序；

④ 参与事故调查；

⑤ 编制应急预案及参与应急反应；

⑥ 参与符合性审计。

（2）不限制雇主与使用相关信息资料的员工签订保密协议。

（3）员工及员工代表，应该可以了解包含在工艺安全信息资料（如工艺危害分析报告和其他文件中）中涉及商业机密的信息。

第十四章　符合性审计

符合性审计主要是为了发现工艺安全管理系统本身及其执行过程中存在的不足之处，以便及时改进和确保工艺安全管理系统健康、有效地运转。

1　引言

符合性审计的目的，是发现工艺安全管理系统本身的缺陷，以及在执行环节中存在不足的地方。它有助于工厂及时采取必要的改进措施完善工艺安全管理系统，达到持续改进的目的。

符合性审计可以分为内部审计和外部审计。审计的过程通常包括准备工作、组建审计小组、开展现场审计、评估审计结果和完成审计报告。工厂需要根据审计报告编制改进计划并跟踪落实。

目前，建立完整工艺安全管理系统的国内公司或工厂很少，外资和合资工厂相对较多些。符合性审计这一要素只是适用于已经建立了工艺安全管理系统的工厂。

2　PSM 对"符合性审计"要素的规定

OSHA 对符合性审计提出了下列要求：

① 雇主有证据证明，他们至少每三年完成了一次工艺安全管理系统的符合性审计，以确认所编制的程序和实践准则满足工艺安全相关法规的要求，并得到了落实；

② 开展符合性审计时，审计人员中至少有一个人熟悉审计所涉及的工艺过程；

③ 应该编制审计报告，其中包含审计所发现的问题；

④ 雇主应该及时根据符合性审计提出的每一个不符合项，做出书面的回应，并且书面记录已经改进了的不符合项；

⑤ 雇主应该保存最近两次的符合性审计报告。

3　"符合性审计"要素相关实践

3.1　工艺安全管理符合性审计概念

审计是指系统、独立地对已经制定的标准、指南等的实际执行情况进行检查，确认实际执行的情况是否符合这些标准与指南的要求。审计的依据通常是政府的法律、法规、标准以及被审计公司自有的政策、标准和指南。审计时需要采取明确定义好的审查方法和准则，以确保结果的一致性，并且便于审计人员得出可靠的结论。

符合性审计(Compliance Audit)是 OSHA 工艺安全管理系统的要素之一，它主要是确保工厂正确履行工艺安全管理系统的各个要素。有效的符合性审计有助于整个工艺安全管理系统持续、健康和有效地运转。

从事符合性审计的人员需要检查当前的工艺安全管理系统本身是否完善，并在此基础上进一步评估管理系统的实际执行情况，即工厂是否按要求执行工艺安全管理系统的各个要素以及执行的质量情况。

需要区分的是，“工艺安全管理符合性审计”和“工艺安全审计”二者有很大的区别。虽然都是为了加强工厂的工艺安全工作，但后者是想要弄清楚工艺系统本身是否安全，而前者是从管理的层面上确认工厂是否落实了工艺安全管理系统的要素，以确保工艺系统的安全。例如，对于工厂的某个压力容器而言，工艺安全审计会具体确认它的设计压力是否满足工艺要求、是否有超压保护措施，主要关心的是具体的危害，可能会提出针对性的改进意见；如果是进行工艺安全管理符合性审计，它关心的是工厂是否存在有效的管理制度，以确保压力容器的设计、安装、运行、维护和维修等环节符合政府法规、标准以及公司自己颁布的相关标准，主要关心的是管理系统本身是否完善、是否处于健康的运行状态，可能会提出改善管理系统的意见。

3.2 工艺安全管理符合性审计范围

开展工艺安全管理符合性审计之前，需要明确审计的范围，否则可能出现误解、计划混乱等各种不利的情况。对于不同的工厂，工艺安全管理符合性审计的范围可能有很大的不同，例如有些工厂所有的装置都是工艺安全管理法规所覆盖的，审计的范围包括整个工厂；有些工厂只有部分装置需要满足工艺安全管理法规的要求，审计时只是面向工厂的部分装置。又如，有时候受时间限制、日程冲突或其他原因，可能只是对工艺安全管理系统中的部分要素进行审计。

在计划工艺安全管理符合性审计之前，可以考虑下列因素以明确审计的范围：

① 公司的政策和法规的要求；

② 工厂的类别(生产加工工厂、储存设施还是其他类别的设施)；

③ 工厂的地理位置；

④ 符合性审计覆盖的装置或设施(是否所有装置都需要接受审计)；

⑤ 本次审计的工艺安全管理要素(对全部还是部分要素进行审计)；

⑥ 人力资源(被审计工厂的人员和审计人员是否都能安排时间参与本次审计)。

审计过程中，有时候会发现实际所需的时间比计划的要多，对于大型的化工或石化工厂，如果包括准备、现场审计(含讨论和总结)以及编写报告，4~6 人的审计小组可能需要花费数周的时间才能完成各个要素的审计。被审计的工厂也需要安排相关的人员配合审计过程。为了取得好的审计效果，宁可针对较小的范围(如工艺安全管理系统的部分要素)进行较全面、细致和深入的审计，这样做比在有限的时间内，对较大的范围进行“走马观花”式的审计效果更好些。

3.3 工艺安全管理符合性审计频率

符合性审计的频率通常指相邻两次审计之间的时间间隔。工厂或公司的符合性审计程序需要明确如何确定审计的频率。在确定符合性审计的频率时需要考虑多个因素：

① 法规的要求和公司的政策。如 OSHA 要求工厂至少每三年进行一次符合性审计，有些公司自身可能有更加严格的要求。

② 接受审计的工厂的风险大小。如果工厂工艺过程涉及较多种或较大数量的危险化学品、比较严格的操作条件(如高温高压)等等，审计的频率就应该相对高些；工厂周围的情况，如工厂周边区域存在较多的居民区、学校或医院等也可能成为增加审计频率的依据。

③ 工厂的历史情况。对于新建的工厂或者新并购的工厂，通常需要进行工艺安全管理系统的审计，并适当增加审计的频率。原因是在这些工厂中，要么才刚刚建立工艺安全管理

系统，要么虽然建立了较长时间，但与本公司的工艺安全管理要求存在较大的差距。如果对这些工厂的审计，发现它们与 OSHA 工艺安全管理系统的规定或公司本身的工艺安全管理要求存在较大的差距时，则需要增加审计的频率。

④ 安全状况。如果工厂的安全绩效不理想，发生的意外事件或未遂事故较多，则需要加大符合性审计的力度。如果频繁出现各类事故，尽管没有严重的后果，说明管理系统可能存在某些缺陷，应该通过审计来完善工艺安全管理系统，以避免发生灾难性的事故。

⑤ 类似工厂出现的安全事故。如果了解到其他类似工厂出现了某种安全事故，可以借鉴事故的教训，对自己工厂相关的方面进行审计。这种审计通常只是针对某一个或几个工艺安全管理系统的要素。例如，从报道中了解到本行业中类似工厂在开车期间频繁发生严重的事故，就可以考虑加强对本工厂开车前安全检查要素的符合性审计。

3.4 符合性审计小组

符合性审计小组通常由 2~6 名成员组成，如果只是对个别的工艺安全管理系统要素进行审计，也可以由一名审计人员完成。例如，只是审计工厂的变更管理及其执行情况，一个人就可以完成审计；对于复杂的系统，如果需要同时对多个要素进行审计，最好由一个小组完成。选择审计小组的成员时，需要考虑他们是否接受过相关培训、是否掌握审计方法并有相关的实践经验、是否有较好的沟通能力等等。审计小组中至少应该有一名成员熟悉被审计工厂的工艺过程。

通常，审计小组成员不应该包括来自本工厂(或本装置)的员工，原因是可能存在“利益冲突”，因为很难让该成员对他(或她)自己应该负责的工作进行客观的审计。比较好的解决方法是从类似的兄弟工厂派遣有关人员参与审计，这样既可以解决“利益冲突”，也可以确保审计小组中有具备相关工艺知识的成员，还有助于兄弟工厂之间的相互交流和学习。这么做有时候也存在某些困难，例如受邀请人员的本职工作与审计日程相互冲突，或者缺乏足够的审计经验等。

有些规模较大的公司安排专门的审计人员，负责对某一类工厂或某个区域内的工厂进行定期的审计。委托咨询公司对工厂进行审计也是一种很好的选择，它的优点是可以确保审计的“公正”与“客观”，而且咨询公司的顾问通常具有较丰富的审计经验，并且对工艺安全管理相关的法规有较深刻的认知。

3.5 现场执行符合性审计

在现场执行符合性审计时，审计人员需要检查和阅读相关的工艺安全信息资料，如书面的程序，并与工厂人员面谈。通过上述途径，审计人员可以找出现有管理系统及其执行过程中存在的差距，并且将发现的问题以书面形式(通常是审计报告)记录下来。工厂可以根据审计结果提出针对性的改进措施并付诸实施。

3.6 符合性审计的跟踪和改进

针对审计发现的问题提出和落实改进措施，是审计工作需要达到的真正目的。符合性审计完成后，通常会由审计小组编制审计报告，在报告中提出审计过程中发现的需要改进的方面。

审计过程中，有时会提出改进措施，这种做法在内部审计时较常见。有时候审计小组只是提出当前需要改进的地方，不提出具体的改进措施，在这种情况下，工厂需要自己决定如何改进审计过程中所发现的不足之处。无论是哪种情况，工厂都需要经历跟踪、完成改进措施的阶段。为了有效地落实改进措施，工厂需要编制书面的改进措施执行计划，并将任务分配给具体的负责人。

如果是工厂的内部审计，在改进措施完成后，可以由审计人员确认它们是否已经按照要求完成。如果是由咨询公司完成审计，一般在下一次审计时(如三年后的再次审计)，审计人员需要阅读前一次审计的报告，确认工厂是否针对前一次的审计报告完成了相关的改进工作。

3.7 工艺安全管理符合性审计要点

咨询公司在开展符合性审计时，通常会根据工厂的特点事先编制一份工艺安全管理符合性审计标准(Protocol)，通常约有60页A4纸的内容。限于篇幅，下面根据OSHA工艺安全管理系统各个要素的特点，简要总结对这些要素进行审计时需要注意的方面。读者也可以根据以下内容对照当前工厂的实际情况，从中找出现有工艺安全管理系统需要改进的地方。

(1) 工艺安全信息

① 是否建立了工艺安全信息资料管理制度？

② 是否编制了工艺安全信息清单？

③ 工艺安全信息是否及时更新，例如工艺系统发生变更时，是否及时更新原有的工艺安全信息资料？

④ 在开展工艺危害分析之前，是否编制了必需的工艺安全信息？

⑤ 工厂生产、使用和储存的化学品是否有安全技术说明书(MSDS)，它们是否包含必要的信息？

⑥ 是否有与工艺技术相关的文件资料：完整的工艺流程图、物料平衡与能量平衡、工艺系统中涉及的主要化学反应的说明文件、说明化学品的最大储存量的资料以及说明安全操作范围的资料？

⑦ 是否有工艺设备相关的文件资料：竣工图是否包括设备的规格(可以与工艺危害分析报告和机械完整性的记录对比)、建造材质、工艺管道仪表流程图、爆炸和火灾危险区域划分图、泄压系统的书面设计资料、通风系统的设计资料、安全系统的说明文件？

⑧ 工厂是否保存了设计所依据的规范和标准的清单？

(2) 工艺危害分析

① 是否完成了工艺系统的工艺危害分析？

② 是否使用了规定的工艺危害分析方法（如果不使用规定的方法，需要说明)？

③ 工艺危害分析报告是否包含了必要的信息？

④ 工艺危害分析提出的改进措施是否按计划完成？

⑤ 是否每隔5年对以往的工艺危害分析结果进行了有效性确认(Revalidation)？

(3) 变更管理

① 工厂是否建立了书面的变更管理程序？

② 变更管理程序是否要求评估变更对安全和健康的影响？

③ 变更管理程序是否提出了变更的审查和批准要求？

④ 变更管理程序是否规定了临时变更相关的要求？

⑤ 受变更影响的操作人员、维修人员及承包商雇员是否接受了变更相关的培训或通知？

⑥ 确认是否及时更新了受变更影响的文件和图纸？

(4) 投产前的安全检查

① 在新设施建成投产前或现有设施变更(那些需要更新工艺安全信息的变更)投入运行

前，是否完成过开车前安全检查？

② 投产前安全检查是否确认了：设备等的施工安装符合设计要求、编制了安全操作和维修等的操作程序、完成了工艺危害分析及其提出的改进措施？

③ 在投产前，是否对相关员工进行了培训？

(5) 操作程序

① 工厂是否为工艺系统的操作编制了书面的操作程序并实际使用它们？

② 操作人员和维修人员是否容易获得操作程序？

③ 是否定期检查确认操作程序，以确保它们准确地反映当前的实际生产需要？

(6) 培训

① 操作人员是否都接受了工艺系统和操作程序的培训？

② 是否每三年为操作人员提供再培训？

③ 是否采取适当的方式确认操作人员掌握了培训的内容？

④ 检查培训和再培训的书面记录。

(7) 机械设备完整性

① 工厂是否编制、落实了书面的程序，以确保工艺设备的机械完整性？

② 工厂是否编制了与工艺安全相关的关键工艺设备清单？

③ 压力容器是否符合 API-510 和 NBIC 的要求[1]？

④ 储罐是否符合 API-653 的要求[1]？

⑤ 管道系统是否符合 API-570 的要求[1]？

⑥ 释放系统是否符合 API-RP-576 和 API-510 的要求[1]？

⑦ 是否向从事维修的员工提供了必要的培训(包含一般培训和专业培训)，以帮助他们了解工艺系统存在的危害和掌握相关的维修程序？

⑧ 是否编制了适当的检验和测试程序？

⑨ 工艺设备的检验和测试频率是否符合设备制造商的指南和好的工程实践？

⑩ 所完成的对工艺设备的检验和测试是否有适当的书面报告？

⑪ 是否有不符合要求的工艺设备还在继续运行？

⑫ 工厂是否有程序确保新建设备的制造符合工艺的要求？

⑬ 工厂是否有程序确保维修材料、备品备件和备用设备等符合工艺的要求？

(8) 动火作业许可证

① 是否存在书面的动火作业许可证制度(或作业许可证制度)？

② 是否明确定义了哪些作业属于动火作业？

③ 是否明确说明了可燃蒸气的测试和监测的要求？

④ 是否说明了填写和签发动火许可证的要求？

⑤ 以往的动火作业许可证是否都是正确填写，并有相关负责人的签名？

⑥ 如果审计时正好在工厂现场有动火作业，可以进行现场抽查以确认动火作业许可证是否正确填写和批准，现场是否满足动火作业的基本要求。

(9) 承包商

① 是否建立了选择承包商的安全要求或标准？

---

[1] 在我国境内的工厂，需要遵守我国颁布的该领域相关标准。

② 是否书面告知了承包商作业所在工艺区域存在的潜在危害？
③ 是否向承包商说明应急反应的要求和行动计划？
④ 是否对承包商员工进、出工艺区域及在其中停留进行适当的管理？
⑤ 是否定期对承包商的安全绩效进行评估，确保承包商符合工厂规定的安全要求？
⑥ 是否保存了承包商员工的伤害和职业病记录？
⑦ 是否要求承包商报告不安全的状况？
(10) 应急预案与应急反应
① 工厂是否编制了应急预案？
② 员工是否都接受过基本的应急反应培训？
③ 是否定期开展应急反应演练？
④ 应急反应小组的成员是否接受过培训？
⑤ 确认工厂各个地方是否都能听见报警。
⑥ 紧急集合点距离工艺装置是否有足够的距离？
⑦ 查看工厂现场是否布置了适当的风向标？
⑧ 工厂是否有应急指挥中心(检查是否有必要的设备)？
(11) 事故调查
① 是否建立了事故报告系统？
② 是否对事故和严重的未遂事故进行调查？
③ 是否及时开展事故调查？
④ 事故调查报告是否包含必要的信息？
⑤ 是否建立了相应的制度来落实事故调查提出的改进措施(检查改进措施完成时的书面记录)？
⑥ 与事故有关的人员是否审阅了事故报告？
⑦ 是否适当保存了所有的事故报告(至少应该保留5年)？
(12) 商业机密
① 企业是否向员工提供完成工艺安全相关工作所需要的信息或资料？
② 企业是否向外部审计人员提供完成工艺安全符合性审计所需要的信息或资料？
(13) 员工参与
① 工厂是否有书面的“员工参与计划”？
② “员工参与计划”是否清楚说明员工如何参与工艺安全管理各个要素的工作？
③ 员工或员工代表是否参与工艺危害分析？
④ 与员工面谈，确认“员工参与计划”的落实情况。
(14) 符合性审计
① 检查工厂是否有书面的符合性审计程序。
② 是否每隔3年进行一次符合性审计？
③ 查阅符合性审计报告。
④ 以往审计提出的改进措施是否已经落实？
⑤ 工厂是否妥善保存了最近两次的审计报告？

第十五章　员 工 参 与

员工是有效落实工艺安全管理系统的主体，他们不仅参与建立工艺安全管理系统，而且也是该系统各个要素的执行者。员工的积极参与有利于不断完善工厂的工艺安全管理系统，有效地预防灾难性的工艺安全事故。

1　引言

员工通常具有他们所从事工作(如生产操作、维修等)相关的专业知识与经验，是有效落实工艺安全管理系统的主体。他们的积极参与不但有利于贯彻工艺安全管理系统，而且可以使该系统不断完善，从而达到预防工艺安全事故的目的。

在建立工艺安全管理系统时，应该征求员工的意见和建议、明确员工在执行该系统时的职责和权限，并建立必要的途径以便于工厂员工和承包商员工对工艺安全管理系统本身及其执行情况提出改进意见。

2　PSM 对“员工参与”要素的规定

OSHA 将“员工参与”作为工艺安全管理系统的一个要素，目的在于帮助工厂建立合作和参与的氛围，加强管理层与员工在工艺安全方面的双向交流，以利于消除灾难性的危险化学品泄漏事故，或减轻事故发生时的后果。

OSHA 在三个方面向雇主提出了“员工参与”的要求：

① 需要编制书面的行动计划，说明如何鼓励员工参与工艺安全相关的工作；

② 在进行工艺危害分析和编制工艺安全管理要素的要求时，需要征求员工或员工代表的意见。

③ 允许员工和员工代表获得工艺危害分析报告及其他工艺安全信息。

3　“员工参与”要素相关实践

鼓励员工参与工艺安全管理和相关的工作，其目的是为了确保工厂和员工自身的安全。如果没有员工或员工代表的积极参与，很难建立和落实有效的工艺安全管理系统。

所有在工厂的员工，只要他们的工作涉及或可能涉及危险化学品相关的工艺系统，都需要对正在执行的工艺安全管理系统有所了解，参与该系统的开发和落实，并且能够获得工作所需要的信息资料。

员工参与包括三个基本的方面：

① 具有工艺安全管理相关的意识；

② 参与执行工艺安全管理系统的要素；

③ 能够获取工艺安全相关的资料。

3.1 员工需要具备工艺安全管理相关的意识

在新员工接受入厂培训时，工厂可以安排他们接受工艺安全管理系统的入门培训，帮助他们获得对工艺安全管理的基本认识。

工厂需要定期或不定期地对员工进行培训或与他们沟通，帮助他们了解工厂工艺系统存在的危害以及工艺安全管理系统要求采取的事故预防措施。还可以通过其他途径，如讨论会的方式，让员工了解以往事故和未遂事故的教训，以及是哪些工艺安全管理要素的缺失导致了这些事故或未遂事故。

3.2 员工参与执行工艺安全管理系统的要素

需要鼓励员工参与工艺安全管理系统各个要素的编制和落实。以下是帮助员工参与执行工艺安全管理各个要素的一些例子：

(1) 工艺安全信息

① 员工是工艺安全信息的主要用户。他们可以参与工艺安全信息的编制，或在工作中使用这些信息。

② 应该鼓励员工提出在使用工艺安全信息过程中所发现的任何不正确的地方，以及他们对于工艺安全信息管理工作的意见或看法。

③ 对于员工提出的意见，无论是否正确，都应该有及时的反馈。

(2) 工艺危害分析

① 无论是新建项目或者是运行的工厂，通常都需要邀请从事生产、维修的员工参与它们的工艺危害分析，并听取员工的意见和善用他们的经验。

② 在完成最终版的危害分析报告时，需要通过适当的方式让相关的员工了解那些对他们工作有影响的内容，并且确保他们能够容易地获得该报告。

③ 鼓励从事生产和维修的员工参与工艺危害分析的“有效性确认”。

(3) 变更管理

① 工厂的任何员工都可以提出工艺系统或操作程序变更的想法。

② 鼓励相关专业的员工参与变更的审查和实际落实变更的方案，包括确认现场设施的改变是否符合所批准的变更设计。

③ 在发生变更的工艺系统投入运行前，应该通知所有相关的员工，使他们了解所发生的变更对于他们工作的影响。

(4) 投产前的安全检查

① 生产和维修相关的员工可以广泛地参与工艺系统投产前的安全检查。例如，在投产前较长的时间内，从事生产的员工可以对现场安装的设施进行检查，确认现场安装是否符合设计要求；从事维修的员工可以对现场已经安装好的设备的保护提出好的意见。

② 在投产之前，需要通知所有相关的员工，使他们了解投产的进展和对他们工作的具体要求。

③ 安排员工参与编制、审查投产前的安全检查表。

(5) 操作程序

① 宜让相关的员工参与编制新的操作程序与维修程序，或对现有的程序进行修订(特别是那些使用这些程序的人员)。

② 员工也可以对操作程序、维修程序本身或者程序管理系统等存在不当或不完善的地方提出意见。工厂需要认真评估这些意见，并在适当的时候予以采纳。

③ 员工也是操作程序和维修程序的用户，有责任严格遵守所使用程序的要求；工厂应确保员工容易地获得程序文件。

（6）培训

① 工厂可以通过征求员工的意见完善培训计划。

② 鼓励员工参与培训教材的编写和审阅。对于经验丰富的员工，在通过资格认定后，可以鼓励他们担任兼职培训员，为其他员工(特别是新员工)提供培训。这样做不但可以帮助其他员工，也是提高他们自身水平的好机会。

③ 鼓励员工对培训计划、培训课程和培训员的表现等方面提出改进意见。

（7）机械完整性

① 工厂可以鼓励员工(特别是从事维修工作的员工)参与机械完整性程序的编制。并鼓励所有员工报告发现的隐患，如设备或管道的腐蚀、可能导致腐蚀或损坏设备完整性的其他因素。

② 进行大修或更换设备时，参考相关员工的专业意见或要求他们参与具体的项目工作。

③ 鼓励员工从事他们熟悉的设备的标定、检验和维护工作(必要时帮助他们获得必要的资质)。

（8）动火作业许可证

① 员工可以参与或批准动火作业的工作，并且监督承包商在工艺区域内的动火作业，及时报告不安全的情况。

② 鼓励员工对现有的动火作业许可证制度提出建设性的改进意见。

（9）承包商

① 工厂需要给予员工代表参与选择承包商的机会，尤其是当他们是承包商的服务对象时。例如，为某个车间的大修选择承包商，车间的生产和维修代表通常应该参与承包商的选择过程，因为他们了解这些工作对承包商能力和资质的要求。

② 鼓励所有员工主动观察和监督承包商的作业，特别是在危害较大的工艺区域内的作业，并要求员工及时报告发现的不安全状态或行为。

③ 员工还可以从事对承包商员工的培训工作。

④ 积极采纳员工提出的改善承包商管理制度的有益意见。

（10）应急预案和应急反应

① 鼓励员工参与应急预案的编制。例如让工艺工程师和生产人员参与辨别、确定那些需要编制应急预案的假想事故情形。

② 由员工组成工厂的应急反应小组，安排有经验的员工为其他员工提供应急反应相关的培训。

③ 安排所有相关的员工参与应急反应和救援演练。

④ 听取员工关于改进应急反应工作的意见。

（11）事故调查

① 工厂需要建立适当的事故报告程序，鼓励员工报告各类事故、未遂事故和不安全的状态❶。

---

❶有些欧、美公司建立了一套值得借鉴的“不安全状况报告”方法。它鼓励所有人员报告他们在现场见到的不安全的状况，具体做法是：当有人发现任何不安全的情况时，就将所发现的情况填写在一张工厂事先设计好的表格里，并把它放入一个指定的信箱；工厂指定的负责人定期检查信箱，通过适当的途径解决大家报告的不安全的情况和问题。这种做法可以显著地提供员工的安全意识和参与安全工作的热情。

② 工厂可以鼓励员工参与未遂事故和其他事故的调查。不但有助于掌握导致事故的直接原因和根源，提出切实的改进措施，也有利于提升员工的安全意识。

③ 如果发生了事故或严重的未遂事故，在调查工作完成后，工厂需要与所有受影响的员工沟通，并安排员工参与落实相关的改进措施。沟通方式可以多样，如安全会议、张贴事故调查结果的简单说明、培训和口头交流等。

④ 鼓励员工对当前的事故报告和调查制度提出改进的意见。

(12) 商业机密

① 给予员工商业机密相关的培训，要求员工做好他们所使用的和可能接触到的工艺安全信息的保密工作。

② 鼓励员工对当前的工艺安全信息资料的管理工作提出有益的意见或建议。

(13) 符合性审计

① 安排员工接受符合性的审计。在此过程中，可以帮助员工提高安全意识和加深对相关工艺安全管理工作要求的理解。

② 安排员工参与或领导完成符合性审计过程中提出的改进措施。

③ 鼓励员工参与工厂内部的符合性审计工作。

3.3 允许员工获得相关的工艺安全信息

工厂建立的工艺安全信息管理制度应该确保员工在需要这些信息时，能够通过适当的手续容易地获得它们。这些信息包括但不局限于安全技术说明书(MSDS)、工艺流程图、操作程序、维修程序、应急预案、工艺危害分析报告、工艺系统的变更记录和事故调查报告等。

第十六章　投资项目的工艺安全审查

投资项目的工艺安全审查是今后工厂安全运行的基础；它贯穿项目的不同阶段，而且在项目各个阶段安全审查的范围和方法也存在较大的差别。

1　引言

投资项目可以是在一块空地上新建的大型工厂项目，也可以是当前运行工厂的大型改造项目。项目安全审查主要是对工艺设计等进行必要的分析，在设计和建造阶段就着手消除危害，降低工艺设施投产后的风险。

项目安全审查是项目执行各个阶段的有机组成部分。通常，项目经理需要全面负责项目的安全审查工作，确保按时、按要求完成所要求的审查工作，如设计阶段的工艺危害分析和投产前的安全审查等。

本章将简单介绍投资项目各个阶段的工艺安全审查要求。

2　工艺安全审查内容

2.1　项目各个阶段的危害分析

为了确保工厂在运行过程中的安全，特别是预防灾难性的化学品泄漏、火灾和爆炸事故，需要做好两个阶段的工作：一是项目阶段的工艺安全审查，一是在运行阶段落实工艺安全管理的各个相关要素。

项目阶段的工艺安全审查，主要是评估工艺设计本身存在的危害，并力争在设计和建造阶段尽可能消除或减少工艺系统和设施中存在的危害。工艺安全审查可能因项目规模、种类和投资人而异，而且在项目的不同阶段，所采取的方法也各不相同。为了有效和有序地开展投资项目的工艺安全审查工作，公司或工厂需要建立相关的制度，明确规定对投资项目开展工艺安全审查工作的要求和做法。

投资项目的工艺安全审查涉及工艺设施设计相关的各个方面，诸如：

① 工艺系统本身的危害分析；

② 工厂总平面布置和设备布置；

③ 建筑物的安全审查(包括通风系统)；

④ 消防系统的安全审查；

⑤ 电气设备危险等级区域划分的审查；

⑥ 定量风险分析(工厂内与工厂外)；

⑦ 保安弱点分析。

工艺安全审查工作贯穿投资项目的各个阶段，图 16-1 是项目各个阶段工艺安全审查工作的简单示意图。以下简要说明如何开展项目各个阶段的安全审查工作。

(1) 概念设计阶段

本阶段的安全审查主要关心所选择的工艺流程是否存在严重的危害，特别是在工业规模

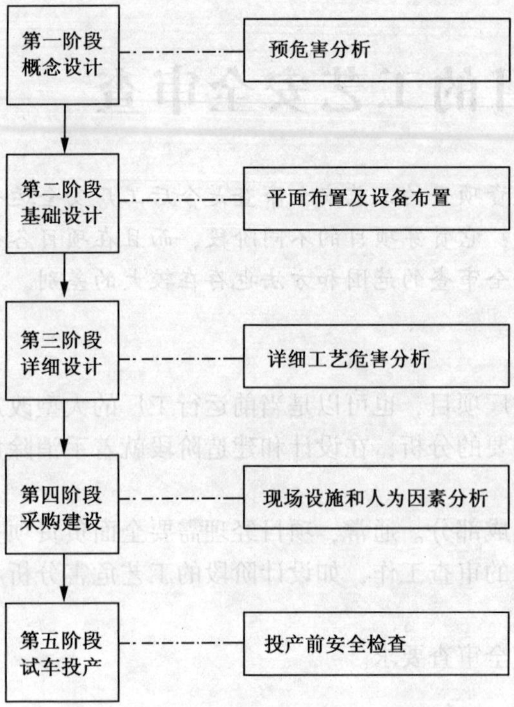

图 16-1　项目阶段的工艺安全审查工作

的情况下，原本由实验室或中试装置开发的工艺是否存在安全和环保等方面潜在的重大问题。在这个阶段，常见的危害分析方法有预危害分析(Preliminary Hazard Review)、提问法(What If)和安全检查清单法。如果在这一阶段发现重大的安全问题，可能会影响项目的实施方案，需要对项目的工艺路线进行重大的改变，甚至取消该项目。

（2）基础设计阶段

从工艺安全的角度看，在这个阶段主要关心工厂的选址、平面布置和主要的工艺方案是否满足相关的设计规范和标准的要求、是否会给今后的生产运行带来安全隐患。因此，一般需要对工厂布置和设备布置进行较详细的分析和审查，有些公司也对基础设计进行初步的工艺危害分析，目的是发现可能存在的重大安全问题，诸如：

① 预测可能发生的最糟糕的事故情形，评估它对于工厂员工和周围社区的影响。例如，对于存在有毒化学品的工厂，需要考虑最大储存量的有毒物质泄漏时，对于厂界外的影响，存储大量易燃物料的工厂，发生火灾或爆炸时对于本厂和厂界周围的影响。

② 提出针对最糟糕事故情形的对策或意见。这些对策和意见主要着眼于如何避免事故或者减轻事故的后果。

③ 除了考虑工厂事故对外界的影响外，也考虑外界对于本工厂的影响。例如，工厂选址周围临近的其他工厂或设施可能给工厂带来的重大危害：在靠近工厂的地方，是否存在储存大量易燃物或处理有毒物的工厂，是否有繁忙的化学品物流等，它们一旦发生事故，对于本工厂有哪些潜在的影响。有时还会考虑一些异常的自然灾害影响，诸如山体滑坡、洪水和台风等。

基础设计阶段可能需要采用一些定量的分析方法(如后果分析方法和道化学火灾爆炸指数法)对个别重大的假想事故情形进行分析评价。

（3）详细设计阶段

这个阶段的主要特点是工艺方案已经确定，可以获得详细、具体的工艺数据和设计规格文件。因此，这个阶段的工艺安全审查可以很深入和详尽，而且需要涉及工艺设施的各个具体细节。

本阶段的危害分析对于确保工厂今后的生产安全至关重要。在这一阶段，常用的危害分析方法有危险性与可操作性研究(HAZOP)、故障模式与后果分析(FMEA)、检查清单法和What IF提问法等。

对于化工和石化工厂，这个阶段的危害分析尤其重要，它有助于系统地发现工程设计中存在的潜在危害，并及时加以改进。针对工艺流程系统，通常采用HAZOP方法，并配合以清单法来完成危害分析。HAZOP主要是分析工艺系统本身的危害，清单检查法则考虑工艺设施布置、建筑物的设计、应急反应和物流等各个方面的危害，以及设计中是否尽量采取了避免人为错误的措施。采用 HAZOP 方法对工艺系统进行危害分析是最主要的工作，约占整个工艺危害分析工作百分之九十多的工作量；常见的检查清单有工厂设施检查清单和人为因素检查清单，也有公司还要求采用检查清单法对本质安全进行必要的分析，尽量从本质安全的角度来完善设计。除了采用 HAZOP 方法进行工艺危害分析外，有时候还需要进一步开展定量的风险分析。

对于危险性较大或对可靠性要求较高的工厂，一些公司还要求分析它们的安全完整等级（Safety Integrity Level，SIL）。主要是按照国际标准 IEC61508 和 IEC61511（草稿，针对流程工业）的要求确定系统的 SIL 等级，美国也颁布了相关的标准 ISA84.01，不少公司还根据上述标准开发了公司内部的标准。所选择的 SIL 等级将决定相关系统的仪表选型要求和安全仪表系统的设计要求。由于篇幅限制，这里不能详细说明如何确定 SIL 的等级，读者可以参考上述标准了解更多的细节，条件允许时最好接受相关的培训，或者向仪表或自控工程师咨询。

在详细设计阶段，需要选择适当的时机来完成工艺设计的危害分析，通常在完成第一版管道仪表流程图时，就可以运用 HAZOP 方法进行危害分析。如果太早进行危害分析，由于一些设计方案还未确定，会影响 HAZOP 的质量；反之，如果太晚进行危害分析，可能会延误采购工作，影响项目的进度。在运用 HAZOP 方法针对第一版管道仪表流程图完成了危害分析后，如果再改变工艺设计，还需要采用 HAZOP 方法对改变部分重新进行危害分析，这样可以确保所有的工艺系统在建成之前都经历过完整的、系统的危害分析。如果希望了解更多细节，请参考本书第三章“工艺危害分析”。

（4）采购建设阶段

对于大型的投资项目，在实际建设的过程中，有时候会发现设计阶段工艺危害分析所提出的某些建议或措施不符合实际情况，难以在建设过程中落实，或者在落实时发现有更好的解决方案。为了解决这一矛盾，对于大型的项目可以开展设计确认审查（Design Verification Review，DVR），它的目的是对设计阶段完成的工艺危害分析进行回顾，重新评估或修正那些工艺危害分析过程中提出的、不符合实际情况或难以落实的改进意见。

在建设阶段，也需要继续完成工艺设施和人为因素检查清单中那些需要在施工现场才能完成的检查项。

（5）试车投产阶段

这个阶段的一项重要工作是投产前安全检查。这是一个重要的步骤，因为这是工厂投产前最后一道正式的安全检查。它通常包括：

① 确认是否按照要求在现场落实了危害分析时找出的安全保障措施和提出的改进意见；

② 确认现场的施工和安装是否符合设计规格的要求；

③ 确认已经有书面的操作程序、维修程序和应急反应程序，并且对操作和维修人员进行了必要的培训。

工厂或公司应该有书面的投产前安全检查程序，规定如何开展此项工作以及各个部门或岗位的职责，以及包括相关检查项的投产前安全检查表。更多详细的细节，请参考本书第五章“投产前安全检查”。

2.2 投资项目安全审查分工

项目经理是项目安全审查的总负责人。他（她）需要负责安排相关的资源、人力、预算和后勤支持来完成项目的安全审查工作，包括设计阶段的危害分析和投产前安全检查。有些公司要求项目经理在项目立项后，编制一份“投资项目工艺安全审查计划”，在该计划中，列明本项目各个阶段需要开展的工艺安全审查工作，这是一种非常好的管理方法。

项目经理本人可以不直接参与投资项目的安全审查，但需要委托合适的人负责组织和执行安全审查工作。接受项目经理委托负责项目安全审查的人(如危害分析工程师或工艺安全工程师)需要具体负责组织和执行项目安全审查的各项工作，主要包括：

① 选择合适的危害分析方法；

② 组织危害分析小组开展危害分析工作；

③ 完成危害分析报告并及时交付给项目经理。

2.3 投资项目安全审查小组

投资项目的安全审查通常由一个包含各个专业的小组来完成，小组组长负责组织小组成员完成安全审查工作。小组组长应该具有相关的经验，熟悉安全审查的方法、有一定的组织领导能力，并且具有客观的工作态度，与被审查的项目没有直接的利害关系。他(她)可以是本公司或本工厂的工艺安全负责人，或者是从咨询公司聘请的安全顾问。

小组的成员通常是各个专业的工程师，他们具有各自所从事工作的相关经验，可以是被审查项目的项目组成员。

2.4 投资项目安全审查相关文件

安全审查的成果通常是正式的工艺危害分析报告或安全审查报告。它应该包括审查的范围、采用的审查方法、参加审查的小组成员及专业，以及包含审查意见的详细审查工作表。

项目经理或安全审查小组组长应该负责保存项目安全审查相关的文件，并将最终版本的审查报告分发给审查小组成员、相关的项目成员、档案室以及需要依据审查报告开展工作的任何个人。

第十七章 本质安全及其策略

本质安全的基本出发点是要从根本上消除或减少工艺系统存在的危害，换句话说，就是要把"老虎"变成"羊"，或者把"大老虎"变成"小老虎"。如果老虎变成了羊，就可以省略关老虎的笼子；对于工艺系统而言，就可以省略不必要的保护层，不仅节约投资，而且可以使生产操作和维护维修变得更加安全和容易。

1 引言

谈及"工艺安全"的时候，我们就会想到"工艺危害"。"工艺危害"是工艺系统内在的物理或化学特性，当它被激活时就可能导致事故，造成人员伤害、环境破坏或财产损失。

第二次世界大战以后，化工和石化行业获得了长足的发展。工厂规模日趋扩大，工艺过程愈加复杂。在享受规模经济效益的同时，也面临了另一个问题：一旦这些规模庞大的工艺装置中所存在的危害被激活，导致的事故后果可能异常严重，通常表现在以下三个方面：

① 工厂员工或周围公众的严重伤亡(例如，1984 年 12 月发生在印度博帕尔的 MIC 泄漏事故导致了数千人死亡)；

② 财产的巨大损失(例如，1998 年 7 月发生在英国北海的 Piper Alpha 海上平台事故导致 167 人死亡和整个平台沉没)；

③ 对环境的严重破坏(例如，1976 年 7 月发生在意大利的 Seveso 事故，有毒物料意外泄漏造成约 $26km^2$ 土壤遭受长期破坏)。

化工或石化工艺过程中存在的危害通常源于以下两个方面：

① 工艺系统中所涉及的化学品的危害。例如，硫化氢对人体有毒、硫酸对皮肤有腐蚀性、氢气易燃等。只要工艺系统涉及到这些化学品，就同时也接纳了它们自身所具有的这些危害。

② 工艺过程的特征所决定的危害。对于同样的工艺介质，不同的工艺过程或处理方式可能带来不同程度的危害。例如，在大气中的空气没有太大的危害，但将它压缩并储存在压力为 10MPa 的气瓶中时，这种处理方法使空气获得了一定的能量，从而具有了超压造成气瓶破裂和人员伤害的危害，类似地，看起来平时没有危害的空气，如果与设备内的易燃物质混合，就可能形成爆炸性混合物。对于同一工艺介质，不同的处理方式可能形成不同形式和不同程度的危害。

化工和石化工艺过程中总会涉及各种化学品，并且包括对它们进行储存和处理等活动，因此注定这些工艺过程中会存在某种危害，除非消除这些化学品或者改变它们的储存和处理方式，否则系统所具有的危害就总会存在。

人们想尽了各种方法来控制危害，以确保化工和石化工艺系统的安全。较传统的做法，是在危险物料(或能量)与外部环境之间设计或安排保护措施(也称为"保护层")来控制危害，如图 17-1 所示。这种做法犹如用笼子关老虎：为了防止老虎伤人，所以用铁笼子把它关起来，为了防止老虎抓破铁笼子跑出来伤人，就安排足够层数的铁笼子，这样一来，只要还有一层没有被抓破，就可以把老虎牢牢地关起来，避免人员伤害。这些“保护层”通常按照一定的次序发挥作用，来降低事故发生的频率、减轻事故发生时的后果，或者二者兼顾。

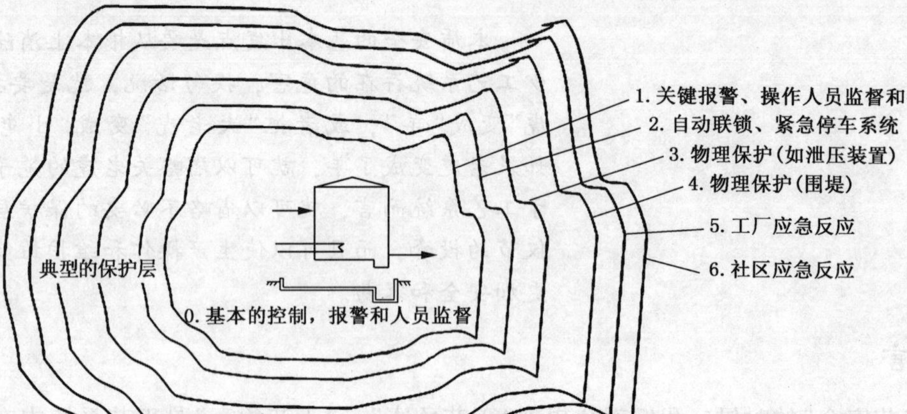

图 17-1　控制危害的“保护层”示意图

用笼子关老虎有时候也不完全可靠，例如笼子年久失修自己破了，或者笼子的层数不够多最后都被老虎抓破了，这样老虎还是可以伤人。为了关住老虎，需要经常检查和维护这些笼子，确保它们处于可靠的状态。类似地，对于工艺系统而言，由于危害总是存在，假如有足够数量的“保护层”，并且它们都可靠，当然可以将事故风险降到某个可以接受的水平。但是，一旦所有的“保护层”同时失效(虽然可能性很低，但仍然可能发生)，“危害”这只老虎就会跑出来，并酿成严重的事故。为了确保这些“保护层”可靠地发挥作用，需要花费大量的时间和费用对它们进行维护，并且需要对操作和维修人员进行足够的培训，在建设初期也会增加投资的成本。

采用保护层来控制危害是传统的事故预防方法，本章要讨论的本质安全策略是从另一个角度思考如何预防工艺安全事故。本质安全的基本出发点是要从根本上消除或减少系统存在的危害，换句话说，就是要把“老虎”变成“羊”，或者把“大老虎”变成“小老虎”。如果老虎变成了羊，就可以省掉关老虎的笼子，对于工艺系统而言，就可以省略不必要的保护层，不仅节约投资，而且可以使生产操作和维护维修变得更加容易和安全。

本章先介绍一起炼油厂“导热油”收集储罐爆炸事故，然后详细介绍实现本质安全的一些基本策略。

2　事故案例(炼油厂“导热油”[1]收集储罐爆炸事故)

1993 年 6 月 3 日，科威特 M 炼油厂的一个“导热油”收集储罐(27-V16)发生爆炸，泄漏的油料持续燃烧，导致 7 人死亡和 18 人烧伤。

[1] 本导热油系统的“导热油”不是通常意义上的导热油，还是来自工艺系统的燃油(Fuel Oil)，为了表述方便，以下还是称其为“导热油”。

在事故发生前，整个炼油厂维修停产了大约一个月。在工厂恢复投产过程中，尝试启动导热油系统过程中发生了本次事故。爆炸发生后，大部分的罐壳碎片都落在100m以外的地方，罐顶沿焊缝断开，落在离储罐基础190m以外的地方，人孔也成两半，落在150m远处。罐内的油料在爆炸后起火，造成多人烧伤，主要的受害者是在该储罐附近从事维修作业的工人。

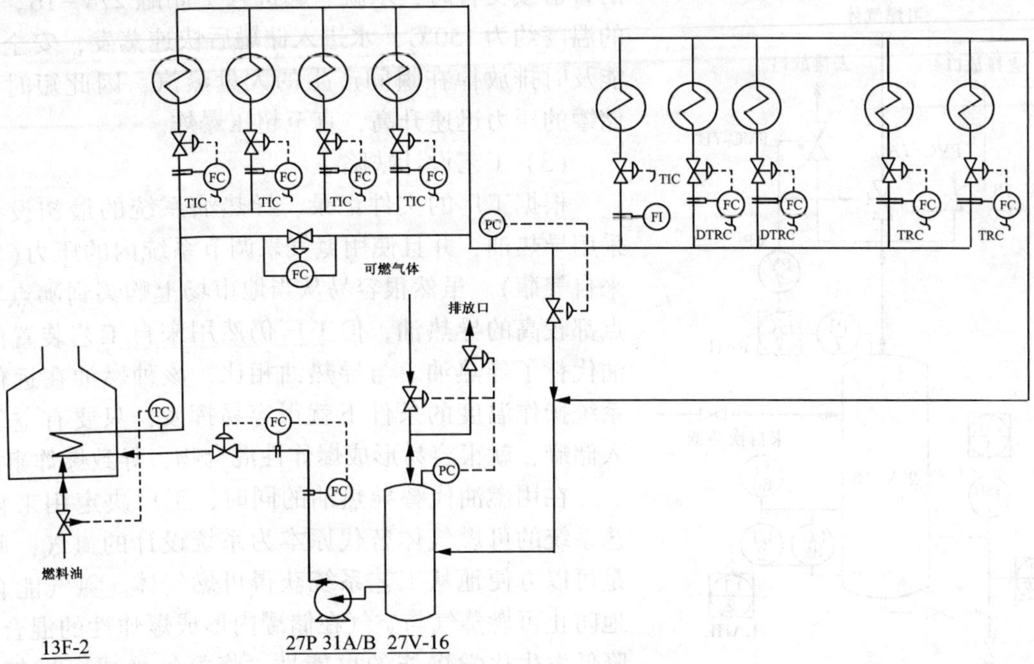

图 17-2 “导热油”系统流程图

(1)“导热油”系统介绍

炼油厂加工原油获取各种烃类组分的一个重要环节是精馏。精馏塔需要从外部热源获取热量才能完成精馏过程，经过加热达到一定温度的导热油是精馏塔可以采用的一种热源。在循环泵的推动下，导热油在封闭系统内流经加热炉，并通过一系列的换热器给精馏过程提供所需的热量。

图17-2是发生爆炸的“导热油”系统流程图。泵27P-31A或27P-31B从储罐27V-16抽取“导热油”并将其送往燃烧炉13F-2，“导热油”在燃烧炉中被加热到约300℃，然后进入下游的换热器组，将热传给工艺介质。完成换热后，“导热油”重新回到储罐27V-16，这时它的温度约为150℃。

事故储罐27V-16是一个立式罐，直径3.2m，高6m。在该储罐上有两个调节阀27PCV-7A和27PCV-7B，它们的作用是使储罐的操作压力尽可能接近正常工作压力。阀门27PCV-7A打开后可以将可燃气体(原本设计的是氮气，后来改成了可燃气体)导入储罐，以防止储罐的压力偏低；阀门27PCV-7B打开后，可以将储罐内的蒸气排放至工厂排放系统，以防储罐内压力偏高；关于它们的控制原理，请参考图17-3。除了以上压力调节阀门之外，该储罐还有一个安全阀27V-16，它的出口连接至工厂的排放系统。

(2) 储罐爆炸原因

事故调查小组设想了两种可能的事故原因：

① 事故储罐 27V-16 内的燃油与空气混合，形成爆炸性混合物，混合物被未知的着火源点燃后发生爆炸。

② 爆炸也很可能是水进入导热油系统所造成的。在启动导热油系统前，整个炼油厂刚刚完成大修并恢复生产，维修过程中产生的水残留在未投入运行的管道或支管中。在与上述管道或支管相连的换热器投入运行时，水就进入了导热油系统：当“导热油”流经这些含水的管道或支管时，水就一起进入了储罐 27V-16。罐内的温度约为 150℃，水进入储罐后快速蒸发，安全阀未能及时排放掉在瞬间产生的大量蒸汽，因此短时间内储罐的压力迅速升高，直至超压爆炸。

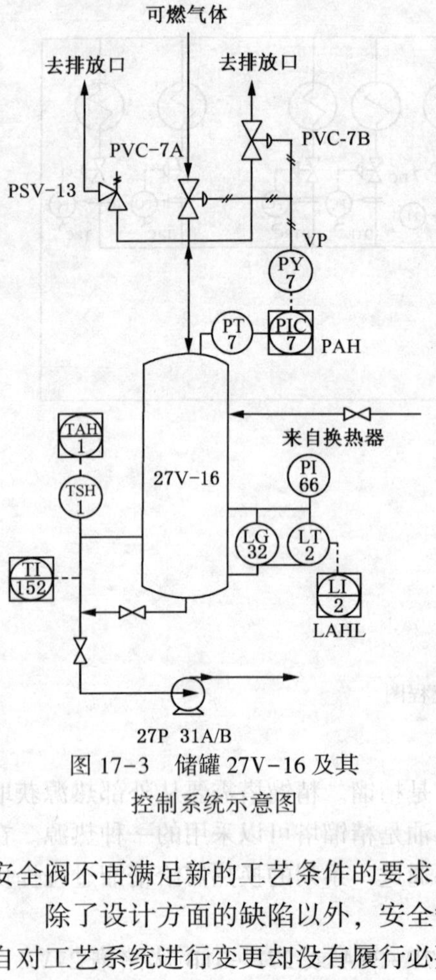

图 17-3　储罐 27V-16 及其控制系统示意图

(3) 工艺设计缺陷

根据工厂的文件记录，导热油系统的最初设计是采用导热油，并且使用氮气来调节系统内的压力(氮气来自气瓶)。虽然很容易从当地市场上购买到沸点和燃点都较高的导热油，但工厂仍然用来自工艺装置的燃油代替了导热油。与导热油相比，该种燃油在远低于系统操作温度的条件下就很容易挥发，只要有空气进入储罐，就很容易形成爆炸性混合物，导致爆炸事故。

在用燃油代替导热油的同时，工厂决定用来自工艺系统的可燃气体替代原本为系统设计的氮气，原因是可以方便地从工艺系统获得可燃气体。氮气能有效地防止可燃蒸气与空气在储罐内形成爆炸性的混合物，降低发生化学爆炸的可能性。将氮气换成可燃气后，失去上述优点。

当用燃油代替导热油以及用可燃气体替代氮气后，工艺系统增加了新的危害，相对而言，该系统“本质上”变得更加不安全了。此外，这些改变也使得储罐的安全阀不再满足新的工艺条件的要求，但是工厂并没有及时更换。

除了设计方面的缺陷以外，安全管理上的缺陷也是导致本次事故的重要原因。例如，擅自对工艺系统进行变更却没有履行必要的变更管理程序，操作人员缺乏必要的培训，对工艺系统的危害缺乏足够认识，操作程序中没有清楚说明系统开(停)车过程中的安全注意事项，部分仪表在事故发生之前存在故障但又没有及时修复等。

3　实现“本质安全”的策略及其应用

3.1　本质安全策略

1974 年发生在英国 Flixborough 的爆炸事故，使人们质疑在工艺系统中滞留如此大量易燃物料的必要性，并反思是否有必要在那么高的温度和压力下进行操作。1977 年 12 月 14 日，英国帝国化学(ICI)石化部的资深安全顾问 Trevor Kletz 在英国化学工业协会 50 周年年会上发表了一篇题为“如果没有，就不会泄漏”的演说，第一次清晰地提出了一种新颖的事故预防概念，即“本质安全”。基本思路是通过改变工艺系统中所使用的材料和化学品，或者改变工艺条件，来消除或减少危害。通过这种方式消除了的危害不再存在于工艺系统中，使“本身不存在危害或危害更小”成为工艺系统内在的一种特征，也就是说，工艺系统本身具有了所谓的“本质上更加安全”的特征。相应地，只需要更少的安全保护层，就可以将“本质上更加安全”的工艺系统的风险降低到某个可以接受的水平。

Trevor Kletz 曾提出了一系列应用“本质安全”概念的引导词，请参考表17-1。

表 17-1 Trevor Kletz 提出的“本质安全”引导词

序号	引导词	说明
1	减量(Intensification)	减少危险物料的数量
2	替代(Substitution)	使用更安全的物料或工艺
3	缓和(Attenuation)	在更加安全的条件下操作工艺系统
4	后果控制(Limitation of Effect)	改变系统的设计或操作条件，以减轻事故的后果，例如，工艺系统之间有足够的空间隔离
5	简化/容错(Simplification / Error Tolerance)	简化工艺系统及其操作，以避免操作错误；系统能够容忍某些操作错误

针对化工与石化行业的特征，如果从损失预防(Loss Prevention)的角度，可以运用下列四项实现“本质安全”的策略：

减少(Minimize)　也可以译成“最小化”，尽可能减少危险化学品的使用量。

替代(Substitute)　用危害小的物质(或工艺)替代危害较大的物质(或工艺)。

缓和(Moderate)　使物质或工艺系统处于危险性更小的状态。

简化(Simplify)　尽量剔除工艺系统中繁琐的、冗余的部分，使操作更加容易，减少操作人员犯错误的机会；即使出现操作错误，系统也具有较好的容错性来确保安全。

(1) 减少(Minimize)

本策略的要点是，减少工艺过程中(反应器、精馏塔、储罐和输送管道等)危险物料的滞留量和工厂范围内危险物料的储存量，以降低工艺系统的风险。具体的作法诸如：

① 通过创新工艺技术和改变现有工艺，减少工艺系统中危险物料的滞留量。例如，用管式反应器替代釜式反应器，以连续操作取代间歇操作，都能减少工艺系统中滞留的物料数量。又如，对于某些进程较慢的反应，为了达到一定的产能，要求使用容积较大的反应器，通过加深对反应机理的研究和反应物理条件(传质、传热和搅拌等)的分析，使用高效能的催化剂或改善搅拌效果，或许可以找到加速反应的方法，从而在满足同样产能的情况下明显减小反应器的容积，减少危险反应物或危险产物在反应系统中的滞留量，还可能减少投资并提高产品的质量和产率。

② 减少设备数量和采用容积更小的设备。在设计工艺设备时，用最少数量和容积更小的设备满足工艺需要，不但有助于减少系统内危险物料的滞留量，也节约投资。

③ 安排合理的原料和中间产品储存量。通常，设计者总是围绕“生产操作需要”来安排原料和中间产品的储存量，结果往往是原料和中间产品的储存量远超出生产的实际需要，不但不经济，而且增加了潜在的危害(需要建造更多的储罐和配套设施，储存物料也占用更多流动资金；一旦发生泄漏或火灾，后果更加严重)。因此，在考虑原料和中间产品的储存量时，要综合考虑整个供应链，在满足工艺基本要求的前提下，尽量减少危险原料和中间产品的储存量。

④ 提高工厂维护和维修水平，减少危险中间产品的储存量。加强预防性维修，特别是提高关键设备的可靠性，可以减少不必要的停车和生产故障，从而显著地减少危险中间产品

的储存量。

⑤ 应用合理的工艺控制，在满足工艺操作要求的情况下，将危险物料储罐的液位控制在较低的范围内，也可以减少工艺系统中危险物料的滞留量。

⑥ 选择合适的储存地点。在决定工厂区域危险物料的储存量时，可以考虑几个基本的问题：原料用尽时的意外停车会带来什么风险？是否有必要将所有的原料都储存在工厂区？是否有其他更加安全的储存地点（如码头或第三方储存设施等）？

⑦ 尽可能就地生产和消耗危险物料，以减少它们的运输。对于化工厂或石化厂而言，危险化学品的运输是危害较大的操作（包括管道输送、车辆运输和船舶运输），宜减少化学品的运输量和减少运输途中的中转。在考虑原料或中间产品的运输时，可以考虑能否就地生产危险的原料？是否能够采用管道输送？

（2）替代（Substitute）

本策略的要点是，用危害小的物质替代危害较大的物质，或者用危害小的工艺替代危害较大的工艺。例如：

① 采用闪点更低的导热液；

② 用热水加热替代热油加热；

③ 用挥发性低和闪点较高的溶剂替代易挥发和闪点低的溶剂；

④ 改变现有的危害较大的化学品运输方式；

⑤ 用焊接管替代法兰连接的管道；

⑥ 用新材料替换工艺系统中与工艺介质不相容的施工材质；

⑦ 对管道系统清洗时，用水溶性的清洗剂替代溶剂清洗剂。

“替代”策略的另一方面重要应用是，假如工艺过程中存在某种危害很大的原料或中间产品，可以通过调整工艺路线，避免使用该原料或生成危害大的中间产品。

（3）缓和（Moderate）

本策略的要点是，通过改善物理条件（如操作温度、化学品的浓度）或改变化学条件（如化学反应条件）使工艺过程的操作条件变得更加温和，万一危险物料或能量发生泄漏时，可以将后果控制在较低的水平。以下是一些应用“缓和”策略的途径：

① 稀释。对于沸点低于常温的化学品，通常储存在常温带压的系统中。假如工艺条件许可，可以采用沸点较高的溶剂来稀释，从而降低储存压力。不幸发生泄漏时，储罐内、外压差相对较小，泄漏速度会较低；如果容器破裂，泄漏区的危险物料浓度相对较低，可减轻事故造成的后果。例如，在工艺过程中，如果工艺条件允许，通常宜选择氨水而非无水氨、盐酸而非氯化氢。

② 冷冻。这种方法通常用来储存氨和氯等危险物质。与稀释的效果类似，冷冻可以降低储存物的蒸气压，使储存系统与外部环境之间的压差降低，如果容器出现破口或裂缝，泄漏速度会明显降低。冷冻物料的储存温度通常低于其在大气压下的沸点，由于没有过热，在泄漏的瞬间不会出现闪蒸，蒸发量会相对减少；储存物较低的温度也有助于减少蒸发量。此外，还可以合理限制储存区域围堤内的面积来减少蒸发量。

③ 温和的工艺条件。采用更温和的工艺生产条件，可以减轻事故的后果。能够在常温常压下进行的工艺过程，尽量在常温常压下进行；倘若必须在高温或高压条件下进行生产，在满足工艺要求的前提下，尽量设法降低操作温度和压力。例如，20 世纪 30 年代的合成氨操作压力约为 60MPa，50 年代经过改进后约为 30～35MPa，而到了 80 年代，降到 10～

15MPa。工艺改进使操作压力降低后，不但提升了系统的安全性，也可以降低设备造价并提高效率。又如，完全的间歇操作需要将所有的原料一次性加入到反应釜中；对于存在放热反应的间歇操作，如果将它改变成半连续流程，在反应途中将一种或数种原料补加入反应器中，就可以避免短时间内在反应器内产生和聚集大量的能量。

④ 泄漏容纳。储罐区的围堤、泵区的地面围堰等都是典型的泄漏容纳系统，它们在发挥作用时，不需要有人去开启，也不依赖自控装置的触发。虽然它们不能够消除泄漏，但是可以明显地减轻泄漏后果。只是，工厂应该安排必要的维护，以确保它们的完整性，假如储罐区的围堤破裂或出现缺口却不及时修复，或者围堤内的雨水排放阀总处于开启状态，一旦发生泄漏，围堤就丧失了其应有的容纳作用。

(4) 简化(Simplify)

早在1828年，火车机车技术的先驱罗伯特·史蒂文森就开始意识到简化系统设计的重要性，他在一次讨论中提出：

"……一种替代方案应能减少设备的数量和对于管理控制的依赖，……它们现有的复杂程度使得'傻瓜'难以控制它，那么，就需要对它进行修改或改进。"

史蒂文森认识到它的机车操作起来过于复杂，他首先考虑的不是增加安全保护装置和加强对操作人员的培训，而是优先对系统进行简化，以消除因系统复杂导致的容易发生误操作的危害。

"简化"策略的要点，是在设计中充分考虑人的因素，尽量剔除工艺系统中繁琐的、不必要的组成部分，使操作更简单、更不容易犯错误，而且，系统要有好的容错性，即使在操作人员犯错误的情况下，系统也能保障安全。例如：

① 整齐布置管道并清楚标识，便于操作人员辨别。

② 控制盘上按钮的排列和标识容易辨认。

简化设计也是防范人为错误的重要途径之一。图17-4是一个典型的例子，它是两台相邻布置的离心过滤机的开、停车按钮，一起装在车间的同一面墙上。正常情况下，两台离心机同时工作：工人用桶将结晶器底部来的物料加入离心机，就绪并启动机器，离心操作数分钟后，停机，用瓢从离心机内将甩干的物料挖出，清洗滤布并重新安放，然后往离心机内加料，重复下一个操作周期。采用这种间歇的离心过滤机处理可燃物料具有一些固有的严重危害，在此不予讨论。仅仅就两台离心机的开、停车按钮而言，虽然在布线和安装时容易，但却使操作变得复杂。工人在按下按钮时，需要非常仔细地分辨，而且这些按钮没有标识，更增加了操作人员的困难。

图17-4　两台相邻布置的离心过滤机的开、停车按钮

设想有人正从离心分离机A中将物料舀出来，另一个人正准备开启离心机B，却按错了按钮，开动了离心机A，后果就可想而知了。人总是会犯错误的，上述情况完全可能出现。因此，在工艺系统设计和安装时，需要尽可能运用简化的原则，帮助操作人员避免操作错误。就本例而言，只需要将离心机A和B的按钮分别安装在靠近它们自己一侧的墙上，并且贴上明显的标识，操作起来就会简单得多，而且更加安全。

3.2 “本质安全”策略的实际应用

“本质安全”的概念与策略可以应用于工厂生命周期的各个阶段：研究、工艺开发、工程设计、生产操作维护、工厂改造和关闭等。前期的研究阶段和工艺开发阶段有充分的自由度来改变工艺过程，它们是应用“本质安全”概念和策略提升工艺系统安全的良好时机。试设想，如果在确定工艺合成路线时，消除了某种有毒化学品，那么，在其后的工程设计和工厂操作中，就不必考虑其他措施来防止泄漏和避免人员暴露。在工厂建成以后，改变工艺系统的自由度相对较小，但仍然可以采用“消除”“替换”“缓和”和“简化”等策略来提升工艺系统的安全性。

在 2001 年，笈多(J. P. Gupta) 和爱德华兹(D. W. Edwards)对热衷于“本质安全”课题的 400 名工程师进行过一项调查，这些工程师服务于不同的公司，规模从几十人至几千人不等，并涉及广泛的加工工业领域，包括海上采油、石油炼制、石油化工、大宗化学品生产、酿酒、特殊化学品加工、医药化工、精细化工、化肥工业、染料、农药、聚合物和工业气体等等。调查发现，一些工程师在工作中广泛应用“本质安全”的概念和策略，并从中受益。以下汇总了这些工程师们应用“本质安全”策略提升工艺系统安全性的实际例子：

① 消除或明显减少原料、中间产品和产品的储存量；

② 减小反应器的容积；

③ 用危险性小的化学品替代危险性较大的化学品(包括溶剂)，或用水稀释；

④ 用热水系统替代热油系统；

⑤ 降低操作温度(或压力)，同时也降低了放热反应失控的风险；

⑥ 将可燃粉末制成浆料，以降低运输途中的风险；

⑦ 简化复杂的工艺系统；

⑧ 修改模棱两可的操作指令，以避免误操作；

⑨ 将靠近危险生产装置的办公楼迁移到更远的地方；

⑩ 修建围堤，用于泄漏容纳；

⑪ 为 LPG 罐砌筑隔热层以避免发生沸腾液体膨胀蒸气爆炸(BLEVE)；

⑫ 将间歇反应改变成连续反应，明显减少中间产品的储存量；

⑬ 管道输送时，将输送介质从液相变为气相，以减少管道内危险物料的滞留量；

⑭ 以水溶液代替有机溶剂；

⑮ 将危险性大的物料与其他物料分开储存；

⑯ 按照真空要求设计系统，以防真空破坏；

⑰ 减少仪表管线上的阀门和接头。

调查还表明，在应用“本质安全”的概念和策略时，并不一定会增加成本；如果在项目的早期(如研发阶段)就应用这些概念和策略，可以明显地节约投资和投产后的运营费用。

3.3 不同方案的冲突和综合评估

理论上，我们希望找出可以消除或减少所有潜在危害的“本质安全的”方案，但事实上却难以如愿。不同的设计方案各有其优缺点，当消除了某种危害时，可能同时引入一种新的危害。例如，某种溶剂不燃但有毒，而可选择用来替代它的另一种溶剂虽然无毒，但却可燃，到底哪种溶剂更加合适呢？很难有统一的答案。类似地，对于同一工艺介质所涉及的不同工艺过程，其危害的大小也不尽相同。例如，某个工厂的工艺系统需要用到氯气，可以选择用气瓶供氯气，也可以选择用槽车运到工厂。对于数公里以外的邻居而言，使用气瓶较安全，他们不在意少量的氯气泄漏，因为即使气瓶发生泄漏，对他们的影响也很有限；而工厂的操作人员可能更倾向于使用槽车，那样可以节省连接和拆除管道的次数，减少发生泄漏(包括少量泄漏)的机会。邻居和操作人员都没有错，因为他们各自站在自己的立场上，关心的是不同的事故与后果。工程设计有时候是一种“折衷”的艺术，设计人员需要了解这些冲突，根据工艺的具体特征和工艺设计的目标，综合考虑各种危害来确定设计方案。

在应用“本质安全”的概念和策略时，回答下列问题有助于选择综合危害较小的方案：

① 能否消除危害？

② 如果不能，能否减少危害？

③ 如果采用替代的方案，是否会增加新的危害？

④ 需要采用什么样的工程控制和管理手段来控制那些无法消除的危害？

为了评估不同方案的优劣，工业界开发了一些评估工具，其中某些工具也广泛应用于风险控制和损失预防，例如事故后果分析(Accident Consequence Analysis)、道化学火灾和爆炸指数(Dow Fire and Explosion Index，FEI)等等。

3.4 案例分析(印度博帕尔 MIC 泄漏事故)

关于博帕尔泄漏事故的详细细节请参考本书第一章。1984 年 12 月 3 日发生在印度博帕尔的甲基异氰酸酯(MIC)泄漏事故是迄今最严重的化工事故。事故中有约 25t MIC 发生泄漏，造成大量的人员和牲畜死亡。

调查发现事故工厂在很大程度上依赖工程控制和程序运用来保障安全。假如合理地运用“本质安全”的策略，或许该事故可以避免，至少可以有效地减轻事故的后果。

(1) 运用“减少”策略

事故工厂的 MIC 即不是原料也不是产品，而是一种中间产品。在工厂现场储存足够量的 MIC 固然能够增加操作方便，但并不是“必须”的要求。调查发现，在工厂生产中，MIC 储罐的实际液位也超出规定的高度。Etowa et al. 曾运用道化学指数法对本次事故进行模拟显示，如果泄漏的孔径从 50mm 减小到 30mm，危险暴露的距离可以减少 28%。假如运用“减少”策略减少 MIC 的储量，即使发生泄漏，后果也会相对较轻。

(2) 运用“替代”策略

MIC 只是事故工厂的中间产品，因为其毒性，一些其他类似的工厂选择了不同的工艺路线来生产同类产品，避免了工艺系统中 MIC 的存在。如果在开发该工艺的初期运用“替代”策略，就能消除 MIC 带来的危害，或许可以避免本次事故。

(3) 运用“缓和”策略

工厂的设计要求 MIC 的储存温度为 0℃，而在实际操作中，工厂停运冷冻系统，使得 MIC 的实际储存温度接近室温(也更接近它的沸点，39.1℃)。如果按照“缓和”策略，使储罐保持较低的温度，在事故发生前，即使水进入储罐发生放热反应，其反应的剧烈程度应该会小得多，相应地，事故的后果会更轻一些。

(4) 运用“简化”策略

事故储罐有复杂的监测与控制系统，但缺乏必要的维护，它们的可靠性一直备受质疑。这样就出现两方面的问题：一方面，在必要时，这些检测与控制系统不能起到应有的作用；另一方面，操作人员对它们缺乏信任，结果忽视了最初的超压报警。这也是该次事故给予我们的另一个重要教训：应该尽量简化操作和监控系统，并确保它们处于良好的工作状态。

3.5 本质安全与工艺风险控制的关系

风险(Risk)是对经济损失、人员伤亡或环境破坏的度量，它包括两方面的内容，一是事故发生的可能性(频率)，二是经济损失、人员伤亡或环境破坏的后果严重程度。因此，在化工或石化工艺系统的操作过程中，尝试减小风险的途径可以是设法降低事故发生的可能性、减轻事故可能导致的后果，或者二者兼顾。

工艺系统风险控制的途径可以分成四大类，按照可靠性的降序排列依次为：

① 本质安全(inherent)。使用没有危害或危害更小的化学品，或者通过改善工艺条件以消除或明显减少危害，使安全性成为工艺系统本身的一种属性。本章已经进行了较多的叙述。

② 被动保护(passive)。依靠工艺或设备设计上的特征，降低事故发生的频率、减轻事故的后果，或者二者兼顾。这类“保护”在发挥作用时，不依赖任何人为的启动或控制元件的触发。例如，在设计反应器时，使它们本身能够承受工艺过程中可能存在的最高压力，即使反应器内压力出现波动，也总能保障安全，而且可以省掉复杂的压力联锁控制系统和超压泄放系统如收集罐、洗涤器、火炬等(根据法规要求，可能仍然需要安装安全阀等泄压装置)。我们也可以将此策略归于广义的“本质安全”。

③ 主动保护(active)。又称工程控制，即采用基本的工艺控制、联锁和紧急停车等手段，及时发现、纠正工艺系统的非正常工况。例如，当化学品储罐的压力升高到设定压力时，调节阀自动开启调压以防止储罐超压，就属于此类保护。

④ 程序运用(procedural)。又称管理控制，即运用操作程序、维修程序、作业管理程序、应急反应程序或通过其他类似的管理途径来预防事故，或者减轻事故所造成的后果。例如，在工厂生产区域焊接作业时，为了控制着火源，需要严格执行动火作业许可证制度。人总是可能犯错误，而且可能出现判断上的失误，所以程序运用属于低层次的风险控制策略，但它仍然是风险控制的一个重要环节。程序运用的另一方面重要意义在于，它是被动保护装置和主动保护装置处于可靠、可工作状态的保障，例如，工厂依据维护检测程序确保各种关键联锁的正常工作。

图 17-5 反映了“本质安全”与风险控制的相互关系。“本质安全”是工艺风险控制的基本途径和有机组成部分。在考虑工艺风险控制时，宜优先考虑“本质安全”和“被动保护”两种途径，因为它们更加可靠，且不依赖于仪表控制、管理程序和人的努力等外部因素：仪表可能失灵、管理程序可能不完善或疏于落实，人则难免会犯错。

上述四类风险控制途径主要是预防事故，为了在事故发生时保护操作人员，有必要采取必要的个人防护。个人防护是保护操作人员免受伤害的最后环节。

3.6 小结

追求工艺系统的“本质安全”是一种超越传统的事故预防思想，可以运用“减少”、“替代”、“缓和”和“简化”等策略尽可能消除或减少工艺系统本身的危害，从而省略或减少用于危害控制的“保护层”。

“本质安全”的概念可以应用于工厂生命周期的各个阶段，即使在已经投入运营的工厂也可以从中受益。“本质安全”策略的应用是工艺风险控制的一个重要方面，值得优先考虑。鉴于工艺过程(包括所使用的化学品)往往存在多种危害，在选择“更安全”的替代方案时，需要围绕工艺系统的总体安全目标，综合考量。

“本质安全”的策略不一定能够完全消除工艺系统的危害，但是对于同样的工艺系统，

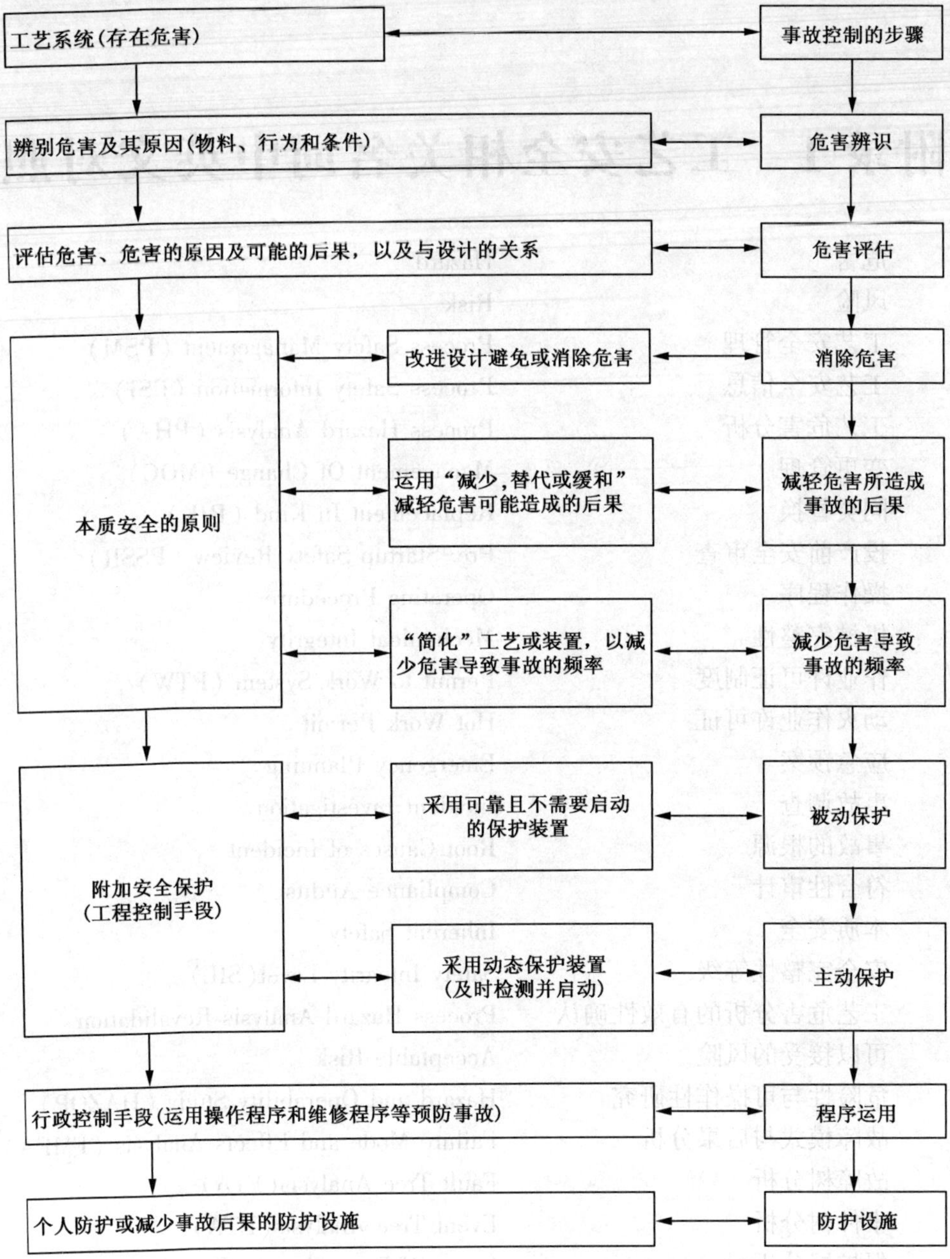

图 17-5　本质安全与风险控制的关系

如果可以接受的风险标准不变，运用本质安全策略可以减少保护层，节约投资和运营费用。因此，运用本质安全策略在实现安全的同时，还可以节约成本，这也从一个侧面说明安全工作不仅需要投入，也可以帮助工厂节省成本。

附录1　工艺安全相关名词中英文对照

1	危害	Hazard
2	风险	Risk
3	工艺安全管理	Process Safety Management (PSM)
4	工艺安全信息	Process Safety Information (PSI)
5	工艺危害分析	Process Hazard Analysis (PHA)
6	变更管理	Management Of Change (MOC)
7	同类替换	Replacement In Kind (RIK)
8	投产前安全审查	Pre-Startup Safety Review (PSSR)
9	操作程序	Operating Procedure
10	机械完整性	Mechanical Integrity
11	作业许可证制度	Permit to Work System (PTW)
12	动火作业许可证	Hot Work Permit
13	应急预案	Emergency Planning
14	事故调查	Incident Investigation
15	事故的根源	Root Causes of Incident
16	符合性审计	Compliance Audits
17	本质安全	Inherent Safety
18	安全完整性等级	Safety Integrity Level(SIL)
19	工艺危害分析的有效性确认	Process Hazard Analysis Revalidation
20	可以接受的风险	Acceptable Risk
21	危险性与可操作性研究	Hazard and Operability Study (HAZOP)
22	故障模式与后果分析	Failure Mode and Effects Analysis (FMEA)
23	故障树分析	Fault Tree Analysis(FTA)
24	事件树分析	Event Tree Analysis(ETA)
25	保护层分析	Layer Of Protection Analysis (LOPA)
26	定量风险分析	Quantitative Risk Analysis (QRA)
27	后果分析	Consequence Analysis
28	火灾和爆炸指数	Fire and Explosion Index (F&EI)
29	死亡事故率	Fatal Accident Rate (FAR)
30	保安弱点分析	Security Vulnerability Analysis (SVA)

附录2 本书收录的主要工艺安全事故案例汇总表

序号	事故名称	地点	年份	死亡人数	所在章节
1	博帕尔化学品泄漏事故	印度	1984	数千人	第1章
2	羟胺蒸馏装置爆炸事故	美国	1999	5	第2章
3	长滩天然气工厂爆炸事故	澳大利亚	1998	2	第3章
4	英国Flixborough泄漏爆炸事故	英国	1974	28	第4章
5	污水储罐爆炸事故	美国	1990	17	第5章
6	容器超压破裂事故	美国	1998	4	第6章
7	某化学合成厂爆炸事故	美国	2000	1	第7章
8	炼油厂管道破裂导致的爆炸事故	英国	2001	0	第8章
9	某炼油厂储罐爆炸事故	美国	1995	5	第9章
10	1989年休斯顿化工区爆炸事故	美国	1989	23	第10章
11	Piper Alpha海上采油平台沉没事故	英国	1998	167	第11章
12	聚合物接收罐维修事故	美国	2001	3	第12章
13	炼油厂"导热油"收集储罐爆炸事故	科威特	1993	7	第17章

参 考 文 献

1 Process Safety of Perry's Chemical Engineering Manual. The McGraw-Hill Companies, Inc. 1999.

2 American Institute of Chemical Engineers. Guidelines for Investigating Chemical Process Incidents. 2nd Edition, 2003.

3 American Institute of Chemical Engineers. Guidelines for Writing Effective Operating and Maintenance Procedures. 345 East 47th Street New York, New York 10017: 1996.

4 Bollinger Robert E., Clark David G., Dowell Arthur M. III et al. Inherently Safer Chemical Processes, A Life Cycle Approach. 345 East 47th Street New York, New York 10017, American Institute of Chemical Engineers, 1996.

5 Lees F. P. Loss Prevention in the Process Industries. 2nd Edition, 1996.

6 Hopkins A. Lessons Learned from Longford The Esso Gas Plant Explosion. CCH Australia Ltd, 2000.

7 Lisa A. Long. The Explosion at Concept Sciences: Hazards of Hydroxylamine. Process Safety Progress, 2004, Vol. 23: 114~120.

8 U. S. Department of Labor and Occupational Safety and Health Administration. Process Safety Management, OSHA 3132: 2000.

9 U. S. Department of Labor and Occupational Safety and Health Administration. Process Safety Management Guidelines for Compliance, OSHA 3133: 1994.

10 U. S. Chemical Safety And Hazard Investigation Board. Investigation Report, Thermal Decomposition Incident, March 13, 2001.

11 Faisal I. Khan, Paul R. Amyotte. How to Make Inherent Safety Practices a Reality. The Canadian Journal of Chemical Engineering, February 2003, Volume 81.

12 N. Piccinini, M. Demichela. Explosion of a Hot-Oil Circuit as a Consequence of Process Engineering and Management Shortcomings. Wiley InterScience, 2005.

13 Paul R. Amyotte, Faisal I. Kham, Ashok G. Dastidar. Reduce Dust Explosions the Inherently Safer Way. Chemical Engineering Progress, October 2003: 36~43.

14 U. S. Chemical Safety And Hazard Investigation Board. Investigation Report: Catastrophic Vessel Overpressurization, 1998.